Joel Bigley

Serendipidade de engenharia: tenha sorte gerenciando talentos

Joel Bigley

Serendipidade de engenharia: tenha sorte gerenciando talentos

ScienciaScripts

Imprint
Any brand names and product names mentioned in this book are subject to trademark, brand or patent protection and are trademarks or registered trademarks of their respective holders. The use of brand names, product names, common names, trade names, product descriptions etc. even without a particular marking in this work is in no way to be construed to mean that such names may be regarded as unrestricted in respect of trademark and brand protection legislation and could thus be used by anyone.

Cover image: Disponibilizado pelo autor

This book is a translation from the original published under ISBN 978-3-639-71126-4.

Publisher:
Sciencia Scripts
is a trademark of
Dodo Books Indian Ocean Ltd. and OmniScriptum S.R.L publishing group

120 High Road, East Finchley, London, N2 9ED, United Kingdom
Str. Armeneasca 28/1, office 1, Chisinau MD-2012, Republic of Moldova, Europe
Managing Directors: Ieva Konstantinova, Victoria Ursu
info@omniscriptum.com

Printed at: see last page
ISBN: 978-620-8-53363-2

Engineering Serendipity: Torne-se afortunado gerindo o talento

Joel Bigley. Ed. D.

Índice

Agradecimentos 3

Prefácio 4

Introdução 7

Estrutura 11

Métodos 13

Segmentos 14

Atributos 36

Talento 51

Conclusão 299

Referências 301

Agradecimentos

Quero agradecer à minha mulher, que continua a ser paciente comigo enquanto trabalho, pesquiso temas de interesse e depois escrevo sobre eles.

JOEL BIGLEY

Prefácio

A literatura sugere que a serendipidade é uma ocorrência aleatória e não planeada com implicações positivas para o benfeitor (Taunton, 2002; Van Rensburg, 2023). Tal como representado na literatura, a ideia é criar colisões tão rapidamente quanto possível, com uma intensidade adequada, de modo a que algo de bom aflore ao topo e seja selecionado para utilização. Várias pessoas poderiam encontrar-se num local, conversar e construir um império empresarial. Outra possibilidade poderia ser comprar mais bilhetes de lotaria para ter mais hipóteses de ganhar . A esperança num evento de probabilidade muito baixa é a razão pela qual os pagamentos da lotaria estão a atingir níveis extraordinários. As pessoas gastam mais dinheiro para aumentar a probabilidade de algo de bom lhes acontecer. Quando esta crença é adoptada, as receitas fiscais da agência governamental patrocinadora aumentam. A lotaria é essencialmente um outro imposto em que uma pessoa recebe um prémio significativo mas paga uma parte apreciável do pagamento em impostos , enquanto os restantes não recebem nada pelas suas despesas. Para alguns, a esperança de ganhar é suficientemente atraente para gastar fundos discricionários nas probabilidades. Estar no sítio certo à hora certa e fazer algo único que compensa em grande escala não é o tipo de serendipidade que irei discutir neste livro. Em vez disso, centrar-me-ei na forma como a engenharia promove os resultados favoráveis do planeado em detrimento do não planeado. É possível controlar e influenciar a serendipidade.

O risco de perda é muito elevado na lotaria . *A engenharia do acaso* inclui um baixo risco de fracasso porque o esforço é intencional e concentrado. As probabilidades de alcançar um resultado valioso são muito elevadas quando o resultado é projetado. Algumas pessoas sabem que têm uma necessidade, enquanto outras não. Consequentemente, o valor pode ser esperado ou uma surpresa . Quando nos colocamos numa posição em que a serendipidade é suscetível de ocorrer, vencemos intencionalmente as probabilidades de obter um resultado valioso. As probabilidades são tão elevadas que está apenas a fazer com que o acaso aconteça. A probabilidade não é um fator. Não é necessário o envolvimento de outras pessoas para que a serendipidade aconteça. Pode ajudar, mas não é obrigatório. A literatura sugere que não se pode vencer as probabilidades sozinho. As epifanias e as ideias criativas significativas que fazem com que a serendipidade aconteça podem surgir da interação com os outros e sem interação (McCay-Peet & Toms, 2010). A interação pode ser estimulante, tal como o pode ser o pensamento profundo sem o ruído do ambiente.

A diferença entre as pessoas sugere que a ideação criativa pode ocorrer de forma diferente consoante a personalidade da pessoa que está a inventar o seu futuro (Kier & McMullen, 2018). Divertir-se com outras pessoas pode ou não despoletar um pensamento criativo. Algumas das realizações mais notáveis acontecem quando um génio solitário se concentra numa iniciativa sozinho (Glaeser, 2012). A criatividade pode ou não ser desencadeada por uma atividade social com alguém que tenha alcançado algo acima da média. Podemos ouvir-nos a nós próprios e ouvir e ser influenciados pelos outros à nossa volta (Hill, Brandeau, Truelove, & Lineback, 2014). Os resultados valiosos podem ser controlados se forem projectados para ocorrer.

Figura1 . Um ambiente solitário pode ser o catalisador para a resolução de problemas e inovação significativas.

Acelere o valor da criatividade, aplicando-a aos desafios que tem pela frente, concentrando os seus esforços de engenharia. Aperfeiçoe as suas ideias testando-as e discutindo-as com outras pessoas. O espaço físico onde as pessoas trabalham pode ajudar na colaboração, incentivando as colisões sociais com os outros. Para além disso, um espaço de trabalho também pode facilitar o trabalho sozinho, longe do ruído (Haapakangas, Hongisto, Varjo, & Lahtinen, 2018). A aprendizagem profunda pode acontecer quando um indivíduo se pode concentrar numa área de interesse. Os criadores devem ter opções à medida que estas são necessárias durante a ideação. Esperar pelas condições certas dá a vitória sobre a inércia que prevalece na maioria dos ambientes. A serendipidade pode ser planeada nas condições certas (Vuong, 2022). O valor pode ser explorado durante algum tempo, após o qual a situação se altera e o valor diminui. Para ilustrar, o valor da experiência da VHS já expirou há muito tempo.

A organização ouvinte deve ver e ouvir por razões aparentes para conhecer as oportunidades de criação de valor no seu ambiente (Chandler, 2022; Ramaswamy & Gouillart, 2010). O indivíduo que escuta tem a mesma oportunidade de criar valor porque se envolve e é curioso. As suas descobertas serão significativas e impressionantes. A sabedoria obtida a partir dessas descobertas será valiosa quando aplicada. É provável que *a obtenha* mais depressa do que os outros porque está a perseguir a oportunidade com vigor. Não está a deixar a serendipidade ao acaso. Em vez disso, observa ativamente o que o rodeia com empatia e compaixão , tirando conclusões das suas experiências para tomar decisões tácticas que influenciam as condições actuais para o sucesso. Os recursos são aplicados de forma criativa com a energia certa para determinar resultados valiosos. Uma mentalidade contínua de seleção e aplicação de princípios de engenharia a uma situação resultará em resultados favoráveis (Dietz, Hoogervorst, Albani, Aveiro, Babkin, Barjis & Winter, 2013). A serendipidade em engenharia é uma competência que pode ser referida como a sua *magia pessoal* . Mas será que a serendipidade é oportuna porque ninguém quer esperar que uma colisão aleatória determine o seu destino? A sua magia pessoal pode ser aplicada em qualquer altura para produzir uma oportunidade que é necessária e depois explorada. Não há problema em chamar-lhe *sorte* , mas no contexto deste livro, a sorte é criada quando é necessária porque são tomadas acções que a produzem.

Introdução

Muitas organizações definham com a necessidade de uma *execução* mais *fortuita* nas suas operações. Não se trata apenas da forma como as acções são *executadas*; partindo do princípio de que existe uma *definição de execução* , é mais do que isso. Não ser capaz de alcançar a fortuna num mercado desejado tem implicações significativas. A incapacidade de executar atempadamente custa às empresas uma quantia considerável de dinheiro todos os anos, à medida que as oportunidades surgem e desaparecem (Foster & Kaplan, 2011; Hrebiniak, 2013). As organizações são frequentemente forçadas a mudar porque reagem a um problema interno ou externo. A força bruta método de fazer as coisas, em que os danos colaterais são típicos, também custa dinheiro à empresa, uma vez que os funcionários que passaram por formação e investimento significativo em desenvolvimento saem e vão para os concorrentes . A serendipidade na engenharia começa com a capacidade de execução. É uma arte que deve ser aprendida e uma capacidade que deve ser adquirida e cultivada. Esperar que algo de bom aconteça não o faz, porque a esperança não é uma estratégia ou um plano (Averill, Catlin, & Chon, 2012).

Há uma arte na execução em operações porque a componente humana é significativa em qualquer coletivo socialmente ligado em rede com um objetivo. Executar de forma serendipitosa inclui fazer as coisas certas no momento certo, mas também consiste em definir o que é feito para que a *linha de chegada* seja compreendida. Além disso, a arte da execução inclui a otimização da sequência de actividades que têm de ser realizadas. Esta sequência não tem apenas a ver com a compreensão das dependências entre as tarefas, mas também consiste no melhor momento para fazer algo. A excelência da execução tem a ver com a sequência correta de actividades que implica o menor esforço e perturbação. O que deve ser feito primeiro? E em segundo lugar ou ao mesmo tempo? Compreendemos porque é que essa é a sequência? Uma sequência abaixo do ideal é um desperdício e exige mais esforço para atingir as expectativas (Zahavy, Haroush, Merlis, Mankowitz, & Mannor, 2018).

E depois, será que é a pessoa certa a fazê-lo? Uma unidade empresarial pode estar mais interessada em que algo seja feito do que em saber quem o fez;

no entanto, pode ser importante saber antecipadamente quem completa a ação, porque a forma como a tarefa é executada reflecte o talento e o valor da pessoa que a realizou. A seleção dos participantes nos esforços de mudança é frequentemente negligenciada (Marshak, 2006) . Uma analogia seria a equipa de basquetebol que escolheu como capitão (e o primeiro jogador escolhido) no pátio da escola. Quem escolheu e a combinação de escolhas foi fundamental para o sucesso da equipa (assumindo que ganhar era o objetivo). A contribuição de cada um era essencial para a vitória. Se alguém ficasse com a bola continuamente, era provável que houvesse uma derrota. Para além desta ilustração, a forma como se realiza a tarefa é fundamental. Os valores da empresa reflectem-se na seleção de acções da empresa para realizar a tarefa. A forma como algo é realizado alinha-se e reflecte a cultura da empresa e os seus valores (Denison, Hooijberg, Lane, & Lief, 2012; Warrick, 2017). Demonstra também a cultura do segmento em que a empresa reside. A serendipidade da engenharia é específica para a situação local e deve ser adaptável a quase todas as situações para influenciar resultados lucrativos.

Este livro não vai citar um estudo maciço de milhares de gestores de operações ou líderes executivos em todo o mundo, porque não é uma pessoa mediana, mas extraordinária numa situação única que provavelmente não é mediana . Este livro não vai explorar a forma como as substâncias químicas se formam e se deslocam no seu corpo para melhorar o desempenho, porque não é um livro de biologia. Não citarei cientistas porque não creio que todos concordem o suficiente uns com os outros ou consigo próprios ao longo do tempo. Então, porque é que hei-de citar os cientistas que acho que concordam comigo? Os meus cientistas podem discordar dos seus cientistas. O que interessa é ganhar , tendo em conta os desafios que o rodeiam. Este livro tem valor se algo nele for significativo para si. Compreendo que há uma boa hipótese de haver material neste livro com o qual não concordará. Estou apenas a definir expectativas para evitar surpresas e desilusões. Não faz mal, porque não estamos de acordo em tudo, o que é bom. Vamos deixar isto bem claro desde o início.

Em vez disso, vou disponibilizar a informação e, potencialmente, pisar alguns dedos do pé, em vez de não dizer nada. Aqui está o valor. Pegue nas informações de que gosta e utilize-as. Estou a dar-vos mais de 750 oportunidades influenciadas por tácticas que aprendi ao longo de trinta e cinco anos de engenharia da serendipidade nas operações através do talento. Se a lâmpada se acender e disser: "Agora já percebi!", isso é "missão cumprida". Se concordar com um item, o aplicar e beneficiar dele, o ganho ultrapassará de longe o custo do livro. Lute com as tácticas de que não gosta e produza uma resposta melhor. Pelo menos, está a pensar no assunto, talvez porque o tema lhe diz respeito. Fale com outra pessoa sobre o assunto. Pode ser que estejam do seu lado ou do meu. De qualquer forma, será afirmado ou corrigido, e terá havido progresso porque qualquer um dos resultados o beneficia. E é disso que trata este livro, de o ajudar a ser melhor na engenharia da serendipidade para si e para os outros à sua volta. Já leu até aqui, por isso o processo de criar a sua serendipidade já começou.

Este livro foi escrito para alguém que gere talentos , mas estes princípios também podem abranger outras áreas porque o talento é utilizado para realizar tarefas. O autor trabalhou em empresas que abrangem uma variedade de funções nas cadeias de abastecimento durante várias décadas. O livro fornece dados recolhidos ao longo do tempo e dá aos leitores de várias disciplinas uma visão da perspetiva do profissional de gestão. Considere as normas organizacionais e as leis locais ao rever as tácticas fornecidas no corpo deste livro. Se nada for atrativo, o leitor pode compreender melhor a forma como as outras pessoas pensam, especialmente aquelas que discordam. De qualquer forma, é provável que esteja interessado em saber o que pensam sobre si. O conteúdo deste livro é uma extração de informação recolhida ao longo de décadas de gestão. É também o resultado de uma investigação específica realizada durante o rápido crescimento de uma empresa durante um breve período. A experiência de gestão de talentos representada no conteúdo do livro inclui integrações de aquisições, expansões globais, transformações paradigmáticas, construções, shakedowns, rápidas melhorias de desempenho e campos verdes, todos eles transformados em excelente crescimento de receitas e uma perspetiva brilhante para o futuro para todos os envolvidos. Ao longo dos anos, experimentei uma serendipidade significativa; no entanto, foi concebida porque ter sorte não era uma opção. Durante este tempo, as empresas envolvidas escalaram e experimentaram alguns projectos cruciais, recalibrações internas e desafios externos, durante os quais as receitas aumentaram significativamente. Este livro foi escrito por um profissional de gestão de talentos que está constantemente a aprender e a implementar a gestão tática do acaso através do talento disponível, porque não quer esperar que algo de sorte aconteça, e você também não deveria.

Estrutura

A estrutura descrita abaixo é um resumo da organização da série de livros. Este livro é a terceira parte de uma série de várias partes, depois de Liderança e Operações, que se centra no impacto do Talento na serendipidade da engenharia. O primeiro livro da série Engineering Serendipity utiliza os princípios de liderança, representados na Parte 1 abaixo, para garantir a serendipidade. O segundo livro da série utiliza princípios de gestão de operações, tal como descrito na primeira secção da Parte 2, para garantir a serendipidade. Estes livros já foram publicados. A matriz abaixo indica as áreas funcionais e os atributos associados para cada parte e cada área. A *função* seguinte da Parte 2 diz respeito ao Talento. Esta função tem os mesmos seis *atributos* que as outras áreas. Cada uma das 36 possibilidades está representada na estrutura da série de livros abaixo, sendo o Talento responsável por seis dos atributos na secção intermédia da Parte 2. Outros livros da série cobrem o resto das funções. Os princípios relacionados com a engenharia da serendipidade utilizando tácticas relacionadas com o talento aplicam-se a todas as outras partes da estrutura. São influentes e transferíveis para cada outra porque a maioria das organizações pode ser descrita como uma cadeia de abastecimento de funções.

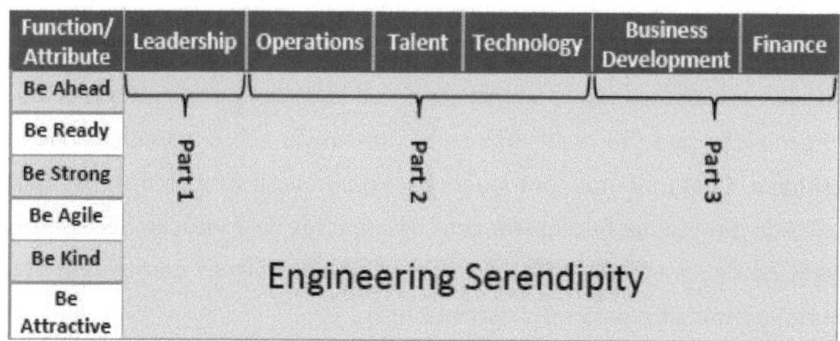

Figura2 . Série de livros Framework: Matriz de Engenharia da Serendipidade

O estilo deste livro é mais tático e menos teórico. A teoria apoiará os princípios e deve ser procurada pelo leitor para obter mais conhecimento, se necessário, mas os princípios deste livro são inteiramente baseados nas experiências do autor . O leitor deve ser capaz de olhar para qualquer função - based attribute discutida e aplicar as tácticas a algo com que esteja a lidar atualmente, assumindo que as experiências são semelhantes ou relevantes para o cenário do leitor . Consequentemente, a estrutura descrita acima servirá como uma representação da organização do livro. O índice indicará a área de atributos onde estão contidos os princípios que se relacionam. Os atributos que se aplicam aos princípios serão discutidos dentro da área funcional. O autor não sugere que sejam discutidas todas as tácticas para criar a serendipidade utilizando o talento . Seria impossível criar uma lista exaustiva de tácticas relacionadas com o talento. Mesmo assim, de acordo com a estrutura acima, o número de princípios em cada área é considerável. A conceção do quadro é intencional, uma vez que o leitor pode ter interesses selectivos relacionados com uma determinada área ou cenário. O âmbito do tópico é amplo, daí a série, mas o âmbito do quadro é optimizado para proporcionar simplicidade. Procurou-se um equilíbrio.

O quadro ilustra que a série de livros está dividida em 36 módulos nos quais a serendipidade na engenharia é um tópico relevante. Estes módulos são a intersecção de seis funções e seis atributos . As funções incluem Finanças, Operações, Desenvolvimento Empresarial, Tecnologia, Talento e Liderança. Estas áreas foram escolhidas como áreas de foco para a engenharia da serendipidade. Tenho a certeza de que outras podem surgir, mas estas pareciam cobrir a maior parte do âmbito de execução numa organização. A lista de áreas funcionais poderia ter sido significativamente alargada, mas a análise tornar-se-ia complexa e pesada. Os atributos são caraterísticas escolhidas como elementos de postura da organização que são relevantes para a discussão sobre a serendipidade da engenharia. Estes atributos contribuem para o potencial sucesso da organização, na medida em que se relacionam com os aspectos de execução necessários à engenharia da serendipidade. Serão agora discutidos alguns pormenores sobre os métodos utilizados para recolher as tácticas.

Métodos

Ao longo de oito anos, o autor ouviu e participou nas conversas de tomada de decisão utilizadas para a recolha de dados. Estas decisões tiveram uma variedade de resultados que validaram o curso da ação. Estas conversas foram divididas em categorias de acordo com o quadro descrito anteriormente. Com base no evento de decisão, foi criada uma etiqueta de categoria com duas palavras para o resumir. Em seguida, foi registado no atributo considerado mais adequado para o efeito. Tendo em conta o cenário, a entrada foi descrita em termos da sua eficácia, com uma recomendação associada ao cumprimento das expectativas. Se as expectativas não foram atingidas, ou se a situação foi agravada, a entrada sugere um aviso ou um melhor curso de ação para alcançar a serendipidade.

Os eventos foram fenomenológicos , ocorrendo de forma aleatória durante um dia útil. O autor tentou explicar a situação em cada entrada da forma mais eficiente possível, fornecendo contexto, mas não demasiada informação para perder o foco na natureza do evento. O leitor pode discordar do resultado ou da ideia. A falta de concordância é expetável, uma vez que a experiência e a situação de cada um são diferentes. A interpretação de cada cenário baseia-se numa realidade local que pode variar em termos de nuances em relação às experiências do leitor. A ideia é extrair significado e sabedoria da coleção de experiências para melhorar a capacidade de executar com sucesso numa situação local, criando assim a serendipidade. Passaremos agora a uma discussão sobre as funções selecionadas.

Segmentos

Os segmentos, Partes 1 a 3, cobrem uma gama significativa das funções da organização . Algumas funções não puderam ser incluídas no âmbito da Parte 2, uma vez que seria proibitivamente difícil cobrir todos os aspectos deste livro. O leitor terá de se esforçar um pouco para acomodar a omissão; no entanto, a execução operacional utilizando o talento estende-se eficazmente a todas as áreas de uma organização (Uhl-Bien & Arena, 2018). Cada função numa cadeia de abastecimento está relacionada com as outras, uma vez que dependem umas das outras para o sucesso (Cao & Zhang, 2011). Esta dependência é especialmente verdadeira para a excelência operacional; consequentemente, todas as funções são descritas abaixo, às quais se aplicam os princípios operacionais . O talento encontra-se no segmento intermédio, a Parte 2 da estrutura, que é o segmento abrangido por este livro. Segue-se um resumo de cada segmento da cadeia de abastecimento, tal como descrito na estrutura.

Finanças

No contexto desta série de livros, o departamento financeiro é mais do que um grupo que angaria capital, fecha os livros e submete-se a auditorias. É o departamento que também fornece feedback às unidades operacionais sobre o desempenho da empresa, incluindo a contribuição do departamento para a saúde da empresa. Também monitorizam a utilização dos activos de capital. Afinal de contas, o desenvolvimento e a execução da estratégia da empresa estão ligados ao desempenho financeiro . O departamento financeiro tem desafios que não devem ser negligenciados aquando da execução da estratégia da empresa . Alguns desafios prendem-se com a comunicação do plano de desempenho, a definição de sucesso, a afetação de recursos de forma justa, o alinhamento de talentos em torno de um plano de incentivos e a transparência ideal sobre a saúde financeira da empresa . O departamento financeiro fornece informações e dados relacionados com a responsabilidade aos líderes empresariais e funcionais (Samans & Nelson, 2022). Para serem influentes, estes dados devem ser fiáveis e seguros. Suponhamos que, no final de cada mês, se gasta mais tempo a discutir a exatidão dos dados do que as oportunidades apresentadas. Ou qual é a eficácia de discutir resultados de desempenho de há três meses atrás? Nestes casos, a execução da função de elaboração de relatórios precisa de ser operacionalmente melhorada. Além disso, a informação precisa de ser apresentada de uma forma significativa. Mais do que qualquer outro departamento, o departamento financeiro detém normalmente as métricas financeiras da empresa e as medidas (Chandra, 2013). Com a sólida ligação causal entre o desempenho económico e as métricas, o departamento financeiro pode ser um motor crítico para a serendipidade da engenharia (Al-Matari, Al-Swidi, & Fadzil, 2014).

Figura3 . As finanças permitem a perceção do desempenho e catalisam as correcções de rumo.

As iniciativas operacionais críticas são normalmente listadas para influenciar a capacidade, a fiabilidade e o custo (Zwikael & Smyrk, 2012). Estes factores estão relacionados com a quota de mercado e a saúde da empresa. Cada iniciativa é atribuída a um responsável funcional, tem um calendário pré-determinado e é monitorizada por métricas . As métricas utilizadas devem ser tão simples e objectivas quanto possível. Os gestores operacionais devem saber onde gastar o seu tempo para realizar as actividades de mudança corretas (Fullan, 2011). O sucesso destas actividades está associado a um plano de remuneração baseado em incentivos. Os trabalhadores devem saber onde e como podem influenciar o plano estratégico da empresa . Suponhamos que existe demasiada ambiguidade ou promessas não cumpridas. Nesse caso, os trabalhadores não confiarão no sistema de recompensas , o que deixará de influenciar o desempenho ou a intenção de permanecer na empresa (Shahzadi, Javed, Pirzada, Nasreen, & Khanam, 2014).

A função financeira da empresa é fundamental para a execução da estratégia da empresa e a serendipidade resultante. Sem um nível de rendibilidade adequado, a saúde financeira da empresa irá diminuir. Por outro lado, com uma execução excelente (o objetivo), a saúde financeira da organização melhorará e ultrapassará a dos concorrentes . Para além disso, a saúde financeira pode ajudar a empresa a evitar o impacto dos disruptores quando estes chegam (Sheffi, 2015). Se uma empresa puder reinvestir no seu eu continuamente reinventado, tem mais hipóteses de prolongar o seu ciclo de vida e a sua fortuna (Sheth, Uslay, Sisodia, Sheth, Uslay, & Sisodia, 2020).

Operações

Quando se pensa em execução , pensa-se normalmente em operações. As operações são o grupo que cria os produtos para a empresa vender. Não só têm de os fazer, mas o que é feito também tem de estar dentro das expectativas de qualidade e dentro do prazo. Esta função é normalmente muito disciplinada, uma vez que a incapacidade de cumprir as expectativas fará com que a empresa deixe de funcionar. Não será possível obter receitas. Com esta disciplina vem também a inovação . As operações tentam continuamente determinar como criar valor para o cliente com menos esforço e maior rapidez (Womack & Jones, 2015). No entanto, a execução aplica-se igualmente a outras funções na organização.

Figura4 . As operações utilizam métodos de gestão para criar valor e lucros.

Em alguns casos, a capacidade de execução pode ser superior em algumas funções não operacionais . A capacidade de ter um desempenho excelente pode depender da gestão e da cultura dessas funções . Todas as funções são críticas numa organização; caso contrário, não existiriam. Quando a má execução está presente e é tolerada, podem ser criadas funções de apoio para compensar a falta de eficiência ou para ajudar a organização a gerir o caos que daí resulta (Albrecht, Bakker, Gruman, Macey, & Saks, 2015; Crook, Todd, Combs, Woehr, & Ketchen, 2011; Safitri, Sari, & Gamayuni, 2020). "Precisamos de mais engenheiros" poderia ser substituído por "Vamos aumentar a eficiência e o impacto dos nossos engenheiros". Tudo deve ser revisto para determinar se contribui para o desperdício organizacional, também conhecido como *a fábrica oculta* . Estes factores aumentam os custos, reduzem os lucros e são um obstáculo à boa sorte .

Como qualquer função , as funções operacionais transformam materiais e outros inputs em produtos acabados que satisfazem uma necessidade não satisfeita (Tien, 2012). Normalmente, são afectados recursos às operações para transformar as matérias-primas numa série de configurações, que se transformam num produto final, todos eles tendo de cumprir ou exceder as expectativas de qualidade do cliente dentro do prazo. Os líderes operacionais orquestram a combinação de materiais, pessoas, processos e equipamentos para criar uma oportunidade de lucro para a empresa (Hughes, Hodgkinson, Elliott, &

Hughes, 2018). Embora os produtos acabados devam ser aceitáveis para os clientes, as matérias-primas utilizadas na operação também devem cumprir especificações aceitáveis para que possam ser *utilizadas* . A execução excelente inclui o cumprimento atempado dos requisitos de entrega, a recolha e exploração de informações, a utilização de recursos (talentos e materiais), a programação da execução, a partilha de capacidades e a eficiência operacional. Um desempenho excelente aplicar-se-ia à função de faturação que envia uma fatura aceitável, tal como se aplicaria à função de recursos humanos que gere o processo de aquisição de talentos para contratar o melhor candidato para um emprego.

Figura5 . As operações combinam a capacidade humana e a tecnologia num ambiente disciplinado.

Os líderes funcionais sincronizam o fluxo de materiais, a intervenção humana e as acções das máquinas para gerir um processo eficiente (Kamble, Gunasekaran, & Gawankar, 2018). Normalmente, a informação sobre o custo padrão é utilizada para comparar o desempenho real do sistema operacional com o custo previsto (Huang, Newnes, & Parry, 2012). Um custo padrão pode não estar presente em todas as funções . Quanto é que custa contratar alguém?

Quanto é que custa quando um empregado deixa a empresa? Se esta informação estivesse presente na função de recrutamento , a estratégia de recrutamento e o esforço seriam diferentes se o orçamento de recrutamento tivesse de pagar por uma má contratação? Se fosse oferecido aos empregados $2000 para deixarem a empresa (por não se enquadrarem na cultura , nos valores , ou na missão), quantos aceitariam a oferta? Haveria um retorno do investimento se a oferta fosse aceite? O resultado representa uma falha no recrutamento do talento correto (Oladapo, 2014). As métricas normalmente utilizadas para fornecer feedback numa operação incluem o rendimento do processo, a qualidade , e a utilização de recursos (Jayal, Badurdeen, Dillon, & Jawahir, 2010). São utilizadas muitas outras métricas que se relacionam mais especificamente com a função e as prioridades de melhoria. Os sistemas de planeamento criam normalmente transparência de desempenho e ajudam na conceção e otimização do fluxo de trabalho (Čuš-Babič, Rebolj, Nekrep-Perc, & Podbreznik, 2014). Por exemplo, será que a experiência de integração de um novo candidato influenciaria a sua curva de aprendizagem e a produtividade global ?

Para as operações, a execução é fundamental para a serendipidade da engenharia. A má utilização dos recursos compromete a saúde financeira da operação (Kaplan & Porter, 2011). O desempenho da utilização aplica-se a qualquer função . A excelência da execução está relacionada com os fluxos de trabalho existentes e com iniciativas de mudança para melhorar o desempenho. Como é que as finanças vão alterar o relatório financeiro de fim de mês para que passem menos dias desde o último dia do mês até ao momento em que o relatório mensal está disponível para os gestores das unidades empresariais? A seleção e execução destas e outras iniciativas ajudam a operação a manter-se competitiva e relevante nos seus mercados (Kumar, Jones, Venkatesan, & Leone, 2011).

Desenvolvimento de negócios

Uma empresa orientada para o crescimento dependerá fortemente da execução da equipa de desenvolvimento empresarial para engendrar a serendipidade. A função de desenvolvimento empresarial é utilizada para encontrar e desenvolver oportunidades de negócio que contribuam para a saúde da empresa e para a sua quota de mercado (Ernst, Hoyer, & Rübsaamen, 2010). Em suma, atrai potenciais clientes, constrói o envolvimento , e transforma as oportunidades ou os contactos em clientes (Odden, 2012). Uma vez que os clientes são integrados, o desenvolvimento de negócios ajuda a aumentar a receita de cada um deles com um lucro aceitável . O desempenho é normalmente visualizado através de um *funil de vendas* onde os contactos são convertidos em vendas (Sharma, Tomar, & Tadimarri, 2023). O departamento de desenvolvimento empresarial pode incluir funções de marketing e de vendas . O aspeto de marketing do desenvolvimento empresarial determina os produtos vendidos a uma oportunidade-alvo. A empresa está posicionada num mercado que resulta numa vantagem competitiva explorada através de um plano de marketing estratégico para satisfazer uma necessidade não satisfeita melhor do que os seus concorrentes podem (Day, 2011; Hinterhuber, 2013).

O desenvolvimento de relações é fundamental para estabelecer canais de receitas. A função de vendas do desenvolvimento de negócios normalmente reúne e converte leads em clientes. Os clientes recorrentes ou referidos resultam em custos de aquisição de clientes mais baixos (Schmitt, Skiera, & Van den Bulte, 2011). Muitas funções na empresa podem realizar tarefas relacionadas com as vendas, aproveitando os contactos de potenciais clientes. Por exemplo, o desenvolvimento do negócio pode aproveitar um membro da equipa de tecnologia para aproximar um cliente da conversão de uma oportunidade em venda, especialmente se a componente tecnológica do negócio for crítica. Simultaneamente, a equipa de desenvolvimento do negócio pode utilizar o departamento de investigação e desenvolvimento (I&D) para se envolver no intercâmbio eletrónico de dados (EDI) com o cliente, de modo a garantir que as encomendas são transferidas a tempo e sem erros de transcrição . A maioria das empresas são empresas de tecnologia que têm lojas, camiões, equipamento de distribuição, etc.

Figura6 . O desenvolvimento do negócio pressupõe que os negócios efectuados são rentáveis e escaláveis ao longo do tempo.

Os resultados a curto prazo não fazem parte de uma estratégia de sucesso . Uma boa semana pode ser elogiada, mas a falta de uma estratégia eficaz a longo prazo torna-se evidente quando se segue uma semana má. O desenvolvimento do negócio faz frequentemente promessas que as operações terão de cumprir, mantendo um lucro (Dixon & Adamson, 2011). O desempenho pode ser um desafio, uma vez que as promessas feitas sem o envolvimento das pessoas que as vão cumprir podem ser problemáticas, incorrendo no risco de fracasso (Hrebiniak, 2013). Quando o cliente fica impressionado com a execução das promessas que estão a ser cumpridas, é provável que haja vendas repetidas e referências. Os clientes podem estar menos interessados em negociar os preços para baixo quando dependem e valorizam o nível de serviço que recebem (Lu, Tsao, & Charoensiriwath, 2011). Uma execução operacional consistente neste contexto pode resultar em crescimento e aumento da rendibilidade, dependendo do custo de realização das tarefas e da rendibilidade representada pela encomenda.

Há actividades que a equipa de desenvolvimento empresarial tem de executar com excelência. Uma atividade crítica é o trabalho em rede, que inclui referências, patrocínios, publicidade, liderança de ideias e a execução de actividades de desenvolvimento estratégico (Cornwell, 2013). O contacto presencial é frequentemente necessário para que o trabalho em rede seja bem sucedido. Além disso, as oportunidades de novos produtos e serviços tornam-se evidentes quando a rede inclui o público-alvo. O membro da equipa de desenvolvimento empresarial tem de lidar com limitações e restrições, como o tempo, a distância, o preço de mercado, o custo de criação e produção do serviço ou produto, a presença nas redes sociais e as despesas. As referências são um tipo de rede que cria novas oportunidades de negócio (Kumar & Pansari, 2016). Quando um cliente recebe um bom serviço, pode ajudar a trazer outros clientes para a lista de contactos. Mais uma vez, é necessário lidar com algumas limitações.

A qualidade e a frequência das referências podem não produzir bons contactos. As boas perspectivas podem ser esquivas e a referência pode não incluir toda a gama de serviços ou de produtos. Quando as referências não correspondem às suas capacidades de execução, existe uma lacuna na perceção da empresa. As fontes de recomendação variam em termos de eficácia. Devem ser consideradas estratégias para acelerar as referências e tornar a sua empresa mais visível nos seus mercados-alvo (Kotler, 2012). O objetivo é colocar a sua proposta de valor à frente das pessoas certas a um preço que o cliente esteja disposto a pagar e com os maiores lucros. Podem ser utilizados outros canais de marketing consoante a situação. Em última análise, o desenvolvimento do negócio tem como objetivo adquirir oportunidades que se transformam em lucros (note-se que não disse receitas). Começa com uma proposta de valor atractiva a um preço que cada cliente está disposto a pagar, entregue a uma lista de potenciais clientes (Hanan, 2011; Weinstein, 2012).

Muitas vezes, espera-se que as empresas vão além das actividades típicas de desenvolvimento empresarial. Por exemplo, *a liderança de pensamento* é onde o desenvolvimento de negócios pode atrair leads (Johnston & Marshall, 2020). Algumas empresas participam ativamente em associações de todo o sector, fazem apresentações em conferências, publicam livros brancos sobre temas críticos, etc., para mostrarem os seus conhecimentos. Ser reconhecido atrai a atenção de potenciais clientes que o querem para resolver os seus problemas. Como cada empresa é uma empresa de tecnologia (algumas têm camiões, outras têm lojas), as capacidades técnicas e os tópicos de conceção do fluxo de trabalho podem ser interessantes. Para além da presença física numa reunião relacionada com a indústria, existe uma variedade de canais de marketing, incluindo, entre outros, webinars , blogues , sítios Web e vários meios de comunicação social que podem ser utilizados para passar a mensagem.

O desempenho é fundamental para o papel de desenvolvimento empresarial encarregado da engenharia do acaso. Uma estratégia que não seja totalmente implementada não produzirá resultados. A estratégia deve incluir, pelo menos, uma boa compreensão do mercado-alvo, uma compreensão do comportamento de compra no mercado, um conhecimento profundo do posicionamento da concorrência e uma visão imparcial da vantagem competitiva . A execução de muitas iniciativas ao mesmo tempo pode diminuir o foco on energy necessário para concluir qualquer uma delas. Deve ser adoptada uma abordagem equilibrada em relação ao tempo e ao talento para completar os marcos estratégicos. A implementação de alguns itens críticos é muito melhor do que ficar à deriva num conjunto de iniciativas estratégicas com muitos itens de ação incompletos. Uma estratégia simples numa função específica de desenvolvimento empresarial pode produzir melhores resultados e consumir menos recursos . O crescimento sustentado das receitas e dos lucros é normalmente o objetivo das tácticas utilizadas no desenvolvimento empresarial.

Algumas tácticas específicas podem incluir uma tabela de preços disciplinada com consistência de preços entre clientes para serviços semelhantes. Os preços de cada produto ou serviço devem ser justos para todas as partes, mas não precisam de ser os mesmos. Um cliente pode estar disposto a pagar mais por um serviço do que outro. Vender produtos com desconto é um trabalho fácil. Vender produtos com uma margem saudável é um trabalho árduo. Respeitar a margem é fundamental para criar a serendipidade no desenvolvimento de negócios. Devem ser consideradas taxas especiais para tempos de ciclo de encomenda curtos , uma vez que estas inserções no calendário são dispendiosas. Alguns serviços podem não ser considerados quando deveriam ser devido à presença de serviços adjacentes que são sinérgicos. Vários esforços tácticos digitais e tradicionais são impactantes e podem ser usados para atrair e converter leads em vendas (Miller, 2012; Opreana & Vinerean, 2015). Deve ser estabelecida uma relação clara entre os esforços (custo) e o impacto nas receitas/lucros (margem). Se uma atividade estratégica não produzir resultados, deve ser avaliada para inclusão na estratégia antes de se tornar uma parte da mesma . Esta análise requer o acompanhamento do tempo da atividade e do aparecimento de pedidos de trabalho. A causalidade entre as actividades e as realizações ajudará a empresa a avaliar o retorno do esforço despendido , incluindo o sucesso ou o fracasso de tácticas específicas. O fracasso pode aplicar-se a clientes com descontos de grande volume que não estão a encomendar o volume esperado. As tarifas, tarefas e clientes podem precisar de ser continuamente actualizados.

Tecnologia

Uma vez que, atualmente, todas as empresas são empresas tecnológicas , o tema da serendipidade da engenharia é fundamental para o sucesso de qualquer organização. A tecnologia está em todo o lado e é necessária para que uma empresa funcione (Porter & Heppelmann, 2015). Além disso, a organização que utiliza uma tecnologia menos eficiente do que outra estará em desvantagem competitiva operacionalmente e do ponto de vista da utilização de talentos. A execução do processo será mais desperdiçadora do que poderia ser. Os talentos e os clientes falarão sobre o facto de a empresa ter uma *dívida técnica* e sobre a sua dificuldade em competir ou participar (Li, Avgeriou, & Liang, 2015). A execução, portanto, na aquisição de tecnologia e na transferência para as operações é uma capacidade crítica. A tecnologia adquirida ou desenvolvida internamente deve impulsionar o crescimento da empresa, reduzindo o *rácio esforço por unidade* (Capron & Mitchell, 2012), sendo cada unidade um produto final. As novas soluções eficazes ajudarão as empresas a atingir os seus objectivos estratégicos. Os ganhos de eficiência podem resultar de melhorias operacionais para fabricar e prestar serviços a produtos existentes na carteira e a novos fluxos de receitas potenciais relacionados. A tecnologia incorporada nos produtos e serviços cria uma diferenciação no mercado (Porter & Heppelmann, 2015). A equipa que adquire e transfere a tecnologia para as operações deve responder rápida e eficazmente às oportunidades de receitas.

Figura7 . A tecnologia deve contribuir positivamente para a fiabilidade e a rentabilidade de uma empresa.

A parte tecnológica de uma empresa pode incluir aqueles que mantêm e constroem infra-estruturas e a I&D que cria ferramentas de produto, automatização e fluxo de trabalho . A estratégia tecnológica deve consistir no conhecimento das tendências do segmento (Priem, Li, & Carr, 2012). As ferramentas e a conceção do fluxo de trabalho podem ajudar a pôr ordem no caos proveniente dos clientes. Por vezes, os clientes não sabem o que querem e olham para a capacidade tecnológica do seu fornecedor para terem uma perspetiva do que poderia ser. Se a equipa de tecnologia conseguir criar competências e provar a sua eficácia operacional, espera-se um maior valor da marca na perspetiva do cliente. Um cliente que espera uma liderança tecnológica e não a obtém irá procurar outra empresa e levará o seu negócio consigo. A equipa de tecnologia deve executar melhorias e modificações de produtos, serviços e fluxos de trabalho de forma eficaz para otimizar os lucros e garantir uma serendipidade contínua.

A transferência de tecnologia é frequentemente negligenciada como uma parte crítica do papel da equipa. Como é que a transferência de tecnologia pode ser efectuada de forma mais eficiente? Como é que a tecnologia pode ser implementada, operacionalizada e validada quanto à sua eficácia? Quando o fluxo de trabalho não é compreendido, ou as necessidades dos operadores não são consideradas, a tecnologia pode chegar mas nunca ser utilizada. A tecnologia não é familiar, ou a interface do utilizador não é *intuitiva para os principiantes* . O objetivo da equipa de tecnologia é transferir a tecnologia para as operações através de uma transição perfeita que resulte num melhor desempenho (Lee, Wang, & Lin, 2010). O melhor desempenho está ligado ao ROI pretendido com base na redução do esforço. Existem alguns desafios, incluindo a incapacidade de escalar a tecnologia, a incompatibilidade com a tecnologia ou os recursos existentes , a documentação insuficiente, os requisitos dos utilizadores não foram compreendidos ou cumpridos, a ferramenta tem erros não resolvidos e o calendário agressivo para o desenvolvimento resultou numa implementação limitada da tecnologia que não cumpre as expectativas de desempenho. Os factores de sucesso são o cumprimento das expectativas orçamentais, a disponibilização atempada da tecnologia e a gestão de todos os factores de risco envolvidos. As transferências fracassadas de tecnologia para as operações manifestam-se sob a forma de atrasos na produção, aumento dos custos, aumento das despesas administrativas quando a tecnologia é utilizada e rejeição da tecnologia pelos utilizadores porque não funciona.

Além disso, quem recebe a tecnologia pode não estar preparado para ela. No centro destes desafios está a comunicação entre os criadores e os receptores da tecnologia em operações, para que os parâmetros e as condições sejam compreendidos. Se a interação entre as partes não for transparente e colaborativa , as falhas na transferência são iminentes. Esta comunicação também ajudará em qualquer adaptação que possa surgir após o teste de aceitação do utilizador (UAT) na produção. Em última análise, a eficácia da tecnologia tem de ser acordada tanto pelo responsável tecnológico como pelo responsável operacional antes de a transferência poder ser considerada concluída. Quando existe uma lacuna na eficácia da aplicação da tecnologia, é necessário compreender a lacuna e as suas consequências. Pode ser tomada a decisão de colmatar a lacuna ou de viver com ela, com a intenção de a colmatar mais tarde ou de não a colmatar de todo. Qualquer ineficiência na transferência de tecnologia resultará na perda de tempo e de recursos , o que estará associado a riscos para o desempenho e a qualidade (Audretsch, Lehmann, & Wright, 2014). O fluxo de trabalho nas operações terá de se adaptar à medida que as ferramentas e o equipamento podem mudar. A mudança deve ser compreendida e planeada. Poderão ocorrer mais adaptações quando a escala ocorrer. A metodologia de transferência será testada novamente durante o processo de aumento de escala em marcos de desempenho designados.

Talento

"Criar grandes gestores e depois ganhar as batalhas que valem a pena" é uma forma de encarar a gestão de talentos. Claro que há muitas nuances nesta simples perspetiva . É difícil criar gestores ou ganhar batalhas se o talento não se empenhar ou não se adequar à sua função. A serendipidade da engenharia exige envolvimento e eficácia. A estratégia tem de ser significativa para as partes interessadas para facilitar o envolvimento. Se o talento estiver alinhado com os objectivos que a estratégia irá permitir, então a execução é muito mais provável. Se alguém na sua organização fosse questionado sobre a estratégia ou a missão da empresa, as respostas seriam variadas, incluindo: "Não faço ideia". Em segundo lugar, se lhe perguntassem até que ponto se enquadra na estratégia, isso poderia fornecer alguma informação crítica sobre o enquadramento. Porque é que um funcionário participaria na concretização de um novo estado futuro se não se enquadra nele? Se se enquadrarem no estado futuro, como é que a boa fortuna aconteceria à organização devido ao envolvimento de um funcionário não adequado no roteiro global? A abordagem adoptada é fundamental, uma vez que os trabalhadores orientados para o futuro puxam a empresa para o futuro. Os métodos utilizados devem ser simples mas significativos no seu impacto. *Mover a agulha* deve ser o resultado da aplicação de um processo relevante e significativo. É necessário responder a várias perguntas simples, mas significativas, através de estratégias de comunicação adequadas, para criar a serendipidade:

- Para onde vamos? - visão do futuro state.
- Como é que vamos lá chegar? - tácticas utilizadas para progredir.
- O que é que tenho de fazer a seguir? - sequência de tarefas para chegar à etapa seguinte.
- Quem se vai juntar a mim? - requisitos de coordenação e colaboração.
- Porque é que esta ação é necessária? - O significado subjacente à ação.

Figura8 . O talento que actua rapidamente é capaz e está orientado para o serviço, permitindo o sucesso organizacional.

Quando pensamos na forma como executamos , muitos aspectos críticos estão relacionados com o envolvimento e a motivação dos talentos de forma eficaz. A execução pode assentar em vários princípios a ter em conta no que respeita à cultura do ambiente empresarial e à forma como a gestão se relaciona com o talento. Uma primeira consideração pode ser a de garantir que todos são respeitados e valorizados, apesar da diversidade de pensamento e competências. Esta variedade de capacidades é útil quando se trata de planeamento e execução . Os gestores devem abordar as suas tarefas diárias com humildade e não com ego (Maldonado, Vera, & Spangler, 2022). Escuta ativa As capacidades de escuta ativa ajudarão o gestor a saber o que os trabalhadores precisam, porque é que é essencial e como está a decorrer a execução da tarefa (Marquardt, 2014). Esta informação ajudará o gestor operacional a apoiar um desempenho excelente em todas as partes da empresa. A excelência operacional é um objetivo evolutivo a longo prazo, uma vez que a situação está em constante mudança. Como os gestores ajudam na resolução de problemas , as soluções devem ser testadas para compreender o seu impacto. As soluções devem ser aplicadas ao processo que produz os resultados que os clientes pretendem. Um processo robusto ajudará o talento a produzir resultados perfeitos sem depender do controlo de qualidade para detetar os seus erros inevitáveis (Oakland, 2014). O processo também deve ser eficiente, com o mínimo de desperdício. As soluções para os problemas do processo devem ser partilhadas entre as partes interessadas quando necessário. As relações entre os funcionários são fundamentais, pois permitem a transferência de informações (Hau, Kim, Lee, & Kim, 2013). Todas as acções que o talento realiza devem estar alinhadas com o objetivo da organização, assegurando resultados consistentes. Em última análise, o talento cria valor para os clientes dispostos a pagar pelo valor que recebem com lucro para o fornecedor .

O talento precisa de compreender a excelência e o caminho percorrido para lá chegar para ganhar a batalha da excelência operacional (Joyce & Slocum, 2012; Maylett & Wride, 2017). O caminho pode começar com uma introdução ao conceito. Uma vez compreendido este conceito, podem ser discutidas as ferramentas necessárias para lá chegar. Por exemplo, as melhores pessoas para descrever as melhorias relacionadas com a excelência no serviço são as pessoas que estão mais próximas do cliente. Elas compreendem os problemas do serviço porque recebem feedback diretamente do cliente, seja ele construtivo ou não. Os empregados da linha da frente devem ter o poder de influenciar o processo para melhorar a força da marca, a receita do cliente ao longo da vida e a fiabilidade operacional (Zablah, Franke, Brown, & Bartholomew, 2012). O fluxo de valor dos funcionários da linha da frente para os clientes deve ser vigiado para que qualquer potencial obstáculo à execução de direitos de decisão adequados seja eliminado. A transparência permitirá a todos ver os desafios futuros e agir proactivamente para preservar o fluxo de valor. As expectativas são claras e conhecidas num ambiente transparente (Albu & Flyverbom, 2019). Além disso, onde há padronização , o talento sabe o que fazer para alcançar a expetativa de excelência (Kanji, 2012). A padronização traz ordem quando há caos. Atingir objectivos é mais fácil de gerir quando os funcionários sabem como contribuir, estão alinhados e são responsáveis. O sucesso é mais problemático quando é perseguido sozinho. A colaboração multifuncional pode ajudar os funcionários a contribuir de forma significativa para os objectivos da organização (Enz & Lambert, 2012; Santa, Ferrer , Bretherton, & Hyland, 2010).

Os desafios para alcançar a excelência operacional exigem que o talento utilizado nos processos seja o mais adequado e esteja empenhado (Stahl, Björkman, Farndale, Morris, Paauwe, Stiles, ... & Wright, 2012). No entanto, em determinadas condições, isto não é fácil. Os talentos têm de saber como podem contribuir para os objectivos da organização. E quando contribuem, precisam de ver que o progresso é alcançado de acordo com os seus esforços. A falta de progresso pode fazer com que se desliguem do processo de melhoria e crescimento das suas capacidades. Quando as capacidades são desenvolvidas e relevantes para as necessidades da operação, o número de efectivos efectivos aumenta mais rapidamente do que o número de efectivos reais. A eficiência da mão de obra começa a diminuir se cada aumento do número de efectivos não for utilizado tanto como o número de efectivos existente, como se mostra abaixo.

Consequentemente, o desafio consiste em assegurar que os talentos estão motivados e dispostos a utilizar os seus dons de forma significativa para ajudar a organização a obter uma vantagem sustentada num ambiente competitivo (Lawler, 2010). O objetivo é ter um número efetivo de efectivos que exceda tanto quanto possível o número efetivo real. O plano será alterado à medida que as expectativas mudarem. Os talentos e aqueles que os gerem devem estar dispostos e ser capazes de mudar de rumo de forma rápida e eficiente para acomodar as necessidades em constante mudança dos clientes (Claus, 2019; Harsch & Festing, 2020).

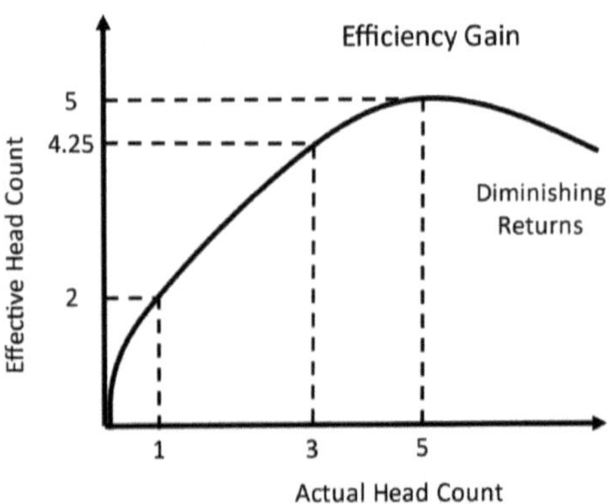

Figura9 . Multiplicador de colaboração efectiva em números mais baixos.

A agilidade organizacional é necessária para que as organizações sejam relevantes nos mercados dinâmicos em que competem (Joiner, 2019; Nafei, 2016). Pivotar é necessário para a relevância. A organização deve ser capaz de mudar de rumo antes da mudança ambiental. Se não o fizer, acelera a sua abordagem em direção ao fim do seu ciclo de vida. Com uma mudança, surge frequentemente um aumento da complexidade. Quando a gestão não é eficaz, o talento relacionado tende a tomar decisões sem tirar partido dos dados, uma vez que estes são difíceis de recolher num ambiente em fluxo. Os dados também são evasivos quando se trata de causalidade. Os dados não podem ser vistos isoladamente, uma vez que estão relacionados com outras funções externas . Num contexto de cadeia de abastecimento , os dados estarão relacionados com funções a montante e a jusante (Rozados & Tjahjono, 2014). A gestão operacional deve ser capaz de colmatar o fosso entre os processos e as áreas funcionais; caso contrário, os talentos não conseguirão ver para além dos seus silos. As metodologias específicas podem abranger funções; no entanto, estas têm de ser adoptadas a um nível mais elevado, para que cada área funcional seja aceite e passe a fazer parte do ADN da organização e da subsequente boa sorte .

Liderança

O primeiro segmento da estrutura para a engenharia da serendipidade é a Liderança. Este segmento é o tema do primeiro livro desta série. Entretanto, os princípios de liderança aplicam-se a todos os segmentos da estrutura. Quando pensamos em liderança e serendipidade num contexto operacional, pensamos em resultados significativos alcançados mais rapidamente e com menos esforço do que o esperado. O líder que chega lá primeiro, ganha. O segundo lugar não é significativo e é rapidamente esquecido quando alcançado. A vitória também se aplica às organizações. O primeiro fica com os despojos (por exemplo, um contrato lucrativo). Um gestor operacional pode alterar criativamente um processo e alavancar recursos de forma diferente para alcançar resultados mais rápidos (Ferreira, Coelho, & Moutinho, 2020). Para que uma empresa cresça, os clientes esperam uma execução perfeita liderada por talentos capazes e consistentes, independentemente do desafio. Estará presente sempre que o seu cliente quiser algo, pronto e capaz. Para um gestor operacional eficaz, é mais importante alcançar os resultados pretendidos do que seguir as rotinas geridas. Novas rotinas são criadas e rotinas irrelevantes são descartadas. As expectativas de desempenho são alcançadas através de um alinhamento centrado na concretização dos objectivos da organização (O'Reilly, Caldwell, Chatman, Lapiz, & Self, 2010).

Figura10 . A liderança alcança resultados extraordinários que beneficiam todas as partes interessadas.

Um líder operacional centrado nos resultados é adepto da engenharia do acaso. Este líder tem um historial de sucesso. O desejo de alcançar resultados é forte. Este líder quer saber o que é feito para que possa ser feito um plano para completar os objectivos relevantes o mais rapidamente possível. A motivação também é fundamental para o sucesso quando um projeto envolve um grupo de pessoas (Lunenburg, 2011). Nestes casos, a comunicação é vital. A transmissão de uma mensagem clara e concisa ajuda os participantes a saberem qual é o seu papel. Também se sentirão inspirados ao saberem mais sobre o objetivo que devem alcançar. O líder operacional é um modelo de disciplina e integridade (Palanski & Yammarino, 2011). Momentum é construído à medida que os outros experimentam o estilo do líder. A comunicação adicional inclui feedback e crédito para cada marco alcançado. O trabalho de um líder de execução é remover os obstáculos que a equipa teria de enfrentar de outra forma (Govindarajan & Trimble, 2010). Estas distracções que consomem muito tempo são destruidoras de ímpeto. A qualidade das relações na equipa também é fundamental para o sucesso. Haverá algumas negociações e alguns conflitos a resolver. Espera-se que este líder olhe em frente e preveja problemas que ainda não foram considerados (Ancona, 2012).

Por vezes, a liderança orientada para a execução depara-se com obstáculos ou desafios (Feser, 2016). A conceção da organização ou do processo pode constituir um obstáculo. Pode ser difícil obter resultados satisfatórios quando as pessoas não sabem a quem devem prestar contas. Esta conceção pode indicar aos empregados que precisam de ser bem sucedidos. A falta de planeamento também pode impedir que os recursos estejam disponíveis para formar ou fornecer os conhecimentos necessários (Bryson, 2018). A falta destes recursos pode diminuir o ímpeto e a moral . Os participantes podem não estar empenhados ou não levar o prazo a sério. Questões menores podem ser um desvio em relação a questões significativas, comprometendo o foco da equipa . A falta de concentração pode incluir a falta de retrospectivas da equipa que podem ter resolvido problemas da equipa que afectam a pontualidade e a qualidade do trabalho da equipa. A qualidade dos resultados está em risco quando os funcionários temem um processo que lhes permita cometer um erro (Kliem & Ludin, 2019; Sastry & Penn, 2014).

Há algumas coisas que um líder operacional pode fazer para melhorar as hipóteses de boa sorte . Em vez de ter um plano grande e complexo, talvez seja melhor criar um plano simples, mas abrangente, que proporcione o resultado desejado se for realizado (Hrebiniak, 2013). Como é que se sabe que o resultado foi alcançado? O resultado é mensurável? O método de medição é exato? É necessário um acordo sobre o sistema de medição para a validação da eficácia. O consenso alcançado inclui o nome, a fórmula, o método de recolha de dados e a concordância de que a medição é exacta. De que outra forma saberia que atingiu o seu objetivo? A comunicação de um desempenho mensurável ajuda os participantes a compreenderem onde se encontram e o caminho que têm de percorrer para chegarem onde têm de estar num determinado momento (Carnochan, Samples, Myers, & Austin, 2014). Se todos tiverem tido a oportunidade de influenciar o plano e compreenderem os objectivos, vão querer saber como estão a agir. O impulso que leva a equipa até à meta ajudará a criar uma atmosfera positiva e entusiasta. Este ambiente encorajará todos a resolver problemas, monitorizar a produtividade , comunicar questões e participar em recompensas.

Os líderes de sucesso concentram-se nos resultados, tornando as operações capazes de atingir os seus objectivos (Kotter, 2017). Não se trata de saber quanto tempo se trabalha ou mesmo se se cumpre a quantidade mínima de trabalho. Em vez disso, o grupo deve atingir os seus objectivos com o menor esforço possível . A liderança é a força mais potente na engenharia da serendipidade. Ela pode superar obstáculos em todas as áreas da empresa. A liderança, as finanças, as operações, o desenvolvimento de negócios e o talento, conforme descrito anteriormente, podem ajudar uma organização a executar de forma muito competente. Estes elementos constituem a dimensão vertical (colunas) da estrutura. A segunda dimensão da estrutura (linhas) está relacionada com os atributos que influenciam a serendipidade da engenharia, incluindo Estar à frente, Estar pronto, Ser forte, Ser ágil, Ser gentil e Ser atrativo. Analisaremos cada um deles individualmente na secção de atributos para que sejam compreendidos.

Os líderes operacionais devem compreender os comportamentos e o que os motiva (Fullan, 2011). Precisam de saber como os seus comportamentos afectam o resto da organização de forma construtiva e destrutiva. Neste último caso, os gestores devem ser capazes de mitigar os riscos iminentes associados a comportamentos destrutivos (Hogan, Hogan, & Kaiser, 2011). Estes comportamentos devem ser antecipados, e a organização deve estar preparada para os repelir, mitigar ou ultrapassar. Ao mesmo tempo, o gestor deve aproveitar a dinâmica dos comportamentos positivos , fortalecendo-os. Esses comportamentos devem crescer a partir de oportunidades menores para logo ajudar nas maiores. O impulso construtivo pode impulsionar uma organização através das mudanças significativas necessárias para que a empresa prospere (Bruch & Vogel, 2011).

Os comportamentos são comuns na natureza. As organizações comportam-se como organismos (Naylor, Pritchard, & Ilgen, 2013). A operação conduz-se com base em escolhas baseadas em objectivos associados a respostas ao seu ambiente. A consistência na formação do comportamento pode refletir um ethos que torna as decisões mais previsíveis, permitindo a autogestão e a confiança (Smith & Stewart, 2011). Embora estes padrões apontem para a previsibilidade, é muitas vezes difícil prever o que irá acontecer no sistema social que descreve a organização. A perturbação pode ser antecipada ou ser uma surpresa . Até que ponto é que a organização está preparada para enfrentar o desafio de uma perturbação imprevista? Podemos prever quando é que ela vai acontecer? Podemos compreender as vulnerabilidades daí resultantes e os danos que serão sofridos se as fraquezas forem exploradas? Em última análise, a gestão do risco entra em cena. Queremos suportar o risco ou atenuá-lo? Podemos reduzir o impacto das ameaças conhecidas e desconhecidas através de uma liderança eficaz ? A informação relevante deve estar disponível para que os líderes possam compreender os dados e fazer escolhas que beneficiem a organização (Davenport, Harris, & Morison, 2010).

Resumo

Nesta secção, foi discutida a estrutura do livro. Cada uma das seis funções da cadeia de abastecimento (Finanças, Operações, Desenvolvimento Empresarial, Tecnologia, Talento e Liderança) foi apresentada e descrita. O facto de o talento estar relacionado com todos os outros segmentos é fundamental para a discussão, uma vez que é necessário para a realização de tarefas. Se o produto final não for criado e disponibilizado a um cliente pelo talento na operação, então não foi criado qualquer valor. Neste contexto e para criar a serendipidade, todas as funções dependem umas das outras. Para ilustrar, o desenvolvimento comercial requer tecnologia para funcionar. O produto ou serviço oferecido basear-se-á provavelmente numa tecnologia que seja atractiva para os clientes. Da mesma forma, o Talento é necessário para que as Operações criem o produto ou serviço. Na próxima secção, os seis atributos (Be Ahead, Be Ready, Be Strong, Be Agile, Be Kind, Be Attractive) serão discutidos no contexto de um dos segmentos e do tema deste livro, o Talento.

Atributos

Os atributos no quadro são agora discutidos e o âmbito dos segmentos é abrangido. Cada um deles tem um objetivo e um significado. Para começar, uma postura preditiva pode beneficiar significativamente uma organização; no entanto, ocasionalmente, podem ser necessários atributos reactivos (Felipe, Roldán, & Leal-Rodríguez, 2016). Todas as surpresas não podem ser antecipadas; no entanto, o talento teria dificuldade em liderar de forma preditiva, proactiva e reactiva simultaneamente em várias frentes ; no entanto, isso pode ser necessário para lidar com surpresas e antecipar vulnerabilidades. Cada um destes atributos não é exclusivo. Pelo contrário, são um aspeto da postura necessária para concluir tarefas significativas. O talento deve antecipar os desafios e ajudar a organização a preparar-se para eles (Kouzes & Posner, 2023). Ao mesmo tempo, o talento empenhado deve trabalhar através dos desafios actuais e girar se necessário. Ser forte é útil quando a situação exige alguma dureza; no entanto, nem sempre é esse o caso. Mudar de rumo é inteiramente aceitável se ajudar a organização a prosperar de uma forma ligeiramente diferente.

A pivotagem eficiente pode ser fundamental para a sobrevivência de uma organização (McDonald & Gao, 2019). No caso de um gerente com uma cultura que não quer mudar de direção, o gerente operacional sem seguidores se torna um colaborador individual (Gutermann, Lehmann-Willenbrock, Boer, Born, & Voelpel, 2017). Quando os talentos experimentam a bondade dos seus gestores, criam situações vantajosas para todos (Friederichs, Waldenmeier, & Baumann, 2023). Ganhar deve ser perseguido porque perder tem consequências indesejáveis. Por fim, a gestão, a função , e a organização devem ser atractivas e valorizar os seus stakeholders (Harrison, Bosse, & Phillips, 2010). Estes atributos ou posturas desejáveis são necessários para criar a serendipidade para si e para a sua organização. Os atributos serão agora descritos mais pormenorizadamente.

Estar à frente

A ideia subjacente a esta categoria está relacionada com o posicionamento . Estar à frente significa que a sua organização está a aproveitar oportunidades benéficas antes de outras organizações no mesmo mercado. Estar à frente é uma postura preditiva voltada para o futuro (Uphill, 2016). Está consciente do que vai acontecer e tem preparado para isso. Existe algum risco de estar demasiado à frente, uma vez que a precisão das previsões começa a diminuir com a distância; no entanto, alguns gestores conseguem olhar com precisão para o futuro (Edelstein, 2017). Estão a preparar as suas organizações para o que vai acontecer e não para o que acabou de acontecer. O panorama empresarial também inclui outras organizações no mesmo mercado. Sabe como elas tomam decisões, reagem às mudanças do mercado e onde estão posicionadas. A sua proposta de venda é sólida e está preparada para o futuro . Não pode conhecer a sua vantagem competitiva se não souber a diferença entre a sua proposta de venda e o que os seus concorrentes oferecem .

Figura11 . Estar à frente sabendo como é o futuro e depois começar a viver nele.

Pode estar a surgir no horizonte uma tecnologia disruptiva. É preciso descobri-la e estudá-la. Além disso, é preciso conhecer o mercado e saber para onde ele está a ir (Vecchiato & Roveda, 2010). Algumas informações podem ser desenvolvidas testando o mercado com novos produtos ou ideias de serviços. É tudo uma questão de valor ; no entanto, o mercado move-se sempre em direção às propostas de valor e afasta-se delas (Chandler & Lusch, 2015). Em alguns casos, o mercado move-se para evitar a estagnação; noutros, move-se devido a estímulos externos. De qualquer forma, a análise de dados pode revelar oportunidades com base nas tendências do projeto. A informação analítica pode orientar a perspetiva de onde se quer estar em breve . Uma posição futura deve incluir ideias não tradicionais do sector (Bicen & Johnson, 2015). A implementação de ideias ponderadas e inovadoras tende a manter os concorrentes no espelho retrovisor. Deve-se reservar tempo e dinheiro para experimentar ideias inovadoras que ajudem a ser mais rápido, mais ágil e mais barato. A experimentação promoverá a inovação. Muitas organizações estão prontas para cortar custos assim que as tendências vão na direção errada. Esta postura auto-destrutiva faz com que a empresa pareça fraca enquanto tenta cortar o caminho para a prosperidade. Estão a tornar-se menos capazes de enfrentar os desafios que se avizinham (Levine, 2018; Porath & Pearson, 2010). Por último, os conselhos dos colegas, mesmo que sejam concorrentes, podem ser inestimáveis. Eles podem ver algo que se aproxima e que não faz ideia que está mesmo ao virar da esquina.

Se sabe para onde está a ir, faça um roteiro para descrever a viagem (Leitão, Cunha, Valente, & Marques, 2013). Os roteiros com marcos são comuns em projectos, mas são evitados noutras actividades mais suaves e menos estruturadas. Se existe uma cultura de mudança, comece com o fim em mente. Como é que é a linha de chegada? Qual é a definição de concluído ? Quando o "feito" é desconhecido, pelo menos no que diz respeito aos marcos , como é que se pode saber que se está a progredir? Nem toda a gente é um vencedor. Há muitos futuros perdedores na *linha de partida*. Não é preciso muito esforço para estar na linha de partida. O esforço reflecte-se nos resultados quando se cruza a linha de chegada. É difícil terminar se não se sabe onde está o fim da viagem. Os vencedores cruzam a linha de chegada antes de todos os outros. Olhe em frente e veja a linha de chegada. E não se esqueça de celebrar com aqueles que o ajudaram a lá chegar.

Estar pronto

Se estiver à frente, isso é bom; no entanto, se não estiver preparado para fazer uma mudança necessária, isso não importa. O domínio da gestão da mudança é vasto. Estar preparado para a mudança é fundamental para a gestão da mudança (Cameron & Green, 2019). Uma organização bem-sucedida antecipa e planeia a mudança. Estar preparado para a mudança implica uma mentalidade positiva sobre a mudança, que é esperada e até exigida. Deve ser adoptada uma abordagem holística quando se trata de estar preparado (Jackson, 2016). Os participantes em todos os níveis organizacionais precisam de estar prontos para a mudança.

Figura12 . Prepare-se para os desafios futuros que se colocam entre si e um futuro gratificante.

Os gestores da mudança devem articular claramente o objetivo e o foco da mudança (Kotter, 2017). Responde à pergunta "Porque é que estamos a fazer isto?". A pergunta pode ser: "Porque é que estamos a fazer isto agora?" Os factores suaves (cultura e motivação) são tão importantes como os factores duros (tempo, finanças, recursos) quando se trata de estar pronto para a mudança. É importante manter a moral durante uma transição, assim como é crítico ter a capacidade de atingir o próximo marco (Bradt, Check, & Pedraza, 2011). A forma como as pessoas estão organizadas e a capacidade consumida podem influenciar o sucesso do plano. Uma capacidade orçamentada antes de uma atividade de mudança deve incluir um buffer que permita a transformação (Berente, Lyytinen, Yoo, & King, 2016).

Ser forte

Muitas vezes, a expressão *resiliência da força de trabalho* descreve as pessoas de uma operação que são sólidas e estão prontas para fazer a mudança acontecer (Myllykoski, 2021). A força também pode ser entendida como a capacidade de resistir a dificuldades ou de recuperar de uma situação exigente. Mesmo que existam factores de stress, as pessoas na operação podem ajudar a organização a crescer. O moral numa operação capaz é elevado, assim como a flexibilidade. A organização vive o seu objetivo através do seu trabalho produtivo. O empenhamento é um dado adquirido. A saúde da força de trabalho tende a concentrar-se no bem-estar físico (de acordo com os muitos programas de segurança); no entanto, muitas vezes ignoramos a saúde mental quando consideramos a resiliência. Muitas empresas têm um programa de resiliência que ajuda os funcionários a enfrentar tempos difíceis (Seligman, 2011). A capacidade de recuperação é uma forma de medir a resiliência da força de trabalho.

Figura13 . Os desafios da natureza exigem força e resiliência para a sobrevivência e o sucesso.

As emoções positivas estão ligadas à força do sistema imunitário (Pressman & Black, 2012). Um sistema imunitário robusto ajuda o corpo a combater as infecções que, de outra forma, conduziriam a uma doença. Pode também ajudar uma pessoa a recuperar mais rapidamente de uma doença ou lesão. O impacto na sua capacidade de executar as suas tarefas é evidente. Mas não executemos com mais esforço do que o necessário. Um ambiente disciplinado desperdiça menos energia do que um ambiente desorganizado (Gidwani, 2012). Um ambiente caótico e imprevisível aumenta o risco de fracasso e desperdiça uma energia considerável. Vamos levar isto para casa, literalmente. Se precisa de uma chave de fendas, vai à sua garagem buscá-la. Procura durante algum tempo, mas não a encontra. Pega noutro objeto da caixa de ferramentas (uma faca), na esperança de a poder utilizar para retirar o parafuso. Tenta, mas a lâmina da faca deforma-se. Escorrega da cabeça do parafuso e corta o dedo. Um ambiente caótico está fora de controlo e é perigoso. Um ambiente disciplinado resultaria na fácil localização da chave de fendas, que é adequada para utilização , familiar e apropriada para completar a tarefa sem ferimentos.

O que é a resistência mental? Os talentos que passam por momentos difíceis e saem ilesos podem ser considerados resistentes à mudança. Gostam de desafios, têm uma grande *energia* e correm riscos significativos. Como correm riscos (e falham ocasionalmente), aprendem o que funciona e o que não funciona. Também descobriram que a recuperação é possível e não é um grande problema. Esta mentalidade é a razão pela qual não têm emoções negativas durante os fracassos (Fletcher & Sarkar, 2012). As pessoas mais competentes foram as que mais falharam (Drucker, 2018). A resolução de problemas é algo que se deve fazer como parte do trabalho. Os funcionários são constantemente pressionados a fazer mais com menos recursos enquanto permanecem continuamente ligados ao trabalho durante muitas horas do dia, conforme necessário. O esgotamento é uma possibilidade para quem tem um défice de resiliência à fadiga. A resiliência é reforçada quando existe um sentido de objetivo (Schaefer, Morozink Boylan, Van Reekum, Lapate, Norris, Ryff, & Davidson, 2013). No entanto, a gestão deve exemplificar a resiliência para que as pessoas acreditem no objetivo e saibam que o seu trabalho também tem significado.

Permitir que o talento se autogerencie reduzirá o stress de uma gestão excessiva (Sherifali, Berard, Gucciardi, MacDonald, MacNeill, & Diabetes Canada Clinical Practice Guidelines Expert Committee, 2018). Além disso, a distribuição da lista de tarefas de execução por um grupo mais alargado diminui a carga sobre um indivíduo. Muitas vezes, as tarefas estão ligadas a outras, o que exigiria e encorajaria ligações de outros e a solicitação de apoio. Esta rede promove a resiliência organizacional. O humor e a celebração podem dissipar o stress quando este surge (Lefcourt & Martin, 2012). Ter alguém no grupo com este dom pode ser útil. O humor e a celebração podem ser exagerados, comprometendo a perceção de que será necessário ser duro. Manter o equilíbrio pode ajudar os funcionários a sentirem-se optimistas e concentrados. Um ambiente de aprendizagem pode remediar uma perceção de falta de domínio; no entanto, um ambiente de aprendizagem requer uma cultura que ouça ativamente (Edmondson, 2012). Treinar os talentos para que sejam flexíveis e adaptáveis também é útil, uma vez que eles utilizam as suas capacidades de resolução de problemas .

Os trabalhadores fortes são preciosos. As pessoas fortes duram mais do que os tempos difíceis porque desenvolveram competências para lidar com contratempos e situações stressantes (Seligman, 2011). Esta resistência prepara-os para aprender novas competências e assumir novas responsabilidades (Seibert, Kraimer, & Heslin, 2016). Não se perturbam quando os níveis de caos são elevados, porque estão concentrados em encontrar uma forma de introduzir a ordem. O seu historial de realizações indica que acabarão por vencer. Com um talento forte e resiliente, o acaso é inevitável.

Ser ágil

A agilidade é a capacidade de mudar rapidamente de um ambiente para outro (Nafei, 2016; Singh, Sharma, Hill, & Schnackenberg, 2013). Um ambiente pode incluir rotinas, restrições, tecnologia , ligação com os outros, necessidade de aprender e outras caraterísticas. O ambiente pode mudar muito rapidamente. Por exemplo, disruptores podem acabar com a sua carteira de produtos de um dia para o outro (Kilkki, Mäntylä, Karhu, Hämmäinen, & Ailisto, 2018). Eles podem redefinir o mercado mudando o que os clientes valorizam (Gellweiler & Krishnamurthi, 2020). A execução tem de ser rápida, uma vez que as empresas se movimentam para sobreviver. As caraterísticas ágeis devem ser incorporadas no ethos da organização; no entanto, a discrição deve ser equilibrada com controlos para garantir o desempenho. As tarefas associadas à mudança exigem ligação, transparência, criatividade e pensamento inovador.

Figura14 . A agilidade consiste em realizar o extraordinário a tempo, gerindo eficazmente o risco de fracasso.

Como é que é um funcionário ágil? Esperamos que esta pessoa produza uma estratégia , faça as escolhas corretas e esteja sempre curiosa. As pessoas ágeis podem fornecer produtos inovadores utilizando o pensamento inovador para satisfazer necessidades não satisfeitas, idealizar sistemas de comercialização rápida e criar cadeias de abastecimento para fornecer o produto (Beaumont, Thuriaux-Alemán, Prasad, & Hatton, 2017). Para que as organizações executem rapidamente, devem basear-se na confiança, na capacitação, nas falhas, na determinação, na persistência e no interesse pelo desconhecido. Aumentar a quota de mercado exigirá uma agilidade significativa da organização. A vantagem competitiva sustentada advém do facto de se ser letal e invencível no mercado (D'aveni, 2010; Wördemann, Buchholz, & Wiley, 2010). Para ganhar frequentemente, as pessoas na organização devem pensar de forma inovadora, compreender o negócio e estar dispostas a experimentar coisas novas.

Ser gentil

Como é que a bondade influencia a serendipidade na engenharia ? O altruísmo pode melhorar a saúde mental (Burks & Kobus, 2012; Post, 2014). E se estiver stressado? Em vez de fazer algo por si próprio, faria algo por outra pessoa como mecanismo de sobrevivência? Quando fazemos algo para ajudar os outros, o nosso cérebro liberta dopamina, o que nos faz sentir bem. Agora, levemos isto para o local de trabalho e discutamos o impacto no desempenho. Quando os funcionários são gentis uns com os outros, são mais saudáveis e felizes (Fisher, 2010; Oswald, Proto, & Sgroi, 2015). Os trabalhadores mais felizes estão mais ligados socialmente, e há menos resolução de conflitos. Para além disso, estão menos isolados e são mais influentes. Compreender os outros à sua volta torna-o mais produtivo (Goleman, 2018).

Figura15 . Ajudar os outros a atingir os seus objectivos é uma forma de influenciar os outros e de se ajudar a si próprio.

Mostrar um interesse genuíno por outra pessoa aumenta a conexão (Bailey, Cao, Kuchler, Stroebel, & Wong, 2018). Ajudar os colegas quando têm dificuldades e evitar culpar as pessoas à sua volta permite-lhe inspirá-las. Ter gratidão é um atributo invulgar, por isso é muito importante quando alguém o ouve dizer "Obrigado". Alguns estudos demonstraram que ser entusiasta, amigável e gentil aumentará a sua capacidade de influenciar os outros (Carnegie, 2024; Staub, 2013). A razão para isso é que a gentileza facilita a comunicação e incentiva a aprendizagem . A sua empatia e generosidade ajudarão os seus colegas a trabalhar de forma mais eficaz. Quando as pessoas dão, a rentabilidade, a produtividade , a eficiência e a satisfação do cliente aumentam, e a rotatividade diminui (Ton, 2014). Quando a confiança é típica na organização, a informação é partilhada de forma mais eficiente porque as pessoas são mais abertas (Holste & Fields, 2010). As ideias fluirão mais rapidamente em ambas as direcções.

Ser atrativo

Atrair talentos extraordinários é fundamental para a engenharia da serendipidade, porque os melhores trabalhadores são os que fazem mais trabalho (Maylett & Wride, 2017). Qualquer pessoa que tenha medido a produtividade por pessoa sabe que os melhores trabalhadores podem fazer muito mais trabalho do que o trabalhador médio. À medida que a complexidade da tarefa aumenta, o múltiplo do desempenho dos melhores trabalhadores em relação ao trabalhador médio é ainda maior. É na melhoria do desempenho que os resultados se fazem sentir. Se tiver um concorrente com mais talento do que você (ou o seu melhor talento que foi para ele), é provável que fique para trás. A utilização do talento é um fator de vantagem competitiva (Rabbi, Ahad, Kousar, & Ali, 2015). No entanto, obter e manter os melhores talentos é um desafio. Em muitos casos, o processo de contratação não produz os melhores desempenhos, pelo que a porta giratória se torna o filtro para os melhores empregados (até certo ponto). Saiba que os desertores serão, na sua maioria, os trabalhadores com melhor desempenho. É preferível manter o talento especializado com o potencial de sucesso mais significativo, que pode ser utilizado para introduzir novos clientes e gerir os existentes (Schweyer, 2010).

Figura16 . Atrair e reter os melhores talentos, desafiando-os e recompensando-os de forma significativa.

As iniciativas para obter os melhores talentos devem ser revistas com base no desempenho operacional medido (Zwikael & Smyrk, 2012). Em alguns casos, as nossas prioridades estão distorcidas. Para ilustrar, no futebol americano, o quarterback é mais bem pago do que o defesa esquerdo que o protege. Se o "left tackle" fizer um mau trabalho, o "quarterback" é repetidamente atacado, e as estatísticas sobre o seu desempenho são más (menos passes completados, etc.). O desempenho inferior do "left tackle", que recebe muito menos, está diretamente relacionado com o desempenho do "quarterback", que rapidamente se lesiona e fica de fora da época, com custos significativos para a equipa. Ninguém conhece o defesa esquerdo, mas toda a gente conhece o defesa. Este conceito aplica-se a cenários empresariais. Se a equipa de TI não fornecer soluções de hardware e software que funcionem, as pessoas das operações, que podem ser mais visíveis, terão um desempenho fraco. O diretor do departamento de operações pode ser despedido porque não conseguiu cumprir os objectivos de desempenho de custos padrão, apesar de receber mais do que a pessoa de TI que não forneceu o apoio necessário para o seu sucesso. Remunerar os empregados que mais influenciam o sucesso pode ter impacto na cultura e na rentabilidade da organização.

Uma operação deve proteger e apoiar as pessoas que criam valor para os seus clientes (Frey, Bayón, & Totzek, 2013). Devemos saber quem são elas. Um porta-aviões não funcionaria durante muito tempo se não tivesse um cozinheiro na cozinha ou alguém para lavar a loiça. As organizações devem conhecer as suas pessoas críticas porque são elas que têm o impacto mais significativo no seu sucesso (e não há problema se for a máquina de lavar loiça). Em alternativa, as organizações devem conhecer as partes interessadas que não têm um papel significativo na melhoria dos resultados ou na criação de resiliência organizacional. As pessoas desenvolvem processos para fabricar produtos que depois se transformam em lucros e saúde financeira para a empresa (Davila, Epstein, & Shelton, 2012). A batalha para captar os melhores talentos (por vezes da concorrência) deve incluir a contribuição de valor de funções específicas e a necessidade de um bom ajuste. Executar a colocação de talentos é uma vantagem competitiva (Lawler, 2010).

Manter o talento também é fundamental para a engenharia da serendipidade. A proposta de valor de um empregado (EVP) está relacionada com o que o empregado recebe pelo que dá. Os trabalhadores contribuirão com o seu tempo, ideias e energia e serão recompensados pelo seu investimento (Sirota & Klein, 2013). As recompensas devem ser significativas para o trabalhador e não para a empresa. Por exemplo, as recompensas podem ser tempo livre em vez de pagamento de horas extraordinárias. Cada pessoa tem a sua perceção de valor quando se trata de recompensas. Quando uma organização tem um EVP vencedor que é mais forte do que os seus concorrentes , tem uma vantagem de recrutamento (Kumar & Pansari, 2016). Os recrutadores podem atrair melhores talentos porque os grandes empregados querem trabalhar com e para grandes empregadores que têm um objetivo convincente. Tanto os talentos como os clientes são atraídos por uma organização *bem organizada*. Um ambiente de trabalho ordenado ajuda a reduzir o desperdício de esforços (Al-Aomar, 2011; Womack & Jones, 2015). Existe algo que torna a sua organização atractiva para talentos extraordinários ? A organização permite que grandes funcionários causem um impacto significativo? Saiba que os talentos extraordinários não vão acreditar na visão geral da empresa feita pelos RH. Eles vão olhar para sites de mídia social e falar com seus funcionários sobre como é trabalhar em sua organização (Mičík & Mičudová, 2018). Depois, eles decidirão (adivinharão) se são adequados ou não. Se quiserem crescer, inventar algo ou contribuir para a sua comunidade, procurarão isso num empregador. Saber quem está pronto para deixar a sua organização pode surpreender os actuais funcionários. Igualmente surpreendentes podem ser os resultados da pergunta: "De todas as pessoas da empresa, para quem gostaria de trabalhar?" O que é que eles diriam? A pergunta pode ser relevante se acreditar que os empregados deixam os patrões e não as empresas. Agora uma história.

A Sue estava enterrada em trabalho. Tinha sempre uma fila de 100 e-mails por responder. Parecia que nunca conseguia avançar sem assumir uma tarefa de melhoria para o seu departamento. Muitos processos e aspectos culturais precisavam de ser corrigidos, mas ela não conseguia fazer quaisquer alterações. Não tinha capacidade para o fazer. O seu diretor não sabia como a levar a executar , apesar de o resto da cadeia de abastecimento depender fortemente dela. O seu chefe, Bob, ficou a conhecê-la porque passava por lá quase todos os dias durante cerca de 15 minutos. Entrava no seu escritório com uma atitude positiva e perguntava-lhe como estava a correr. A história era a mesma todos os dias: "Estou enterrada", ou o equivalente. Ele continuou a empurrá-la para a frente e ensinou-a a deixar de fazer ou a delegar o que não devia fazer. Reconfigurou a forma como ela fazia o seu trabalho. Continuou a insistir, mesmo aos fins-de-semana. Ela copiava-o nos seus e-mails para obter apoio. Ela sentiu que o apoio estava lá para ela e aproveitou-o. Ao longo deste compromisso , ela descobriu que a sua equipa não estava alinhada. Grande parte da sua energia foi consumida por aquilo que parecia ser o *pastoreio de gatos*, que tinham opiniões diferentes sobre o que devia e não devia ser feito e sobre a forma como o trabalho devia ser efectuado. O Bob certificou-se de que a Sue compreendia que o sucesso do departamento era da responsabilidade dela. Ele estava lá apenas para a apoiar. Ela sentiu o peso da situação e começou a tornar-se mais assertiva. Tomou decisões mais rapidamente. Era mais direta e menos prolixa nas suas opiniões. Era uma especialista na sua área. A influência pessoal ajudava-a a tomar decisões quando se afirmava.

Em última análise, ela precisava de encontrar a sua autoridade e de aproveitar os seus conhecimentos. Bob pediu-lhe que se concentrasse na qualidade das entregas e que deixasse o resto para os outros. Sue conseguiu formar os seus trabalhadores aproveitando o feedback dos departamentos de CQ (controlo de qualidade) a jusante e orientando os membros da sua equipa. À medida que os membros da equipa se tornavam mais capazes, cometiam menos erros. Este trabalho era muito subjetivo e cheio de oportunidades para desiludir os clientes. Ela criou fronteiras de conhecimento para a sua equipa, ajudando-a a fazer boas escolhas quando eram necessárias decisões subjectivas. O feedback dos departamentos de controlo de qualidade foi que foram detectados menos problemas nos resultados da Sue. O feedback continuou e Sue continuou a melhorar. A Sue descobriu-se a si própria à medida que o seu papel era modificado para se adequar a ela e à medida que conseguia delegar tarefas que não eram os seus pontos fortes a outros à sua volta. Quando se apercebeu de que era muito difícil controlar tudo ao mesmo tempo, teve de fazer escolhas difíceis para deixar de lado algumas das tarefas que lhe eram atribuídas. Aprender a confiar nos outros foi necessário para levar a equipa de desenvolvimento a fornecer soluções sistémicas eficazes. Agora, estava no topo do seu trabalho em vez de estar enterrada debaixo dele. Conseguia olhar para a frente e ver o que estava para vir no horizonte. Podia prever as mudanças necessárias e preparar-se para elas. Esta informação ajudá-la-ia a preparar a sua equipa para o que estava para vir. Ela teve que cavar fundo e *obter primordial* para fazer o movimento acontecer, e valeu a pena.

Resumo

Nesta secção, discutimos o enquadramento do livro no que se refere aos atributos que serão discutidos para cada parte da cadeia de abastecimento . Em cada um dos seis segmentos, foram discutidos seis atributos. Por exemplo, no que se refere ao Talento , ser ágil é um componente crítico que resulta em serendipidade. Dependendo da dimensão, estes seis segmentos são típicos da cadeia de abastecimento de qualquer empresa. As funções existem em algumas empresas mais pequenas, mas podem ser consolidadas por um único gestor. Os seis atributos da serendipidade da engenharia utilizando o talento são críticos porque estão relacionados com a execução excelência. Cada um destes atributos contribui para o desempenho, a eficiência e a rapidez. Ao longo do resto do livro, espero que isto se torne mais claro à medida que se avança para a secção seguinte. O livro está organizado de forma a que possa ler o livro todo e depois voltar às secções que lhe interessam. A secção seguinte aborda tácticas específicas para cada elemento da estrutura que relaciona os atributos descritos com o talento através de tácticas e estratégias. Os atributos são necessários para a engenharia da serendipidade. Algumas tácticas numeradas de forma contínua (para facilitar a referência) serão do seu agrado e outras não. Escolha as que o ajudarão e crie a sua serendipidade.

A secção seguinte aborda os aspectos tácticos de cada elemento do quadro. Alguns dos aspectos tácticos podem ser aplicáveis ou ter repercussões. Dos mais de 750 itens tácticos, não se espera que o leitor concorde com todos eles. Mesmo assim, alguns deles devem ser úteis. O autor, um profissional , espera que alguns deles possam ser utilizados para melhorar a vida profissional do leitor e a qualidade global de vida de todas as partes interessadas. A gama completa de possibilidades não pode ser coberta; no entanto, o quadro permite uma cobertura significativa dos elementos que podem ser utilizados para criar a serendipidade utilizando tácticas relacionadas com o Talento.

Talento

O contexto do Talento inclui todas as partes interessadas envolvidas no sucesso da organização (Singh, Gupta, & Sahu, 2014). O sucesso deve ser definido pela organização, mas deve ser considerado à luz do ambiente empresarial, das oportunidades de mercado e do posicionamento da concorrência. O talento inclui aqueles que trabalham com os clientes para obter atribuições de trabalho, aqueles que trabalham na organização para criar os resultados que o cliente recebe e aqueles que verificam se os activos que entram e saem correspondem às expectativas. O talento inclui aqueles que apoiam estas funções e criam relações geradoras de receitas que transformam os contactos em lucros. O talento pode ir e vir, mesmo para a concorrência. A aquisição de talentos é dispendiosa (Dinnen & Alder, 2017). Adquirir os melhores talentos exige um esforço e um tempo consideráveis (Staines, 2012). Também é caro perder talentos, especialmente se eles acabarem num dos seus concorrentes (Aşçı, 2017). Eles podem levar consigo as relações com os clientes e o valor que o cliente gastaria consigo. Recuperar as receitas perdidas com os talentos que saíram é dispendioso.

Além disso, quando os talentos partem, levam consigo o que aprenderam e o que sabem (Pruis, 2011). Recuperar esta informação valiosa levará tempo. Podem atrair os melhores talentos da sua antiga organização e trazê-los para a sua nova organização. Podem acabar por trabalhar para um dos seus clientes. Podem influenciar o trabalho que o cliente lhe atribui. Se tiverem tido uma má experiência consigo, isso pode afetar significativamente as receitas e o custo de recuperação do negócio. Na sua nova posição, querem ter sucesso. Para o conseguir, pode trazer os melhores funcionários para contribuir para as suas realizações. Dependendo da perceção que têm da sua organização, podem colocá-lo no topo ou no fundo da lista de fornecedores. O talento deve ser levado a sério. Para isso, é necessário contratar e manter os melhores empregados (Branham, 2000)

A gestão de talentos combina quantidade, qualidade e tempo (Schweyer, 2010). O talento executa as tarefas que se transformam em receitas no presente e no futuro. O talento atinge os objectivos actuais e futuros. Em última análise, o talento constrói a saúde futura da organização se for gerido de forma a estar em sincronia com as necessidades da organização para que esta possa prosperar (Sharkey & Barrett, 2017). Se uma organização luta para sobreviver, não está a gerir corretamente o seu talento. Para começar, o talento deve ser adequado à luz do ambiente de negócios em constante mudança (Schuler, Jackson, & Tarique, 2011). Uma organização deve compreender claramente o que deve ser o seu talento, por vezes referido como *capital humano*. É o talento que realiza a mudança a um ritmo adequado a uma posição competitiva. O talento produz inovação. O talento responde às necessidades dos clientes. Em última análise, o talento é responsável pelo sucesso organizacional global (Schweyer, 2010)

As exigências das organizações estão diretamente relacionadas com as capacidades do capital humano (Crook, Todd, Combs, Woehr, & Ketchen Jr, 2011). Estas exigências incluem novos produtos que criam valor, uma redução no tempo do ciclo de encomendas, a flexibilidade para acomodar pedidos especiais a par dos normais, e a capacidade de integrar os sistemas relevantes com clientes e fornecedores para um melhor desempenho. As organizações não competem com empresas locais. Elas competem com empresas globais que podem enviar produtos para alguém na cidade natal da organização de talentos. Um concorrente pode atrair, envolver, desenvolver, empregar e reter colaboradores com as competências e capacidades adequadas a qualquer nível. *O poder cerebral* do talento é o potencial para o sucesso (Nast, 2012). É mais fácil adquirir os melhores talentos ou desenvolver os melhores talentos? O talento da equipa pode ser influenciado pelo talento que é atraído, integrado, retido, criado ou transferido para uma unidade de negócio para atingir os seus objectivos, de acordo com as suas prioridades a curto e longo prazo. Os factores de sucesso incluem a cultura da organização, o empenho ou o capital humano, o desenvolvimento, a capacidade e a aptidão desse capital, a adequação dos objectivos organizacionais e o alinhamento do talento durante a implementação da mudança. A mudança deve incluir a melhoria do desempenho, a criação de valor e a rentabilidade para a organização de acolhimento. Um terço das receitas de uma empresa é normalmente afetado a despesas relacionadas com o talento (Kucherov & Zavyalova, 2012). Numa organização muito orientada para o talento, os gestores de topo devem gastar até metade do seu tempo a organizar o seu talento (Stahl et al., 2012).

Por vezes, o talento está prontamente disponível na sequência de despedimentos num sector (Weiss, 2014). Se o talento não se organizar, os melhores talentos podem ser escolhidos de um conjunto maior. A liderança de topo apercebeu-se de que a gestão de talentos é fundamental para o sucesso organizacional, porque os ajuda a alcançar uma produtividade melhorada (Al Ariss, Cascio, & Paauwe, 2014). O planeamento da força de trabalho assegurará que um fluxo de candidatos capazes preencherá as vagas em aberto numa organização. Também garante que o capital humano é bem utilizado e desenvolvido para futuras funções. O conhecimento crítico necessário para a empresa está presente nas mentes dos talentos que garantirão o sucesso agora e no futuro (Whelan, Collings, & Donnellan, 2010).

Estar à frente

Quando se trata de talento, estar à frente é fundamental. O panorama das competências muda rapidamente. Ter talentos com a combinação correta de competências é vital. Mais importante ainda, é ainda mais difícil encontrar os comportamentos corretos representados nos talentos. Eles têm de se adequar à organização atual e futura. Qual é o aspeto da organização no futuro? Saber para onde a organização está a ir é importante porque se pode contratar pessoas para o futuro. Ter consciência do que está a afastar os talentos da sua empresa para a concorrência, fornecedores e clientes ajudá-lo-á a escolher sabiamente e a reter os talentos que estão a fazer a diferença na rentabilidade. Conhecer o futuro do talento e saber como avançar nessa direção é inestimável.

Para ser competitivo nas operações, é crucial estar numa posição de liderança à frente dos outros no sector (Banmairuroy, Kritjaroen, & Homsombat, 2022). Como é que se pode alcançar a "pole position" e manter-se nela? Em primeiro lugar, deve ser um líder de pensamento na conceção do produto e na execução do fabrico (Anderson, McAllister, & Harris, 2024). Os clientes procuram-no para obter ideias sobre como satisfazer as suas necessidades (Fader, 2020). Estas ideias podem ser rentabilizadas. Certifique-se de que é a única fonte destas soluções, ou estará a competir em termos de preço. A divulgação do seu molho secreto pode fazer com que a oportunidade se evapore.

Por vezes, os clientes levam as suas ideias aos concorrentes que as copiam a um custo inferior. Não dê tudo de mão beijada. As suas ideias devem resolver os problemas dos clientes para que haja uma proposta de valor para ambas as partes. Criar coisas que interessam aos clientes é crucial para que eles o mantenham numa posição favorável para obter trabalho repetido a um preço rentável - estar à frente é importante porque a sua capacidade de antecipar tendências no ambiente empresarial e de consumo colocá-lo-á na pole position (Rego, Brady, Leone, Roberts, Srivastava, & Srivastava, 2022). Os seus concorrentes perguntar-se-ão o que está a fazer e estarão mais inclinados a querer comunicar consigo para o descobrir. Estas conversas podem ajudá-lo a descobrir onde estão os seus concorrentes e como se posicionam. A reputação de estar à frente aumenta a força da marca e é aliciante para os talentos que querem participar no seu sucesso (Mtengwa & Muchenje, 2023). Os grandes talentos são normalmente atraídos para uma empresa antes de todos os outros porque, com uma boa gestão, têm normalmente os recursos necessários para lá permanecerem (Chambers, Foulon, Handfield-Jones, Hankin, & Michaels III, 1998).

Figura17 . Manter-se à frente significa marcar o ritmo e ser resistente à fadiga até ao fim.

Eis algumas tácticas, sem qualquer ordem específica, que um líder de talentos pode utilizar para criar a serendipidade estando à frente:

1. ***O desempenho pode ser feito:*** Seja honesto quanto ao desempenho em todos os pontos do seu fluxo de trabalho ou cadeia de abastecimento. Se o seu desempenho parecer perfeito, eles ficarão desconfiados. "Provavelmente não estão a comunicar todos os problemas." É mais importante dizer que sabe que tem oportunidades ou vulnerabilidades do que dizer que não sabe. Se disser que o seu desempenho é tão bom que não tem quaisquer vulnerabilidades, passará de arrogante a envergonhado quando ocorrer um problema de desempenho. Evite esta situação descobrindo e lidando constantemente com as vulnerabilidades para que estas não se transformem em problemas com os clientes (internos ou externos).

2. ***Ligações sinérgicas:*** O Corporate pode ajudar as unidades empresariais a estabelecer ligações com outras unidades empresariais que tenham alcançado capacidades sinérgicas que possam ser exploradas. As unidades de negócio estão muitas vezes isoladas, prosseguindo as suas próprias concepções estruturais e actividades de melhoria. A empresa pode ser a única entidade que sabe o que cada unidade de negócio está a fazer. A empresa deve ajudar as unidades empresariais que não dispõem de uma capacidade a estabelecerem contacto com as que dispõem da capacidade necessária para a partilharem com um custo mínimo. Nalguns casos, estas capacidades são exclusivas da unidade empresarial e não podem ser exploradas. Noutros casos, existe uma sinergia significativa entre as unidades que podem partilhar o que desenvolveram.

3. ***Definição da missão:*** A definição da missão da empresa e a sua divulgação estratégica envolverá as partes interessadas nas actividades necessárias para realizar sinergias de crescimento. O crescimento deve ser efectuado de acordo com a missão que descreve a forma como o trabalho será realizado. Os métodos utilizados devem ser transparentes para todos os participantes, para efeitos de alinhamento. A missão ajudará a determinar a sequência de tarefas que serão executadas para alcançar o crescimento desejado; no entanto, estas sequências já serão padrão nas unidades de negócio existentes, se estiverem alinhadas. A utilização quotidiana das melhores práticas pode implicar que estas estão maduras, uma vez que já são utilizadas há algum tempo. A exploração de uma prática madura alinhada com a missão pode poupar a uma nova unidade empresarial um tempo de desenvolvimento considerável.

4. ***Equipa do futuro:*** Preparar a equipa para o futuro, contratando pessoas que serão mais valiosas em breve. Para o fazer, tem de saber como é o futuro, qual é o próximo marco, como vai lá chegar e quando tem de lá estar. Se contratar alguém que se enquadra bem no presente, essa pessoa tornar-se-á obsoleta em breve e terá de passar por todo o processo novamente. Contrate talentos para o futuro próximo e certifique-se de que consegue descrevê-los aos candidatos e aos novos empregados, de modo a que eles se adaptem ao cargo quando forem contratados. Em breve, eles serão perfeitos para o cargo e, então, poderão se expandir para atender às demandas que virão.

5. ***Informação existente:*** As informações valiosas relativas às tendências existentes e aos roteiros estratégicos, melhor conhecidas pelos gestores integrados na organização a integrar, têm de ser aceites pelos gestores das unidades de negócio que precisam de aumentar a sua capacidade de resposta à procura. As tendências e os roteiros existentes podem acelerar o crescimento de novas unidades com um maior conhecimento das oportunidades locais. Os gestores existentes nas novas unidades podem contribuir para este crescimento, uma vez que já estão familiarizados com as estratégias que influenciarão a consecução dos objectivos de expansão desejados.

6. ***Simplificação excessiva das empresas:*** Quando os gestores empresariais simplificam demasiado uma situação complexa, criam inércia e podem ficar frustrados com o tempo que demoram a avançar. As decisões podem não ser suficientemente robustas durante a simplificação excessiva porque as causas dos problemas serão ignoradas em favor de se considerar apenas a "solução mágica". O resultado será um trabalho residual ou danos colaterais inaceitáveis e imprevistos. Pior ainda, o problema ou as falhas podem reaparecer porque as causas não foram atenuadas.

7. ***Aprendizagem rápida:*** Pode aprender muito sobre uma pessoa num curto espaço de tempo. Faça as perguntas certas e as perguntas de seguimento certas. Aprofunde-se rapidamente para poder compreender as suas perspectivas. Ficar na superfície não produzirá bons resultados. Compreender porque é que a pessoa age, sente ou acredita no que faz pode não ser evidente até se conhecerem os pormenores. As suas perspectivas podem ter origem nas suas experiências, educação familiar, cultura, história do país ou muitos outros

factores. Simplificar demasiado a razão das suas perspectivas conduzirá a uma falta de compreensão.

8. ***Unificação da medição:*** A disponibilidade atempada de dados utilizados de forma semelhante em todas as localizações, disponibilizados de forma transparente, pode acelerar a tomada de decisões estratégicas e a resolução de problemas. A natureza das oportunidades pode ser melhor compreendida quando estão disponíveis dados que abrangem todas as localizações da cadeia de abastecimento. Se cada local realiza tarefas semelhantes, os dados devem mostrar que o seu desempenho é excelente. Se não for esse o caso, a área que está atrás das outras pode beneficiar da localização que ultrapassou o problema de desempenho. Se todos tiverem um desempenho fraco, então deve ser implementada uma solução geral para todos. As oportunidades podem exigir tratamentos gerais ou acções específicas. Determinar o que fazer reduzirá o desperdício associado a acções que não são necessárias ou que não têm impacto.

9. ***Avaliação de competências:*** Certifique-se de que as pessoas incompetentes sabem que você sabe que elas o são. Deve ser claro para ambos que não estão a realizar o seu trabalho com o ritmo e a qualidade exigidos. Podem mudar ou encontrar uma posição que lhes seja mais adequada. No final, todos ganham, mas até que a mudança aconteça, todos sofrerão. Para evitar este desafio, certifique-se de que a pessoa que vai ocupar o cargo tem o potencial e os atributos necessários para ser bem sucedida e, em seguida, treine-a até que ela seja bem sucedida por si própria.

10. ***Evolução colaborativa:*** A evolução colaborativa aproveita a normalização como uma plataforma para a implementação de melhorias. O estado de uma plataforma terá de evoluir. A normalização é a base a partir da qual pode ser dado o passo seguinte. Após uma mudança evolutiva, a normalização deve então ser alcançada. "Vamos deixar a poeira assentar antes de fazermos a próxima alteração ao processo." Todos os participantes precisam de se adaptar à nova forma de trabalhar, familiarizando-se com a documentação sobre o processo e compreendendo o seu funcionamento. A melhoria seguinte pode ser implementada quando a situação estiver estável. Para alcançar esta estabilidade, é necessário conseguir a colaboração de toda a cadeia de abastecimento afetada.

11. ***Diversidade geográfica:*** O alinhamento aumenta a rentabilidade através da exploração de fluxos de trabalho geograficamente diversos, mas sinérgicos, baseados nas melhores práticas. Os fluxos de trabalho podem ser criados em qualquer localização geográfica, tendo em conta os valores da empresa. Se um valor operacional for a segurança, todas as localizações geográficas devem cumprir as políticas e valores de segurança da empresa, validados por estatísticas de segurança. As práticas e os procedimentos normalizados já existem há algum tempo. Uma perspetiva histórica do valor, neste caso a segurança, pode ser analisada longitudinalmente para ver como as tendências e as práticas afectam a segurança.

12. ***Mecanismos culturais:*** As actividades socioculturais ajudam os membros de diferentes partes da cadeia de abastecimento a estabelecer e a amadurecer uma mentalidade de colaboração num ambiente complexo. A tendência é permanecer no seu silo. Esta é a sua zona de conforto; no entanto, inibe a colaboração necessária para que uma cadeia de abastecimento funcione sem problemas. As actividades socioculturais minimizam as barreiras e incentivam a compreensão mútua de cada função. Os requisitos são partilhados por toda a cadeia de abastecimento. O cumprimento destes requisitos é obrigatório e depende da partilha de conhecimentos e da cooperação.

13. ***Intercâmbio de funcionários:*** Os funcionários de um departamento a jusante trabalham com os departamentos a montante para compreenderem os desafios antes de receberem a configuração que está a ser trabalhada. Quando os funcionários trabalham com um departamento a jusante, podem ver o impacto do seu trabalho nas funções a jusante. Um intercâmbio criará uma nova perspetiva sobre a importância da qualidade do trabalho. Um conhecimento mais alargado pode ser utilizado para melhorar o desempenho do processo.

14. ***Discrição mínima:*** Um trabalhador não deve questionar-se se fez algo de errado. A diferença entre o certo e o errado deve ser percetível. Se não for clara, então é esse o problema a resolver. O trabalhador deve saber qual é a sua posição quando completa uma tarefa corretamente e a tempo. Defender a posição de que, pelo facto de contratar sempre boas pessoas, elas não podem ser culpadas por um erro. Se o erro foi cometido de forma maliciosa, provavelmente não contratou uma boa pessoa. Mais uma vez, a culpa não é da pessoa. O processo de contratação deveria ter sido mais eficaz e ter

proporcionado uma pessoa mais adequada. O melhor empregado cometerá um erro. Ninguém é à prova de erros. Consequentemente, o "erro humano" não é uma causa raiz aceitável para um erro. O processo não deveria ter permitido que a pessoa cometesse o erro. Um processo sólido não permitirá que isso aconteça. Por conseguinte, a atenção deve centrar-se no processo que não deve proporcionar a possibilidade de cometer um erro. Se a discricionariedade puder ser minimizada, então a hipótese de se fazer uma escolha errada também é minimizada. É pouco provável que, quando se vai ao multibanco levantar dinheiro, se receba mais do que se pediu da conta de outra pessoa. A razão para isso é o facto de o processo ser robusto. Sem uma solução robusta para mitigar as vulnerabilidades, as organizações não existiriam. Se acontecer um erro, o processo permite a discrição para fazer uma escolha incorrecta. Evite esta vulnerabilidade no processo e os pontos fracos não serão explorados.

15. ***Coisas certas:*** As pessoas devem estar empenhadas em fazer as coisas no momento certo. Cada pessoa deve alinhar-se com a ética e construir algo para melhorar a organização. A participação nas actividades de melhoria deve ser habitual e imediata. As coisas certas a fazer podem acontecer se soubermos qual é a direção certa, se conhecermos a situação atual, se pudermos definir uma situação a remediar e se formos autorizados a experimentar a consolidação do plano de mudança. Fazer a coisa certa tarde permite que uma vulnerabilidade exista por mais tempo do que deveria.

16. ***Fluxo Organizacional:*** As pessoas entram numa estrutura organizacional. As pessoas sobem na estrutura. As pessoas saem da estrutura. Por vezes, as pessoas deslocam-se para baixo da estrutura. A estrutura pode mudar, ser cortada ou acrescentar um novo ramo. Uma estrutura organizacional é dinâmica e tem fluxo através dela. Como é que isto pode ser gerido para um sucesso contínuo? Conhece o fluxo de entrada (adições líquidas), o fluxo de saída (reduções líquidas) e o fluxo interno? Em caso afirmativo, tem um esforço de recrutamento que é pelo menos tão rápido como o seu fluxo de entrada? Tem uma estratégia de plano de sucessão que satisfaz sempre o movimento realista de pessoas para cima e para baixo na estrutura? Com estas capacidades em mente, uma estrutura pode manter-se forte. Caso contrário, o seu poder diminui e outra estrutura mais robusta pode consumi-la. A estrutura organizacional é

dinâmica, quer se queira quer não, porque tem pessoas nela e porque o ambiente está sempre a mudar.

17. ***Alvos de caça furtiva:*** Se o seu serviço for excelente aos olhos dos seus clientes e concorrentes, a sua equipa será atractiva para a caça furtiva. Um cliente que interage com um gestor de projectos para realizar o seu trabalho pode querer contratar o gestor de projectos. Um concorrente com um défice de competências pode querer uma pessoa-chave numa equipa da sua empresa para colmatar a lacuna em termos de vantagem competitiva. Todas as pessoas que trabalham bem são susceptíveis de serem contratadas. Tome as medidas adequadas para se certificar de que eles querem ficar. Ficar não significa que eles mandam na empresa ou que a mantêm refém. Também não significa que consumam todos os lucros. O resultado de qualquer uma destas acções é prejudicial para a empresa. Os trabalhadores nem sempre querem dinheiro. Pergunte-lhes o que querem para além do dinheiro e determine o que pode ser feito para lhes dar o que desejam. Depois de ter comunicado o plano de recompensas ao trabalhador, certifique-se de que a sua promessa é cumprida. Se não for, não poderá fazer outra.

18. ***Objectivos das equipas:*** Realize seminários sobre os objectivos da equipa, durante os quais serão discutidos os novos objectivos para cada equipa que serão significativos para a sua segurança salarial. Reveja os objectivos anteriores e o desempenho para os atingir. Discutir os objectivos mais recentes e o que será necessário para os atingir, com o contributo dos membros da equipa. O resultado do workshop é um plano que ajudará a equipa a atingir os seus novos objectivos. Estes objectivos devem ser considerados razoáveis e realizáveis. Se a equipa considerar que são impossíveis, pode desistir. Também é necessário ter clareza sobre os objectivos. Escreva-os. Determine o âmbito e o calendário. Devem ser utilizadas medidas para descrever a realização dos objectivos.

19. ***Crescimento do âmbito:*** Se uma empresa crescer, os gestores terão mais pessoas sob a sua alçada. Assegure-se de que a estrutura é adicionada de modo a que um líder não tenha demasiados subordinados diretos. Uma grande amplitude de controlo será insustentável e conduzirá a uma má comunicação, formação e desempenho. Um âmbito de responsabilidade demasiado vasto fará com que as pessoas não sejam geridas, desenvolvidas ou comunicadas. A

comunicação é difundida através de muitos relatórios. Um gestor não pode orientar ou monitorizar o amadurecimento de muitos subordinados diretos, incluindo a correção de comportamentos destrutivos ou contraproducentes.

20. ***Previsão de espaço:*** Quando o número de empregados aumenta, deve ser considerado o espaço necessário para os acomodar. Se o espaço não for suficiente e as pessoas estiverem amontoadas numa planta pequena, é de esperar que ocorram erros, que a frustração aumente e que as pessoas partam em busca de melhores acomodações. Por vezes, os empregados também são sensíveis à falta de luz solar. A luz natural tem um impacto positivo no desempenho. Considere também a utilização de plantas. Todos estes elementos são bem-vindos.

21. ***Riscos de crescimento:*** Os riscos associados ao crescimento rápido devem ser compreendidos e atenuados. A situação geral tornar-se-á mais difícil de gerir se não o forem. Alguns itens críticos podem incluir uma estrutura organizacional, infraestrutura e estrutura de apoio escaláveis. Antes de escalar, determine as actuais vulnerabilidades de desempenho. À medida que a organização é stressada pelo crescimento, as vulnerabilidades podem multiplicar-se. Estas tornar-se-ão muito mais influentes à medida que o crescimento continua e são duplicadas em fluxos de trabalho semelhantes. Os pontos fracos tornar-se-ão muito mais evidentes nos resultados dos esforços aplicados. Uma fenda na organização pode transformar-se num colapso. Compreender os pontos fracos antes de tentar crescer.

22. ***Dados sujos:*** Como a organização produz dados com cada encomenda e as actividades e informações relacionadas com a encomenda, os dados serão armazenados num armazém de dados. Quando os sistemas não estão corretamente configurados, os dados ficam "sujos" e inutilizáveis. Quando a origem da corrupção dos dados não é corrigida, a pilha de dados sujos continuará a crescer. A percentagem de dados sujos atingirá um limiar tal que os dados deixarão de ser utilizáveis. Deve ser utilizada uma forte disciplina e controlos para garantir que os dados são puros desde o início. As ameaças à integridade dos dados devem ser detectadas e atenuadas.

23. ***Aclimatação ao espaço:*** Se houver uma mudança, os empregados precisam de tempo para se adaptarem ao novo espaço. Terão de se habituar à sua localização e ao que lá se encontra. Se os empregados tiverem alguma

oportunidade de influenciar o aspeto do espaço, isso poderá ajudar na taxa de aclimatação e na disposição dos ocupantes. O espaço pode ser modificado para influenciar o tipo de actividades que realiza. Por exemplo, uma área criativa pode ser decorada de forma diferente de uma área de reunião.

24. ***Dados humanos:*** Os dados estão disponíveis a partir da população de empregados e não são aproveitados. O dinheiro é gasto com os trabalhadores de forma ineficaz porque os dados não são utilizados ou estão errados. Os empregadores procuram o envolvimento, mas não pensam naquilo em que o empregado está envolvido e se é significativo e valioso. Existe uma correlação entre atitudes e resultados, mas será que compreendemos as atitudes o suficiente para as influenciar? Pode ser difícil obter dados sobre os trabalhadores devido a silos e outros obstáculos. Os inquéritos e sondagens podem ser ferramentas valiosas para a recolha de dados sobre opiniões que determinam as atitudes. Os dados relevantes podem ser utilizados para determinar as melhores acções a tomar e têm a vantagem adicional de serem aceites por aqueles que os forneceram. Perguntar aos empregados se certas coisas estão a funcionar bem ou o que acham que deve ser feito em relação a uma situação pode fornecer informações significativas que, de outra forma, poderiam não ter sido recolhidas. A informação pode ser relativa a um acontecimento social ou ao desempenho de um processo. Uma vez recolhidos os dados, podem ser tomadas decisões e acções. Se houver um objetivo em mente que pareça benéfico, dar aos empregados alguma palavra sobre as decisões que são tomadas e a gestão da mudança melhora a sua atitude em relação ao que se segue. As atitudes podem influenciar a rendibilidade da organização.

25. ***Desenvolvimento pessoal:*** A autoconsciência pode identificar défices em relação aos requisitos actuais de gestão, mas também pode projetar-se no futuro e sugerir o desenvolvimento de competências que serão relevantes no futuro. Tentar ser algo que não se é consome uma quantidade significativa de energia. Para nos tornarmos naquilo que precisamos de ser, o reforço de competências ou capacidades pode ser realizado numa sequência baseada nas necessidades e prioridades imediatas. O desenvolvimento deve ajudar a preparar o gestor para o futuro, tanto quanto possível. Estas competências devem ser valiosas e adquiridas rapidamente durante o ciclo de vida do cargo de gestor. Cada gestor deve ser capaz de descrever as suas intenções de desenvolvimento a

curto prazo e ter um historial de realização dos seus objectivos. Certifique-se de que estes objectivos são significativos, uma vez que indicam o que vai fazer e quando o vai fazer.

26. ***Recrutamento global:*** Uma empresa desesperada por mão de obra recrutará em qualquer país onde exista talento. Nesta altura, o que interessa não é o salário, mas o facto de se estar no negócio. Uma empresa global pode não estar dependente do local onde o trabalho é efectuado. Não importa onde o trabalhador se encontra; o trabalho pode ser efectuado nesse local. As bolsas de trabalhadores em países onde a cultura é propícia à realização, lealdade, inovação e rigor podem produzir boas oportunidades de trabalho, partindo do princípio de que as barreiras linguísticas podem ser ultrapassadas ou não são um fator.

27. ***Ideias que surgem:*** Em alturas aleatórias durante o dia, terá uma epifania quando surgir uma ideia na sua cabeça que espera que não desapareça e seja esquecida. Documente estas ideias para as seguir. Os pensamentos não forçados exploram o seu génio interior. Mais tarde, pode desejar tê-las escrito em . Estas ideias podem desbloquear bloqueios ou criar novas oportunidades significativas. Elas são valiosas e não devem ser perdidas.

28. ***Tempo de silêncio:*** Deve ser atribuído algum tempo para limpar a mente do gestor das coisas que não precisam de estar lá. Uma mente desordenada cria uma fome de novas ideias e inspiração. Dedicar algum tempo para limpar a mente da desordem que não cria valor trará clareza de pensamento. A acumulação de desordem e de perspectivas pesadas aumentará os níveis de stress e reduzirá a produtividade. A ausência de desordem pode ser um fator de sabedoria, uma vez que o gestor pode mais facilmente ligar os pontos entre a causalidade e o seu efeito. As novas ideias são amplificadas no silêncio e na ausência de desordem mental provocada por distracções ou estímulos. Não se está a lutar contra a realidade, mas a influenciá-la através de novas ideias.

29. ***Ressonância colegial:*** Certifique-se de que a equipa de gestão abraça a missão imediata. A equipa não pode ficar isolada no seu departamento quando a iniciativa abrange várias funções. Estão todos juntos no processo, cada um dependente do outro. Não podem recorrer ao plano existente e ter a sua agenda em simultâneo. Têm de estar todos na mesma ordem de trabalhos. Quando a

ordem de trabalhos tem eco em todos os participantes, é significativa e o envolvimento acontece com alinhamento e vigor.

30. ***Mitigação de fraquezas:*** Conheça os pontos fracos dos seus colaboradores. Por exemplo, digamos que tem alguém com dificuldade em medir o desempenho. Essa pessoa simplesmente não percebe. Em primeiro lugar, certifique-se de que compreendem porque é que são essenciais. Deixe-os escolher as métricas apropriadas para a situação em que se encontram. A pessoa pode defini-las, incluindo as fórmulas de cálculo. Se não conseguirem implementá-las, mostre-lhes outra área em que o gestor esteja a fazer um bom trabalho. Peça-lhes que passem algum tempo com o gestor para ver como recolhem e comunicam as tendências das métricas. Reserve algum tempo para o ajudar a criar um sistema de medição e depois devolva-lhe o processo para que o mantenha.

31. ***Eliminar a acumulação:*** As pessoas gostam de acumular coisas porque não têm a certeza se podem vir a precisar delas no futuro e se não estarão disponíveis. É menos dispendioso partilhar recursos e manter um limite mínimo disponível do que permitir que as pessoas os acumulem e paguem o custo do armazenamento sempre que for necessário. Para saber quem tem o quê, faça uma etiqueta vermelha num local (retire tudo e distribua-o apenas se necessário). O inventário mínimo resultante pode então ser partilhado. Muitos artigos são bastante pequenos quando se olha para a frequência de utilização. Se for esse o caso, é um candidato à partilha e deve ser reduzido ao mínimo. Isto pode aplicar-se a uma ferramenta. Cada departamento deve ter uma ou pode partilhá-la? Depende da frequência de utilização e das probabilidades de vários departamentos necessitarem dela em simultâneo. A probabilidade de utilização também se aplica a matérias-primas, fornecimentos e activos. Qual é o limite mínimo de inventário, acrescido de uma reserva para "dias de chuva", que assegurará a continuidade da atividade? Tem mais do que isso disponível? É fácil obter mais se precisar? Estes artigos podem ser garantidos por contrato com um fornecedor. São fiáveis em todas as situações? É melhor comprar a granel e pagar o armazenamento no local, ou comprar o que precisa e reabastecer? A segunda opção, tendo em conta o custo total, é provavelmente mais económica. A ausência de desordem facilita o funcionamento e a procura do que é

necessário. Também é mais fácil conhecer os níveis de inventário para adquirir mais, se necessário.

32. ***Poder das estrelas:*** Conhecer as estrelas com base no seu domínio das tarefas e dos resultados. Compreender as diferenças entre elas e as que não o são. As lacunas podem ser colmatadas? Tente fazer com que isso aconteça, mas preveja o esforço primeiro para ver se vale a pena. As quatro competências-chave são: realização, coragem, social e gestão. Em última análise, devem obter resultados, pelo que deve haver dados que provem que são estrelas. Em suma, conseguem obter os resultados desejados de forma consistente.

33. ***Tempo de rotação:*** Lembre-se que qualquer trabalhador pode deixá-lo em qualquer altura. Não deixe que isso seja uma surpresa. Informe-se sobre as suas aspirações e esteja preparado para os casos prováveis em que tenham mudado nos últimos meses. Certifique-se de que o trabalhador está a desempenhar as funções adequadas. Se não estiverem satisfeitos com a posição em que se encontram atualmente e aspirarem a fazer outra coisa, é provável que estejam à procura de outra posição dentro ou fora da organização. Se contratou profissionais de alto nível, este facto deve ser preocupante e requer uma posição proactiva para evitar a perda de talentos. O empregado vai mudar de emprego. A questão é: quer que ele mude de emprego dentro ou fora da sua organização? Se ele estiver a trabalhar bem no seu posto de trabalho, mas quiser fazer outra coisa, considere a perda quando ele sair. Acrescente a isso a ideia de que eles podem levar todo o seu conhecimento sobre o processo e a organização para um concorrente. Para evitar a perda e manter os conhecimentos organizacionais dentro da empresa, é melhor transferi-los para uma posição onde possam aproveitar os seus conhecimentos e relações. Desta forma, o colaborador poderá continuar a contribuir de forma significativa para a organização. Se o funcionário já não se adequar à organização, é melhor acelerar a substituição. Outro cargo pode ser mais adequado, mas transferir um problema de um lugar para outro não é o melhor. O funcionário ficará no caminho, o que será dispendioso para a empresa.

34. ***Ansiedade operacional:*** Cuidado com a ansiedade operacional, que pode resultar em erros e perda de capacidade. Algumas pessoas não são tão resilientes como outras. A resiliência pode estar relacionada com a personalidade, ou podem estar esgotadas com base em experiências de trabalho

recentes. Em alguns casos, o stress no ambiente é muito elevado e seria difícil para quase todas as pessoas que aí trabalham. Algumas pessoas conseguem aguentar durante algum tempo, enquanto outras não o conseguem fazer de todo. Quando há um stress significativo para produzir sem erros dentro de um prazo, as pessoas menos resistentes podem sentir alguma ansiedade. A evidência disso pode ser vista observando-as, ou elas podem optar por não vir trabalhar periodicamente para se recuperarem. Lidar com a ansiedade operacional de forma proactiva evitará problemas inevitáveis. Está ciente da resiliência de cada pessoa de que depende para o sucesso do fluxo de trabalho? Conseguem aguentar o pico que se aproxima ou estão no limite neste momento? Precisam de tirar algum tempo para recarregar as baterias? Têm estado a trabalhar muitas horas sem qualquer folga durante um período prolongado? Incluiu esta adaptação no seu plano de capacidade? Os níveis de ansiedade estão relacionados com a capacidade de execução dos seus talentos. O seu interesse pela situação deles ajudará muito a aliviar o seu receio em relação ao futuro. Mas isso não é suficiente. Terá de garantir que cuida da capacidade dos seus talentos para realizarem o seu trabalho de forma consistente, de modo a satisfazer as necessidades do seu cliente. Uma reputação de preocupação com o seu pessoal contribuirá muito para a retenção e para atrair grandes talentos quando necessário.

35. ***Nomes de ferramentas:*** Atribua nomes às ferramentas que façam sentido. Os nomes fixes são apenas fixes, não são práticos. Dar o nome de uma pessoa a uma ferramenta não faz sentido porque se espera que a pessoa contribua para a criação de outra ferramenta. Se uma ferramenta for nomeada de acordo com o que faz, todos compreenderão o seu objetivo antes de a utilizarem. Referir-se-ão a algo que já é intuitivo. Também estarão mais conscientes da sua existência e farão um melhor trabalho ao selecionar a ferramenta quando precisarem dela. Os nomes práticos também são úteis para os clientes durante as apresentações. Não terá de perder tempo a traduzir o nome da ferramenta para o cliente. O objetivo da ferramenta será intuitivo. O nome deve conter um número mínimo de palavras. O número de palavras estará relacionado com a capacidade de memorizar o nome e dificultará a comunicação. "The Digging Tool" é conciso mas pode ser um pouco ambíguo.

Encontrar um equilíbrio entre concisão e clareza. Uma sessão de brainstorming orientada pode produzir um bom candidato a nome.

36. ***Cobertura de reuniões:*** Se alguém não puder comparecer a uma reunião, substitua-o se as razões forem legítimas. Não há necessidade de a pessoa ser envergonhada desnecessariamente na reunião por não estar presente. Por vezes, um participante não pode participar devido a questões pessoais ou a um problema maior que tem de ser resolvido. A presença de um representante em seu nome pode ser útil, ou pode substituí-lo se for um participante. Substituir significa que partilhará na reunião tudo o que tiver de ser partilhado em seu nome. Substituir os outros significa também que os atribuirá a pontos de ação, conforme adequado, e que partilhará com eles as notas da reunião. Poderá também fazer-lhes um breve resumo. Se não puder responder a uma pergunta, pode indicar na reunião que irá obter a resposta e enviá-la a todos pouco tempo depois.

37. ***Informação sobre decisões:*** Utilizar o poder da gestão de topo para obter consenso quando se investiga uma solução. Se as pessoas estiverem desesperadas, irão lidar com o seu sofrimento ou encontrar uma solução. Infelizmente, estas soluções podem ser diferentes das soluções encontradas por outras pessoas para um problema semelhante. Podem ser utilizadas ferramentas diferentes e os clientes podem notar diferenças nos resultados. Os clientes sentir-se-ão frustrados porque vêem a sua empresa como uma entidade e não como uma amálgama de fluxos de trabalho semelhantes que utilizam métodos diferentes. Uma abordagem fragmentada não é a melhor devido às percepções dos clientes, formação, normalização, licenças, compatibilidade, etc. Peça ao chefe para marcar uma reunião com as pessoas que estão a fazer a investigação e as partes interessadas. A apresentação dos resultados ou do plano obrigará os investigadores a terminar e ajudará a tomar decisões atempadamente. Os investigadores podem apresentar as suas conclusões sobre uma solução e os resultados dos seus testes. Os gestores do fluxo de trabalho que utilizam a solução podem ajudar na seleção quando dispuserem de todas as informações de que necessitam dos investigadores. O passo seguinte é implementar a solução tendo em conta a necessidade de acomodar alguns fluxos de trabalho com necessidades únicas. Por conseguinte, será essencial escolher uma solução adaptável e configurável.

38. ***Propriedade do roteiro:*** Os proprietários das empresas têm de assumir a responsabilidade pelo desenvolvimento de um roteiro dos seus fluxos de trabalho. Quando as soluções são impostas aos proprietários das empresas, têm menos hipóteses de serem implementadas, em parte porque não correspondem a uma necessidade ou não resolvem suficientemente um problema. As pessoas que desenvolvem uma solução de forma isolada não conhecem os requisitos do proprietário do fluxo de trabalho. Constroem o que lhes convém e não o que é utilizável na operação. É necessária uma abordagem mais proactiva para otimizar o ROI das actividades de desenvolvimento. Os proprietários das empresas devem estar conscientes do desperdício e das vulnerabilidades de fiabilidade dos seus fluxos de trabalho. Com este conhecimento, podem criar os requisitos para as actividades de desenvolvimento, a fim de reduzir o esforço necessário para produzir um produto e melhorar a fiabilidade na primeira vez. Estas soluções devem ser classificadas de acordo com o valor organizacional e a dependência para que seja dada prioridade ao desenvolvimento. Muitos proprietários de empresas assumirão de bom grado a responsabilidade por este processo, uma vez que estão envolvidos no jogo em termos de desempenho. O interesse próprio sugere que serão eficazes a determinar uma solução benéfica e quando deve ser implementada nos fluxos de trabalho que controlam. Dê a essa pessoa um incentivo para aumentar a rentabilidade do negócio. Por outro lado, se ela tiver de "fazer funcionar o que tem", isso será desmotivante e frustrante. Preveja a rotatividade. Se o proprietário da empresa também for o dono do seu roteiro de desenvolvimento, monitorize os progressos para garantir que as metas são atingidas. As soluções não vão simplesmente acontecer. O proprietário da empresa deve acompanhar todos os departamentos de apoio relevantes para garantir que cada etapa seja alcançada. Analise o plano e critique-o antes de o pôr em marcha. Assegure-se de que o plano continua a ser seu, para que ele seja o dono. Quando conseguirem atingir os objectivos do plano, recebem o crédito pelo feito. Mostre o plano ao seu chefe para que ele saiba que tem pessoas capazes e que estão a executar um plano documentado. Uma apresentação em PowerPoint pode ser uma excelente forma de documentar e partilhar o plano, mas outros métodos também são eficazes.

39. ***Tempo de investigação:*** Dê às pessoas incumbidas de tarefas de investigação tempo suficiente para concluírem a sua investigação, mas não deixe que esta se prolongue. Quando a investigação demora demasiado tempo a ficar concluída, o objetivo é esquecido e as pessoas que estariam dependentes da investigação ou lidam com o seu sofrimento ou arranjam uma solução alternativa. Não se deve culpar as pessoas por agirem em desespero. Elas dão a entender que esperaram demasiado tempo para que encontrasse uma solução. O feedback é que precisa de concluir mais rapidamente. Não está a satisfazer as suas necessidades em tempo útil. Podem ser utilizadas técnicas para melhorar a eficiência da investigação. Pode perguntar a outras pessoas que conhece e que se encontram numa situação semelhante. Pode fazer uma lista dos principais fornecedores e utilizar o considerado melhor como referência para os outros. Determinar as variáveis críticas e efetuar uma avaliação em que se pondera a importância das variáveis. Os métodos quantitativos podem produzir bons resultados. Seguir o seu instinto ou usar a simpatia é perigoso. Se a solução não funcionar, a simpatia não ajudará a melhorar o fluxo de trabalho. Os concorrentes e os clientes podem fornecer informações. No entanto, pode perguntar sobre o desempenho relativo de algumas variáveis críticas e obter informações sobre esses aspectos.

40. ***Fornecedores de soluções:*** Promova soluções recorrendo a especialistas (quando necessário), solicitando recursos, fazendo o acompanhamento, adoptando uma abordagem faseada (por oposição a uma abordagem de choque e pavor), designando gestores para segmentos do plano e certificando-se de que o estado do progresso pode ser medido e comunicado. Se a "agulha" não estiver a mover-se, não estão a ser feitos progressos. Os especialistas podem ser benéficos para melhorar a compreensão de como as coisas funcionam. Se os recursos já estão a ser consumidos para fazer o trabalho existente, podem ser necessários recursos adicionais para efetuar mudanças. Assumir que os recursos existentes podem lidar com uma mudança pode fazer com que um excelente plano falhe. A sua atenção contínua para alcançar o plano mostra que está interessado em obter resultados. Poderá ser necessário abandonar algumas outras tarefas para se poder concentrar na implementação de algumas soluções antes de passar a outras.

41. ***Sobrecarga de mudanças:*** Demasiadas mudanças de uma só vez podem levar um plano ao fracasso. Saiba o que a organização pode suportar e tente não exceder a sua capacidade de implementar as tarefas de mudança faseada. É essencial ter os gestores de mudança corretos que conduzam a organização através da mudança. A escolha do gestor errado comprometerá o êxito do plano. Não negligencie a necessidade de autoridade. Algumas pessoas conseguem fazer charme, mas pode preparar-se para a desilusão se contar com essa capacidade. O estado do plano deve ser mensurável em relação ao seu grau de conclusão e ao impacto no processo relativo aos objectivos de desempenho. A medida "percentagem de conclusão" pode ser utilizada para tarefas e marcos. Os indicadores-chave de desempenho podem ser utilizados para mostrar o impacto da realização dos objectivos intermédios.

42. ***Olhar para fora:*** Encoraje sempre os empresários a olharem para o futuro, para qualquer coisa que esteja no horizonte. Podem utilizar um quadro de análise ambiental para garantir que cobrem todos os domínios (por exemplo, SPELIT, PESTLE). Mesmo com uma perspetiva alargada, algumas ameaças emergem e estão à sua volta rapidamente. Os gestores precisam de antecipar o que está para vir, não apenas o que é visível. O comportamento do consumidor, as tendências operacionais, organizacionais e tecnológicas são alguns dos itens que podem trazer surpresas e ameaçar a sobrevivência da empresa. Os gestores não devem apenas fazer avançar os seus departamentos, mas também devem saber o que está a acontecer no exterior e conduzir os seus departamentos para um sucesso contínuo. Obviamente, o sucesso precisa de ser definido de forma adequada. Alguns dos olhares para o exterior têm de ser internos. As organizações autodestroem-se quando fazem más escolhas. Um bom gestor deve zelar pela organização, não fazendo ou impedindo más escolhas antes que elas aconteçam. Se algo não for feito, será necessário recuperar.

43. ***Anúncio organizacional:*** É conveniente que as pessoas na organização saibam a quem reportam, especialmente se houver uma mudança. Fazer um anúncio formal é útil para garantir que todos estão esclarecidos. A clareza inclui quem está envolvido e quaisquer alterações às suas responsabilidades. Inclui quem reporta a quem e porquê. Prevê a apresentação de novas pessoas, de onde vieram, porque foram contratadas e a quem reportam. O anúncio deve justificar a mudança para que as pessoas que o lêem

sintam que faz sentido. Não deve ser extremo, mas sim equilibrado. Se promover alguém e lhe atribuir um número significativo de responsabilidades, os leitores do anúncio podem questionar-se se essa pessoa consegue lidar com isso. Se duvidarem, também questionam a sensatez da decisão. Considere os problemas que surgem em qualquer anúncio. Haverá pessoas que não ficarão satisfeitas. Especialmente tendo em conta a atenção que a pessoa promovida está a receber em contraste com a atenção que outros têm recebido. Muitas pessoas trabalham arduamente e pensam que deveriam ser promovidas a cargos mais elevados. É excelente que tenham aspirações. Podem não apoiar a nova estrutura. Talvez conheçam a pessoa que está a ser promovida e não a considerem competente. Talvez tenham trabalhado para essa pessoa e não tenham tido uma boa experiência. O anúncio deve resolver qualquer confusão à margem. Se há pessoas que não sabem a quem reportar depois de o anúncio ser publicado, então este anúncio não foi suficientemente amadurecido antes de ser publicado.

44. ***Especialista em previsão:*** Designar um especialista para fazer previsões numa determinada área de especialização. Um exemplo seria a orçamentação do armazenamento. Se está a chegar trabalho às instalações, é necessário garantir que a capacidade, em todas as suas formas, está disponível para satisfazer a encomenda. Embora a capacidade de produção seja fundamental, o mesmo acontece com o armazenamento. Alguém tem de garantir que existe espaço de armazenamento suficiente para acomodar a encomenda quando as matérias-primas ou os activos chegarem. A previsão aplica-se ao espaço de armazenamento de qualquer tipo (digital e físico). Um perito em previsões pode analisar as encomendas que chegam e ver como serão recebidas (empilhadas ou escalonadas), o tipo de trabalho (alguns tipos ocupam mais espaço do que outros) e quanto tempo permanecerão em armazém (controlo do envelhecimento). Todos estes factores são fundamentais para a gestão da armazenagem. O pico de consumo é de particular interesse. O momento da chegada dos activos e o tempo que estes e os produtos a entregar permanecem no local terão muito a ver com o pico de procura durante a encomenda. Se o espaço estiver generosamente disponível e a localização dos bens for conhecida, não há problema. Caso contrário, alugará espaço extra que será difícil de aceder quando precisar de algo. Antecipar a utilização do espaço

eliminará muitas frustrações. Gerir o espaço de forma sensata permitirá executar o trabalho com um consumo mínimo de espaço.

45. ***Roteiro acelerado:*** Quando uma equipa tiver sido alocada para trabalhar num projeto, certifique-se de que tem um roteiro o mais rápido possível e que ajudará a organização a realizar a mudança necessária que o projeto irá proporcionar. A redução do calendário pode ser benéfica; no entanto, é necessário otimizar o custo da aceleração de acções específicas. Há um ponto em que o benefício supera o custo de acelerar o cronograma. Determinar o custo ótimo em relação ao tempo poupado. As poupanças associadas ao tempo devem ser compreendidas para determinar o custo aceitável.

46. ***Roteiro do projeto:*** O roteiro conforta a equipa com a certeza de que o plano será cumprido, mesmo em fases marcadas por marcos. Um esquema de planeamento de projeto aleatório não inspira confiança. "Não sabemos para onde estamos a ir e não temos um plano para lá chegar." Um plano bem pensado e maduro, com marcos temporais, ajuda as pessoas envolvidas a ver o que vai acontecer, quando e como isso as vai beneficiar. Podem também preparar-se para as implicações de atingir cada etapa. O tempo gasto na fase inicial do planeamento do projeto valerá a pena à medida que for executando cada passo que foi tornado transparente para as partes interessadas e aprovado por aqueles que podem fornecer os recursos para garantir a sua conclusão.

47. ***Multiplicador de grupo:*** As perdas de eficiência da dinâmica de grupo sugerem que os participantes de um grupo equivalem a um fator inferior a uma vez o número de pessoas no grupo (ex. 0,8 x Contagem do Grupo). Alguns atributos da dinâmica de grupo podem melhorar a eficácia do grupo, aumentando assim a contagem efectiva de participantes. Por exemplo, a colaboração efectiva de algumas pessoas num grupo pode produzir um equivalente de eficácia superior a um equivalente a tempo inteiro (ex. 1,2 x Contagem do Grupo). Estes atributos sociais podem ser descritos como *super-aditivos* porque ajudam o grupo a recuperar da sua ineficácia de base inerente. Num contexto global, a disponibilidade de talentos afecta o rácio, tal como o número de dias de folga e as férias contribuem para a perda de tempo.

48. ***Gestores capazes:*** As qualidades de uma pessoa que será bem sucedida podem incluir a capacidade de aprender de forma iterativa, analisar pormenores, raciocinar de forma holística, descobrir padrões nos dados e

compreender a paisagem a partir de qualquer altitude. No entanto, a capacidade de conhecer e compreender é distinta da capacidade de atuar. A ação requer coragem, comunicação, compaixão , e a capacidade de se concentrar nas coisas certas. Um fazedor deve inspirar, encorajar e treinar. Ele deve ser capaz de criar movimento e impulso. Nalguns casos, o ritmo deve ser acelerado e o impulso deve ser protegido de ameaças. A antecipação de desafios e a formulação de estratégias são fundamentais para um progresso sustentado. Incentive estes comportamentos para alcançar os resultados desejados atempadamente.

49. ***Realização pessoal:*** Alcançar o que deseja para si próprio. Se o seu empregador o deixar cair, deve estar preparado para dar o passo seguinte em termos de emprego. Trabalhe pelo que quer, não pelo que os outros querem de si. A autoconsciência é fundamental para tomar decisões independentes que o levem a atingir os seus objectivos. Suponha que a sua viagem exige algo de si que é um desafio e tem uma probabilidade de falhar. Nesse caso, uma abordagem proactiva para obter assistência ajudá-lo-á a fazer a transição para acções em que é melhor. Elabore um plano pessoal de "continuidade do negócio" para que a sua segurança salarial não seja um fator de stress desnecessário.

50. ***Unidade Diversidade:*** A unidade, tal como é vista no consenso, consistência e continuidade, é parcialmente alcançada através da diversidade de talentos, ferramentas e processos. O consenso é uma amálgama da diversidade de talentos que utiliza ferramentas e métodos padrão para alcançar o resultado desejado. A força e a adequação do talento permitem que um processo produza resultados consistentes. O processo é sustentado porque é robusto e tem um objetivo específico. A robustez do processo ajuda a garantir a sua continuidade para que esteja disponível quando houver procura. No que diz respeito à diversidade de capacidades, a tónica é colocada na força colectiva.

51. ***Risco de entropia:*** O gestor proactivo deve empenhar-se pessoalmente em tarefas críticas que, de outra forma, comprometeriam o potencial de desempenho futuro através da mitigação do risco de entropia organizacional. As organizações tendem a desviar-se se a sua posição não for monitorizada. As métricas críticas são normalmente implementadas para ajudar as organizações a saberem onde estão. Essas métricas podem ajudar a entender as mudanças incrementais que mantêm a organização numa posição competitiva. O potencial de desempenho deve ser alcançado a um ritmo

adequado. O gestor proactivo saberá onde está, para onde vai e com que rapidez chegará. Serão feitos ajustamentos se as expectativas não estiverem a ser cumpridas.

52. ***Compreender o que está feito***: Certifique-se de que a linha de chegada é conhecida. "O que é preciso para terminar a tarefa?" Decida o que é e escreva os detalhes mensuráveis para que possa programar a passagem da linha de chegada e passar para outra coisa, talvez outra realização. O projeto interminável nunca fica concluído. A dada altura, tem de estar concluído e podem ser feitos planos para iniciar a tarefa seguinte. Ter uma linha de chegada ajuda-o a saber a que distância está da conclusão da tarefa. Também o pode ajudar a ver a distância que percorreu desde a linha de partida.

53. ***Trabalho desleixado***: Não permita que o desleixo continue onde quer que o veja. A excelência é a única palavra que deve descrever o seu trabalho. O trabalho feito no passado que é desleixado deve ser limpo para cumprir um padrão. Uma vez corrigido, deve manter-se assim. Não deixe que a situação se altere. O trabalho atual tem de ser feito com a excelência em mente. Desde o início, defina as expectativas. Um exemplo disto seria a cablagem nos bastidores dos servidores. É possível ver se a instalação de servidores em racks é excelente pela aparência dos fios na parte de trás do rack. Devem ser etiquetados e encaminhados de forma agrupada e ordenada. Porque é que isto é importante? Se estiver a resolver problemas e souber o fio que procura, deve conseguir encontrá-lo rapidamente na parte de trás do bastidor em ambos os locais onde está ligado. Se não estiver etiquetado, pode perder-se uma quantidade significativa de tempo a tentar encontrar as extremidades do cabo. O desleixo pode acontecer em qualquer lugar. Relatórios financeiros, pacotes de faturação , ordens de trabalho, arquitetura do sistema, cartões de tarifas, fluxos de trabalho, utilização de ferramentas e muitos outros itens podem ser descuidados. Combata o desleixo onde quer que ele exista. Gerir uma situação confusa é muito mais complexo e dispendioso do que gerir um ambiente arrumado, organizado e excelente.

54. ***Esforços rebeldes***: Lidar com os resistentes e os retardatários de forma agressiva. Expor a sua incompetência com dados. Lide com eles publicamente porque estão a desperdiçar o seu tempo e energia . Deixá-los envergonhados quando expostos porque a sua resistência está a prejudicar

todos os envolvidos. A vergonha motivá-los-á a mudar ou a diminuir o seu esforço de rebelião . Repita o seu tratamento até que eles estejam "no autocarro" ou tenham desaparecido. Eventualmente, eles aparecerão como combatentes não cooperativos, colocando em risco o futuro da empresa . Se ficarem, têm de obedecer; não há misericórdia para estes tipos. Ou participam no esforço, ou vão-se embora. É simples.

55. ***Motivação para o envolvimento***: Os seus subordinados devem querer falar consigo individualmente se sentirem que os apoia. Eles devem pedir para discutir o que estão a fazer consigo. Poderão pedir que a reunião seja presencial para obterem o máximo benefício e envolvimento . Aproveite a oportunidade para garantir que eles são encorajados e têm o que precisam para executar o seu trabalho. Pode ser necessário redefinir as prioridades dos seus esforços. Podem ter dúvidas sobre o âmbito de um projeto. Uma reunião individual oferece muitas oportunidades para acelerar o trabalho que está a ser feito por um subordinado direto. Cada subordinado direto deve ser impulsionado, e não frustrado, através da reunião periódica individual com o seu supervisor.

56. ***Gerir as vulnerabilidades***: Os gestores precisam de compreender o risco e gerir as vulnerabilidades do processo e os recursos por ele consumidos. Cada pessoa tem um dom único. Cada capacidade é um recurso a ser aproveitado. Saiba o que é um dom para si e para aqueles que trabalham para si. Não deve ser uma surpresa quando dá a alguém uma tarefa para a qual não está dotado e essa pessoa não cumpre com sucesso os seus requisitos. Aproveite os pontos fortes de cada pessoa da equipa e compense as suas vulnerabilidades. Se uma pessoa é boa com folhas de cálculo e outra não, então, na medida em que isso seja valioso, uma pode ajudar a outra, que é mais fraca nessa área, quando isso for um requisito. Se a situação for urgente e alguém tiver de aprender uma competência não relacionada com o seu talento para a executar, dê a tarefa a uma pessoa capaz. Se a pessoa mais fraca conseguir compreender, ser treinada e produzir um resultado, então a pessoa capaz deve verificar o trabalho da pessoa mais fraca para se certificar de que não há erros.

57. ***Tendências de tensão***: Os gestores precisam de conhecer as tendências de tensão na sua equipa e nas outras equipas com que trabalham. A resolução rápida de questões sensíveis reduzirá a possibilidade de escalada. O

escalonamento é um fator de aumento da tensão, uma vez que se consome uma capacidade preciosa a perder tempo com alguém que não o vai ajudar ou que talvez seja a razão da existência da situação. A medida proactiva que atenua a escalada é uma escolha melhor. Deve ser atingido um limiar, após o qual é exercida uma contingência e os gestores são informados para tomarem medidas para mitigar a escalada. "Bater na parede" não deve ser uma opção. A recuperação dos danos causados às pessoas envolvidas após uma escalada é um desafio. É mais fácil atenuar a tensão do que reagir a uma crise. Um gestor que pensa no futuro sabe onde se encontra o icebergue, tomará o tempo necessário para o evitar e compreenderá as consequências que daí advirão.

58. ***À prova de bala:*** Algumas pessoas são à prova de bala, independentemente do facto de o merecerem. As que não o merecem são um problema. Os que o merecem são os HiPo's (high potentials). É normal que uma equipa se atrase quando outras não o podem fazer? Os atrasos podem acontecer com as funções de apoio ; no entanto, as operações não podem atrasar-se, pois têm de entregar os produtos a tempo, apesar das mudanças organizacionais, culturais ou de processos. As funções de apoio não devem ter a liberdade de se atrasarem na entrega do que prometeram. As funções de apoio podem ter de trabalhar horas extra para chegarem a tempo. Todos nós temos desafios, e estas funções não são únicas.

59. ***Desafio da migração:*** Há quem pense que o seu primeiro passo numa migração cultural organizacional será executado sem falhas. Criaram um comité de direção, tinham um plano detalhado e as coisas não correram bem desde o início. Não faz mal. Se fosse fácil, qualquer pessoa o poderia fazer. Defina expectativas. Diga: "Vai ser feio". O chefe organiza uma reunião para acompanhar o progresso do projeto. Ele inclui pessoas de vários níveis abaixo, contornando o seu nível C. As pessoas abaixo do nível dizem-lhe o que acham que ele deve ouvir, por medo. A pessoa do nível C responsável por essas áreas sabe o que as pessoas abaixo dele não estão a dizer. A eficácia da comunicação é posta em causa porque o chefe tem uma imagem cor-de-rosa quando não é o caso. As surpresas estão a caminho. É melhor ser transparente e franco sobre o plano e o progresso. As boas decisões podem ser tomadas com base em boas informações.

60. ***Jogo de poder***: Um gestor que perde o controlo pode afirmar-se apontando problemas noutra área de negócio como uma distração. Uma fraqueza percebida de uma "fonte anónima" será amplamente comunicada e receberá muita atenção. Infelizmente, terá de descobrir a que é que a fonte se está a referir. Seria útil se quisesse procurar o problema, a causa principal e a solução. Depois, terá de comunicar que resolveu o problema. Esperar que o gestor produza outra coisa. A certa altura, sentimos que estamos a trabalhar para eles porque "a cauda está a abanar o cão". O objetivo, afinal, não é que resolva o problema, mas que ele tenha uma influência contínua sobre si. O problema desaparecerá misteriosamente se eles puderem tirar a função de si. Não porque o tenham resolvido, pois eles não são bons a resolver problemas, mas porque já não se queixam do problema. Missão cumprida tanto para o chefe como para o queixoso. Todos os outros ficam desmoralizados. Há paz e harmonia, e você fica diminuído. Um bom gestor precisa de reconhecer este jogo de poder, porque o efeito líquido é que a empresa fica em pior estado do que estava.

61. ***Fracassar com sucesso:*** As melhores inovações envolvem ciclos rápidos de fracasso e recuperação. Aceite bem a ideia de que os erros fazem parte do processo de inovação . Falhar rapidamente é fundamental para chegar a uma solução de projeto. É por isso que são necessários protótipos. Aprendizagem iterativa exige que haja passos que conduzam a uma solução desejada. As melhorias feitas em cada iteração devem ser rápidas porque outros podem estar a trabalhar para explorar a mesma oportunidade. É mais importante a rapidez com que se avança do que a rapidez com que se chega, porque o destino está sempre à nossa frente e a mudar.

62. ***Compensação de fraquezas:*** Quando lhe pedem para fazer algo, sente-se à vontade para dizer: "Não sou bom nisso e precisaria de algum apoio adicional se me fosse atribuída essa responsabilidade." Por vezes, aceitamos responsabilidades que podemos não ser capazes de executar bem. Estamos a preparar-nos para uma luta e, potencialmente, para o fracasso. Os gestores devem ser abertos em relação àquilo em que não são bons, para que outros recursos possam ser disponibilizados para ajudar a garantir o sucesso. Se o seu ego o impedir de pedir ajuda, ficará desiludido consigo próprio quando falhar.

63. ***Aprender melhor:*** Nunca saberá tudo o que precisa de saber. A educação nunca está completa. Não deixem que o vosso ego vos impeça, ou a qualquer outra pessoa de quem dependam, de aprender . Saiba como aprender melhor do que aqueles que estão a competir consigo. Os melhores alunos têm as melhores oportunidades para atingir os seus objectivos. As pessoas inteligentes estão abertas a receber feedback sobre as suas ideias. O feedback ajuda-as a ter um melhor desempenho porque melhoram constantemente as suas perspectivas numa realidade que não é estática.

64. ***Sucesso na conceção:*** As fraquezas pessoais podem ser um obstáculo desnecessário ao progresso. As fraquezas são típicas e fazem parte da nossa atividade de conceção. As limitações não devem ser vistas de forma negativa. Em vez disso, devemos conceber as nossas soluções em função delas. Pode haver várias maneiras de atingir os nossos objectivos. Escolha a forma que não permita que as suas fraquezas controlem o resultado. Nalguns casos, as fraquezas tornam-se uma força. A incapacidade de analisar uma folha de cálculo pode resultar num ponto forte para estabelecer contactos com pessoas que se tornam clientes fiéis.

65. ***Realização Aparência:*** A sua aparência pode não estar de acordo com as especificações de beleza do seu sistema social . Alcançar a beleza é uma corrida sem fim e não tem importância porque a beleza está continuamente a ser redesenhada. O que é mais importante são as suas realizações. Conhecemos pessoas que são consideradas pouco atractivas e que alcançaram feitos extraordinários. Não são conhecidas pela sua aparência, mas sim pelos seus feitos. A aparência não deve ser um obstáculo ou um entrave à realização.

66. ***Retrospectivas pessoais:*** O tempo para as retrospectivas pessoais é fundamental. Podemos considerar esta pausa na ação como uma perda de tempo; no entanto, a autorreflexão acelera a nossa evolução. Podemos fazer melhor. Não fazemos melhor porque não pensamos nas nossas acções e depois determinamos o que deve mudar. O benefício do passo evolutivo em frente ultrapassa de longe o impacto de uma pausa rápida. Consequentemente, as retrospectivas pessoais ajudam-nos a dar sentido às nossas circunstâncias, a evoluir os nossos níveis de desempenho e a acelerar a realização dos nossos objectivos.

67. ***Fracasso Transparência*** : Sentimo-nos envergonhados quando falhamos. A melhor maneira de recuperar dos nossos erros é expô-los abertamente para que possam ser analisados. A abertura como comportamento não deve ser inibida pelo ego ou pela vergonha, e a reação dos outros deve ser construtiva. Exclua as sugestões dos escarnecedores que não estão a tentar ajudá-lo. A transparência em relação aos fracassos deve ser uma rotina, porque esconder os fracassos não é uma opção para uma melhoria rápida. Habitue-se a sentir-se desconfortável com a transparência dos fracassos.

68. ***Excelência de desempenho:*** O desempenho excelente é o objetivo de qualquer gestor numa organização de sucesso. Para aumentar a maturidade, será necessário um entendimento coletivo da excelência. Uma vez que exista consenso sobre o que é a excelência, é necessário que haja um entendimento coletivo sobre a forma como procurará atingir a excelência na sua área de influência. Cada área de responsabilidade terá um plano único para atingir o estado previsto de desempenho excelente.

69. ***Direito a fazer perguntas:*** Certifique-se de que permite que todos façam uma pergunta se tiverem uma. As perguntas são um direito de todos no âmbito de uma atividade. Algumas partes interessadas serão tímidas e precisam que lhes seja perguntado se têm perguntas sem serem intimidadas. Todos têm o direito de fazer perguntas e o debate só termina quando todos disserem que não têm nenhuma. Todas as perguntas são válidas. As perguntas dos participantes não serão aceites se estes as considerarem inválidas ou indesejáveis. Não perca o benefício de ter boas perguntas.

70. ***Mente aberta:*** A oportunidade de aprender e compreender é significativa quando se está rodeado de pessoas que sabem mais do que nós. As pessoas de mente aberta gostam de estar com pessoas que sabem mais do que elas. A oportunidade deve ser apreciada, não evitada. Um perito na matéria tem um conhecimento significativo sobre um tópico; no entanto, de uma perspetiva de aprendizagem , é melhor ter uma mente aberta do que ser um perito num conjunto de conhecimentos que se pensa ser fundamental mas que, na realidade, está a extinguir-se. Saiba tanto quanto for necessário.

71. ***Conceção dos participantes:*** Os interesses variados representados pelos participantes num debate são fundamentais. A mistura deve ser diversificada e relevante para o conteúdo que está a ser discutido. O evento será

mais eficaz se garantir que as pessoas mais adequadas estão envolvidas num debate. Se os participantes relevantes estiverem ausentes, a possibilidade de criação de valor diminuirá. Deve ter-se o cuidado de não realizar o debate sem que as pessoas certas se comprometam a estar presentes.

72. ***Alavancar a realização:*** No âmbito de uma iniciativa, determine quem é credível e tem opinião e quem não tem. Certifique-se de que envolve as pessoas que não são credíveis e com opinião formada, para que saiba o que estão a planear e a fazer. Se não forem monitorizadas, podem fazer descarrilar uma boa iniciativa. Devem ser controladas sem retirar a energia positiva dos primeiros utilizadores. Não se deve permitir que distraiam ou dividam as partes interessadas da iniciativa com um envolvimento negativo . Não se pode permitir que drenem a energia da iniciativa ou prejudiquem o moral .

73. ***Conflito necessário:*** As frustrações acumuladas precisam de ser resolvidas. As diferenças de opinião que não são geridas causam stress, cansaço e frustração. As tensões não resolvidas tendem a acumular-se até atingirem um limiar em que a raiva se impõe. São então tomadas medidas que podem ser lamentáveis. Evite este risco através de conflitos atempados e controlados, que irão diminuir as tensões, promovendo relações mais longas e mais fortes. Os conflitos são necessários para a manutenção de boas relações.

74. ***Perspectivas discordantes:*** As pessoas ponderadas são credíveis porque não são tendenciosas e podem fazer inferências exactas a partir dos dados. No entanto, quando duas pessoas ponderadas discordam, existe um potencial de aprendizagem significativo. A diferença entre as duas opiniões é relevante e interessante. Uma está mais próxima da verdade do que a outra, ou as suas perspectivas são situacionais e têm contextos diferentes. Dê-lhes a oportunidade de discutir as suas diferenças. Na discussão, terá a oportunidade de conhecer perspectivas bem pensadas e aprender com cada uma delas.

75. ***Alinhamento de interesses:*** Quando todos têm interesses semelhantes e se movem numa direção singular e apropriada, existe alinhamento. Os gestores devem fazer investimentos significativos em esforços que criem alinhamento. O poder de uma organização alinhada pode ser imparável porque o consenso contínuo é difícil de alcançar. O alinhamento precisa do seu tempo e do seu esforço . Não espere que seja fácil; no entanto, é poderoso quando a energia de um grupo está concentrada numa única direção.

76. ***Grandes perguntas:*** Se o objetivo é aprender , ter uma boa pergunta é melhor para a aprendizagem do que ter boas respostas. As perguntas são para aprender e as respostas são para ensinar. Compreenda a diferença e qual é a intenção das suas acções. Se a sua intenção é aprender, assegure-se de que as suas perguntas são tão boas quanto possível. O que recebe como resposta terá uma qualidade muito superior quando as suas perguntas são excelentes e a sua escuta é ativa. A escuta ativa não consiste apenas em obter uma resposta, mas em compreendê-la completamente dentro de um contexto.

77. ***Dor com objetivo:*** A dor tem um objetivo. Quando caímos, podemos ter uma lesão dolorosa. Tentamos evitar as mesmas condições que resultaram na lesão. Aqueles que são teimosos podem sentir dor devido às mesmas circunstâncias repetidamente. A força do seu conhecimento cresce mais lentamente porque não aprendem rapidamente. A dor é necessária para a aquisição de força e agilidade. A pessoa mais forte pode ter experimentado mais dor através de fracassos ou desperdício de energia.

78. ***Conceção colectiva:*** Se for a única pessoa a conceber uma solução, esta será menos robusta do que poderia ter sido, a menos que seja a única pessoa a utilizar ou a ser afetada pela conceção. Quando as soluções se destinam a ser utilizadas por outras pessoas, estas devem ser representadas na conceção. Quais são as suas necessidades? Como estão a ser satisfeitas na conceção? Se os representantes das necessidades não estiverem envolvidos, ficarão desiludidos com as caraterísticas da conceção.

79. ***Destinos divergentes:*** Certifique-se de que você e as pessoas que estão consigo na viagem têm os mesmos resultados. Se os resultados desejados forem diferentes, não espere que todos estejam de acordo com o processo ou com o caminho a seguir. Pergunte-lhes qual a sua visão do destino e veja se é semelhante à sua. Na medida em que não reflecte a sua, espere divergências na direção que cada participante está a tomar. Eles podem estar no mesmo autocarro que você agora, mas na próxima paragem, desembarcarão e entrarão num autocarro diferente. A suposição de que se dirigem para o mesmo local torna-se incorrecta.

80. ***Ajuda inteligente:*** Se é a pessoa mais inteligente da sala, está a prestar um mau serviço a si próprio. Rodeie-se de pessoas brilhantes e peça-lhes que lhe digam onde está errado. Elas ajudá-lo-ão a ter um melhor desempenho e

dar-lhe-ão uma melhor compreensão da situação com que está a lidar. O excesso de confiança pode fazer com que o seu ego assuma o controlo. Pessoas mais competentes podem ajudá-lo a saber mais sobre o que não sabe. A realidade é algo com que se deve lutar constantemente para a compreender.

81. ***Avaliação da aptidão:*** Compreender rapidamente se alguém se adequa à sua função. Deixar a pessoa assumir a função se ela não for adequada é um mau julgamento. Deixá-la no cargo é um abuso. Remova-os para que possam estar numa situação em que a sua adequação os torne bem sucedidos. Não permita que uma má adaptação se transforme em fracasso. Uma pessoa que não consegue utilizar os seus dons num ambiente de trabalho tem maiores probabilidades de falhar.

82. ***Pense melhor***: Reserve um tempo no seu horário para não ser incomodado enquanto estiver a pensar. Diga às pessoas que lhe prestam contas que não pode ser incomodado durante esse tempo. Uma retrospetiva pessoal pode incluir reflexão, recalibração, criatividade, planeamento estratégico e outras actividades que o ajudem a recarregar, criar e concentrar-se. Pode parecer uma perda de tempo; no entanto, o retorno do investimento será bom se a retrospetiva for bem executada. Se a energia for desviada na direção errada, isso é um desperdício. Se for canalizada na direção certa, acelerará os seus gestores no sentido de atingirem os seus objectivos, porque eles seguirão a sua orientação clara e a sua energia concentrada.

83. ***Energia estratégica***: As sessões de estratégia são um bom uso da energia se o que é produzido na sessão vale o tempo gasto. Por vezes, gasta-se muito tempo e as pessoas sentem-se bem por se terem reunido (especialmente os extrovertidos). Ainda assim, os resultados para a energia gasta são extremamente baixos. O tempo foi gasto a perseguir os temas de estimação dos executivos. Quando se olha para trás, a informação poderia ter sido partilhada num e-mail e as conclusões teriam sido óbvias. Em primeiro lugar, responda porque é que precisa que a reunião seja concebida como está. Pode poupar tempo e energia se garantir que apenas este formato pode produzir os resultados desejados. Certifique-se de que a estratégia tem significado, ressoa e é convincente. Decidir dar o melhor de todos os envolvidos.

84. ***Pensamento prospetivo:*** Fazer sugestões sobre o que vai acontecer no futuro . Os prognósticos podem ser designados por "feedforward", uma vez

que são preditivos. O oposto é "feedback", que é reativo. Seja um futurista interno, olhando sempre em frente e preparando-se para os desafios emergentes. Pode não estar sempre correto; no entanto, o benefício de estar certo, por vezes, pode ser significativo e ultrapassar os erros. Os seus preparativos podem ser reorientados ou suspensos temporariamente. Se conseguir ver o que está para vir e antecipar-se, as pessoas darão mais ouvidos às suas sugestões. Lembre-se que o futuro é tanto a próxima semana como o próximo ano.

85. ***Equipa vermelha:*** Utilizar uma "Equipa Vermelha" técnica dedicada para realizar projectos "Skunk Works". O que é isto? Para estar à frente da concorrência é necessário que a inovação seja direcionada e crie valor rapidamente. As pessoas mais experientes e brilhantes precisam de se envolver em projectos inovadores para dar saltos evolutivos. Um esforço criativo pode estar relacionado com um produto, um processo ou ser orientado para um sistema. Um gestor visionário deve ser capaz de dar a esta equipa inovadora alguns objectivos estratégicos de desenvolvimento, e a equipa deve ser capaz de produzir um protótipo para avaliação e feedback. O feedback construtivo deve resultar num protótipo ou produto mínimo viável (MVP) que funcione e possa ser testado. Se o MVP for demasiado pobre em funcionalidades, o teste pode ser prematuro. No momento certo, o feedback dos testes amadurecerá o produto ou processo para que possa ser rentabilizado de forma mais eficaz. A taxa de esforço é relativa, mas à medida que um processo se torna cada vez mais fácil de utilizar, podem ser acrescentadas funcionalidades para aumentar o valor da ferramenta. A ferramenta deve equilibrar o âmbito e a simplicidade para ser viável. Os membros da Equipa Vermelha são os funcionários com as melhores competências nas áreas necessárias. Devem saber quais são os requisitos mínimos necessários para poderem representar adequadamente a comunidade de utilizadores.

86. ***Falta de*** cultura: O que é que falta à cultura para ter êxito neste mercado? O cenário competitivo e o ambiente empresarial estão em constante mudança. Para que uma organização seja o que os seus clientes precisam, deve ter uma cultura relevante para as exigências actuais. A cultura deve aplicar-se ao presente e trabalhar ativamente nos elementos corretos para estar à frente no

futuro . A eliminação do fosso que separa a organização do que precisa de ser pode ser uma base para a evolução organizacional contínua.

87. ***Unidade isolada***: Certifique-se de que os locais afastados da sede não se tornam demasiado independentes. Poderão seguir uma direção pouco saudável, reduzir os preços da empresa, tornar-se resistentes às direcções da empresa e não aderir à política de toda a empresa. Quando um cliente visita qualquer local, deve haver uma semelhança que o faça sentir que a empresa é uma só marca. Uma promessa feita em qualquer parte da empresa será cumprida. Os padrões de desempenho em qualquer instalação são igualmente excelentes. A confiança no serviço e na capacidade deve ser semelhante e alargada a todos os locais para satisfazer as necessidades dos clientes, independentemente da parte da empresa com que estão a trabalhar.

88. ***Visão de futuro:*** Ter uma visão para a qual os gestores de operações possam trabalhar. Uma visão do futuro pode ser captada como uma meta ou um objetivo. Talvez já tenha ouvido o ditado: "Comece com o fim em mente". Se lhe perguntassem, as pessoas em posições de gestão à sua volta poderiam dizer-lhe quais os objectivos para os quais estão a trabalhar? Poderiam dar informações precisas sobre a conclusão do roteiro que culmina com a realização do objetivo? Imagine o que poderia acontecer à execução de planos estratégicos articulados, claros e inspiradores se os objectivos fossem conhecidos e as etapas para os atingir fossem cumpridas atempadamente. Um gestor de operações com visão de futuro pode traçar um quadro do que será o futuro da operação. Uma visão do futuro pode ou não ser convincente, dependendo da aptidão dos colaboradores. Pode ser muito motivadora para aqueles que querem fazer avançar a organização. Explique como poderá ser o futuro da função e veja quais os colaboradores que gostam da ideia. Estas são as pessoas a envolver que o levarão até lá.

89. ***Contexto ambiental***: Um gestor deve ser capaz de compreender o contexto do ambiente em que está a trabalhar. Um gestor que não compreenda o contexto pode não ser levado a sério. O contexto do ambiente pode incluir as seguintes áreas que precisam de ser bem compreendidas: a história da empresa até agora, o funcionamento interno da empresa (relações entre funcionários), o funcionamento externo da empresa (relações com contactos críticos com clientes) e uma compreensão das expectativas de todas as partes interessadas .

Sem compreender estes e outros contextos, o gestor terá dificuldade em aproveitar e desenvolver este conhecimento de base para que a empresa possa avançar para um lugar melhor.

90. ***O porquê***: Certifique-se de que as pessoas com quem trabalha e que influencia compreendem o "porquê" por detrás do "o quê" e do "como". Muitas vezes, saltamos prematuramente para o "quê" ou para o "como" e depois perguntamo-nos porque é que não há energia suficiente para completar a lista de tarefas. Parte da razão para isso é que os participantes não entendem por que as tarefas são o que são. Uma sequência de tarefas sem lógica não despertará a energia daqueles que têm de as executar. A atribuição de tarefas é diferente da energia inspiradora que advém do facto de os participantes saberem e compreenderem por que razão as tarefas são o que são. Melhor ainda, ajudar os participantes a compreender o "porquê" e depois dar-lhes a oportunidade de ajudar a decidir o "como". Neste caso, a inspiração é associada à adesão para obter melhores resultados.

91. ***Inspiração ressonante***: Ajudar os participantes numa iniciativa a estabelecerem uma ligação com algo maior do que eles próprios, de modo a que se sintam motivados para atingir os objectivos que lhes são propostos. Podem ser estabelecidas outras ligações quando os objectivos estão relacionados com o melhoramento pessoal e o trabalho tem significado. "Se conseguirmos atingir este objetivo, terá mais competências na sua área de interesse do que antes e ajudará a nossa comunidade a ...." A aprendizagem é fundamental para o progresso, pelo que o auto-aperfeiçoamento é intrínseco à realização. O auto-aperfeiçoamento é reforçado quando a iniciativa tem ressonância para o participante. O grau de ressonância da iniciativa está relacionado com a forma como as tarefas são enquadradas e com o que realizam. Se o participante não acreditar que as tarefas conduzirão ao seu auto-aperfeiçoamento com base no enquadramento da atividade ("As tarefas desta iniciativa não me interessam."), ficará menos motivado. Os participantes rejeitarão qualquer enquadramento das tarefas ou iniciativas que não lhes agrade. Se houver uma lacuna a ser preenchida, então o enquadramento do participante deve ser entendido, e o reenquadramento pode ser necessário para restabelecer a ressonância. "Agora que vejo que isto vai ajudar a comunidade de utilizadores finais, sei que posso fazer a diferença cumprindo as minhas tarefas."

92. ***Factores ocultos***: As "coisas" podem não ser vistas ou ser ignoradas. Por exemplo, a redução do moral pode passar despercebida até que os números do volume de negócios chamem a atenção. Nessa altura, é demasiado tarde e a dinâmica favorece a queda do moral dos que tencionam sair. Estar à frente de factores como este é fundamental para uma dinâmica positiva, encorajando a lealdade e experimentando referências de talento durante o crescimento. Um gestor deve ter sempre em consideração os factores ocultos e a forma como podem ser afectados proactivamente antes de se tornarem influentes. Uma postura preditiva reduzirá o caos que vem da alternativa.

93. ***Brainstorming incompleto***: Algumas pessoas juntam-se, conversam e chegam a uma "boa ideia". O problema é que a ideia é superficial e incompleta. Aspectos críticos do conceito são omitidos e a solução fácil torna-se numa oportunidade complexa de fracasso. As sessões de brainstorming devem concentrar-se nas variáveis críticas e não omiti-las por conveniência. Uma solução rápida pode destruir a carreira da vítima. Se foi eleito para executar uma tarefa que é o produto de uma "atividade de brainstorming", não se esqueça de fazer perguntas sobre as variáveis críticas. Se não houver soluções disponíveis para essas variáveis, considere se vale a pena aceitar a tarefa. Se houver uma forma de ser bem sucedido apesar do brainstorming superficial, pode aceitá-la.

94. ***Perguntas curiosas***: Fazer perguntas com sentido. Talvez já saiba a resposta, mas é bom conhecer os factos por detrás dos factos. Também é bom que outros avaliem a resposta que considera correta. Aprofunde-se. Compare as suas percepções com as dos outros para ver se a sua intuição é correta ou se precisa de ser ajustada. As perguntas podem ser utilizadas para levar as pessoas a pensar numa direção. Ao iluminar o caminho, as pessoas envolvidas podem dar os passos corretos. As perguntas são excelentes ferramentas para criar mentalidades, orientar as pessoas e criar alinhamento, especialmente quando chegam à resposta correta, especialmente se essa for a conclusão desejada.

95. ***Execução da visão***: Uma coisa é ter uma visão e outra é ser capaz de a executar . Uma coisa sem a outra não tem sentido. Certifique-se de que os outros sabem para onde está a ir e ajude-os na sua viagem até lá. Poderá ter de assumir o controlo da reunião. Depois, reúna-se com eles para que compreendam o que está a fazer. A sequência de passos será necessária para mudar a mentalidade de tolerar uma discussão sem valor para catalisar

mentalidades em evolução. Faça com que as partes interessadas se interessem pelo destino, mas assegure-se de que sabem qual é o próximo passo nessa direção. Cada marco é importante e nenhum deles é fácil de alcançar. Ter sorte não é adequado porque as probabilidades podem não estar a seu favor. Nem "Tivemos um mês mais fácil desta vez". Não se trata de uma medição relativa. Atingimos ou não os nossos objectivos? O processo deve estar a melhorar, um passo de cada vez. O progresso deve ser previsível, e não há lugar para desculpas ou culpas. Gerir os obstáculos e ultrapassá-los com menos esforço de cada vez, porque a sua capacidade de resolução de problemas está a melhorar. Ser o melhor não é fácil, mas é gratificante.

96. ***Erro de ótica***: Cuidado com a ótica. Quando alguém olha para os números e estes parecem maus, é possível que nada possa ser feito para os tornar melhores ou podem ser melhores do que teriam sido, mas continuam a parecer maus. Se reconhecer uma má perspetiva, esteja preparado com respostas que forneçam uma posição defensável; isto pode ser útil. Alguém que veja os números pode levá-los ao chefe e dar o alarme. Ou o chefe pode vê-los de outra forma. De qualquer forma, serão necessárias respostas. Esteja preparado para a mensagem de correio eletrónico ou para o telefonema, porque está a chegar. Diga qual é o problema e, em seguida, diga o que está a fazer para o resolver. Pergunte-lhes se têm uma ideia melhor. Aceite as suas reacções e concretize-as. Lembre-se de que os números podem ser bons, mesmo que, opticamente, pareçam maus.

97. ***Difundir a mudança***: Anuncie que vai fazer algo significativo para iniciar a conversa sobre uma mudança. Divulgue-a amplamente para que muitas pessoas a conheçam. As pessoas começarão a discutir o assunto entre si. Surgirão perguntas relevantes e que precisam de ser respondidas. A interação é útil porque agora existe um diálogo relevante e as questões estão a tornar-se conhecidas. As pessoas começarão a adotar a ideia quanto mais pensarem nela. Em breve, estarão à espera que isso aconteça. Ficariam desiludidas se isso não acontecesse. Acabou de lidar com uma quantidade significativa de resistência que, de outra forma, teria sido assustadora.

98. ***Contratação futura***: Contrate pessoas para aquilo de que a organização irá necessitar daqui a três anos (sinta-se à vontade para utilizar um número diferente). Determinar o destino e recrutar para os comportamentos,

atributos e conjunto de competências aplicáveis. Combine as competências com o ambiente previsto. Quanto mais o futuro for compreendido, maiores serão as hipóteses de se conseguir uma correspondência. Contratar por comportamentos, uma vez que estes são menos ensináveis. As competências são ensináveis. Que competências e comportamentos serão necessários em breve? Comece já a criar talentos para o futuro. Se esta perspetiva for implementada, mantenha-a em movimento para que os empregados se mantenham relevantes.

99. ***Incubadora de gestores***: Como gestor de operações, deve ser capaz de incubar vagas de gestores influentes. Os melhores gestores selecionam e formam outros gestores. Os protegidos devem ser predominantes e promovidos para que a força do banco esteja continuamente disponível. É preferível ter um conjunto de gestores para escolher do que ter uma escassez e selecionar alguém com maior probabilidade de falhar. Um mau gestor contratará maus gestores. Dedique energia para garantir que o gestor modelo é o que precisa de ser. Conheça os pormenores sobre o que é isto.

100. ***Espaço de oportunidades***: Procurar sempre oportunidades. Dentro de um âmbito de restrições, existe um espaço para oportunidades, dependendo da situação. Saber quais são e planear um "passo" para aproveitar essa oportunidade. Ser capaz de excluir as oportunidades que se transformarão em perdas. Em alguns casos, uma oportunidade pode ser uma perda que deve ser evitada. Uma perda pode transformar-se numa oportunidade mais tarde. Compreender qual será a oportunidade total. Utilizar a informação do "quadro geral" para avaliar os benefícios da concretização da oportunidade total.

101. ***Catalisar a ressonância***: Faça com que as pessoas que lidera acreditem no futuro que está a implementar. Certifique-se de que as pessoas o compreendem e de que faz sentido para elas. Deve parecer lógico e razoável. Têm de sentir que o destino é suficientemente desejável para fazerem mudanças e sacrifícios pessoais significativos. A recompensa deve ser óbvia. Devem também estar dispostas a fazer a viagem consigo e a tentar chegar mais cedo.

102. ***Previsão do moral***: Compreender o que acontecerá ao moral se for tomada uma ação ou decisão. A previsibilidade da reação pode ajudar o gestor a mudar de rumo, a agir de forma diferente, a adiar a ação ou a cancelá-la. Se o impacto for positivo, o gestor pode tentar determinar o que deve acontecer para acelerar a mudança. Uma redução do sofrimento pode ser

atractiva para alguns e melhorar o moral. A sua intuição é fundamental para antecipar ou evitar uma cena destrutiva. Se a sua ação se destina a aumentar a produtividade mas sai pela culatra, e as pessoas mais produtivas se desligam ou vão embora, toda a atividade não valeu a pena.

103. ***Gestão fraca***: A fraqueza é provocadora. As pessoas traçam o seu rumo ou tentam assumir o controlo quando o vêem. Antecipe-se a isso sendo agressivo e virado para o futuro. Avance ardentemente para que todos possam beneficiar em conjunto. Se houver confusão sobre a sua responsabilidade ou autoridade, isso conduzirá a uma destruição mútua assegurada porque todos serão afectados.

104. ***Previsão da cultura***: Sabe onde está atualmente a sua cultura e para onde vai? A sua cultura é o principal fator de desempenho. Avaliar a situação atual é fundamental para compreender a diferença entre o presente e o futuro ambicionado . A imagem da cultura futura deve ser estabelecida, mesmo que venha a ser modificada e ajustada. É preciso ir para um lugar que seja significativo para a organização. Prever o que a cultura precisa de ser e fazê-la evoluir rapidamente nessa direção.

105. ***Clima de crescimento***: Fazer com que todos se entusiasmem com o crescimento. O crescimento significa mudanças e a adoção de novos fluxos de trabalho, produtos ou serviços. Novas pessoas entrarão em cena com novas competências e as relações mudarão. A novidade pode ser desconfortável. Lembre-se que o gestor é o principal impulsionador do clima na organização. As pessoas seguirão o exemplo do gestor, incluindo as normas e os valores exibidos.

106. ***Promoção do equilíbrio***: Seja a pessoa que ajuda os empregados a readquirirem o seu equilíbrio continuamente à medida que as coisas mudam. Uma pessoa equilibrada terá um melhor desempenho do que uma pessoa frustrada. É natural que nos desequilibremos. Temos de saber intencionalmente o que aconteceu e, em seguida, tomar medidas deliberadas para restabelecer o equilíbrio. Uma acumulação de desequilíbrios pode transformar-se numa crise caótica.

107. ***Liderança distribuída***: Certifique-se de que a gestão necessária está adequadamente distribuída para aumentar a e a colaboração. Quando a gestão é centralizada, pode ficar bloqueada porque uma pessoa toma todas as decisões. Um cenário semelhante seria o de uma equipa de basquetebol em que

uma pessoa tem de ter sempre a bola. Se a gestão for descentralizada e os direitos de decisão forem conhecidos, a velocidade da tomada de decisões é optimizada. Os gestores num modelo federado podem também transferir os direitos de decisão para os seus subordinados, aumentando ainda mais a velocidade e a precisão das decisões.

108. ***Gestores progressistas***: Os diretores devem passar pelo menos 25% do seu tempo a fazer avançar o seu departamento. Podem utilizar o resto do tempo para executar as tarefas de rotina que fazem parte do seu trabalho. Sem o tempo gasto a avançar, a organização não mudará, ficará estagnada e ficará para trás. Não fazer nada é ficar para trás porque o ambiente está sempre a mudar. Os gestores devem encarar o progresso como uma prioridade. Além disso, o progresso por si só não é a resposta, pois deve ocorrer a um ritmo adequado, tendo em conta o ambiente competitivo .

109. ***Inquéritos estratégicos:*** Utilize inquéritos para compreender o que as pessoas pensam sobre um determinado assunto. Faça perguntas significativas e apenas as necessárias para efetuar a análise. Inclua perguntas sobre o que poderia ser o caso para confirmar se algo é verdade. Esperar que os resultados dos inquéritos sejam surpreendentes, em vez de provarem o que já se sabe. O inquérito não deve demorar mais de cinco minutos a preencher. As perguntas devem ser simples e precisas. Os resultados do inquérito devem ser analisados para determinar as inferências que podem ser retiradas dos resultados. Um inquérito é uma perda de tempo se não forem tomadas medidas em resposta aos resultados. Enumere as acções a tomar antes de repetir o inquérito, se desejado, para compreender o impacto das acções tomadas.

110. ***Reactiva crónica***: Uma cultura reactiva é o inimigo porque esta organização depende de heróis mas só tem sucesso se os heróis vencerem. Os heróis podem ficar cansados, desinteressar-se, não aparecer a horas ou demitir-se. O que é que acontece então? Podem não querer continuar a ser heróis, por isso vão-se embora. Os heróis mantêm a empresa refém e conseguem o que querem, mesmo que sejam incompetentes. Quebre o ciclo de estar continuamente numa posição em que está a reagir a crises. Uma postura reactiva é uma doença que requer tratamento. É preciso haver um equilíbrio entre o proactivo e o reativo. Quando cada ação é reactiva, os problemas são tratados individualmente. Quando se é proactivo, é possível lidar com uma classe

ou categoria de problemas e evitar que muitos deles voltem a acontecer ou mesmo que aconteçam pela primeira vez. Avalie as vulnerabilidades e não as queixas. A eliminação das vulnerabilidades eliminará as queixas dos clientes internos e externos. A pessoa que beneficia da melhoria pode dizer: "Porque é que não fizemos isto há três meses?"

Estar preparado

É importante colocar a sua organização numa posição pronta para enfrentar um desafio (Heifetz & Linsky, 2017). Quando uma oportunidade se apresenta, uma organização preparada para capturar a receita adicional e crescer cria uma vantagem competitiva e boa sorte . O esforço incremental não stressa esta organização (McGrath, 2013). Os gestores de talento asseguraram que a organização está pronta para se expandir antes de o ter de fazer. Os resultados são tipicamente muito positivos, porque os funcionários têm oportunidades de crescer e experimentar tarefas maiores. A responsabilidade é atribuída àqueles que conseguem alcançar a prontidão para mudanças positivas (Madsen, John, & Miller, 2006).

Já ouvimos falar ou vimos casos em que as operações não estavam preparadas para um afluxo de trabalho, talvez devido a um novo sistema ERP, a um novo contrato ou à integração de uma aquisição. Há muitas razões para um aumento da procura. A questão é: "Até que ponto é que a operação está preparada para um aumento da procura?" Se uma explosão de 10% do volume provocar o colapso da operação, este facto deve ser compreendido antes de ocorrer e não depois. A capacidade de reserva deve ser limitada, mas disponível. Se estiver previsto um aumento significativo da procura, este deve ser planeado para evitar um colapso (Walker & Salt, 2012). As operações são normalmente flexíveis em função das variações da procura. O grau de flexibilidade é fundamental para captar trabalho e reduzir os custos de transporte do amortecedor (Rocky Newman, Hanna, & Jo Maffei, 1993). A secção que se segue inclui princípios relacionados com a capacidade de uma operação para flexibilizar a utilização de talentos com base na variação da procura.

Os talentos devem estar preparados para os desafios que se avizinham. Estas oportunidades estão mesmo ao virar da esquina. Quando chega o momento certo para aproveitar as oportunidades, o talento deve ser capaz de as executar. Com a prontidão vem a capacidade de assumir novos projectos ou mais trabalho sem tanto esforço. A resistência já foi enfrentada quando a prontidão é alcançada. Uma oportunidade terá uma janela durante a qual o seu talento deve alcançar resultados específicos, tal como descritos pelos clientes. O fornecedor que responder rapidamente com soluções sólidas e económicas terá provavelmente prioridade nas receitas. A prontidão não é apenas um estado de espírito. Aplica-se, por exemplo, à robustez do fluxo de trabalho e à capacidade da infraestrutura. A prontidão engloba várias capacidades, incluindo a gestão e uma estrutura ética implementada. Provavelmente, está preparado se se puder confiar em si para alcançar os resultados do cliente.

Figura18 . A preparação conduz ao sucesso se for organizada, adequada e atempada.

Eis algumas tácticas, sem qualquer ordem específica, que um líder de talentos pode utilizar para criar a serendipidade, estando preparado:

111. ***Gostar dos favoritos:*** Por vezes, o chefe não quer alguém que não goste da sua pessoa favorita. Quando o chefe se refere a essa pessoa como o modelo, isso soa mal para si e para outras pessoas próximas da situação. Toda a gente sabe que essa pessoa não é boa, mas o chefe não desiste. A pessoa que está a ser elogiada aceita o elogio, mas está isolada. São só eles e o chefe. Porquê? O crédito gratuito é atrativo para todos. Uma situação destas não acaba bem. Se o favorito sair (e infelizmente continuar a ser chamado de modelo),

todos respiram de alívio. Agora, podemos seguir em frente, mas eles são comparados com a versão idealizada do favorito, sem defeitos. "Porque é que vocês não podem ser todos como o Bob?" "Não teríamos estes problemas se a Sue estivesse a gerir isto." Sim, é nauseante. Esperem. Se ainda não o fez, o Bob vai-se embora a qualquer momento, ou talvez tu vás.

112. ***Colaboração na descrição:*** Se todos os gestores de uma cadeia de abastecimento quiserem que uma posição seja preenchida porque seria valiosa para eles (por exemplo, Operador de CQ), peça-lhes que forneçam os elementos da descrição do cargo. Peça-lhes também que contribuam com candidatos que possam satisfazer as expectativas de todas as partes interessadas que solicitam o talento. Todos devem compreender todas as descrições de funções. Qualquer talento que possa cumprir as funções num contexto centralizado pode ser capaz de ajudar. De qualquer forma, o candidato deve concordar em realizar o trabalho com base no conteúdo da descrição do trabalho

113. ***Novos papéis:*** As tarefas de um plano são tão importantes para os participantes quanto quem está envolvido e se eles concordam com os valores daqueles que assumem novas funções. Não se esqueça de explicar aos participantes porque é que cada membro da equipa está lá. "O que é que o Bob traz para a mesa? Não percebo porque é que ele está na equipa." Os participantes devem ter as competências necessárias para que a equipa seja bem sucedida. Além disso, devem também abraçar os valores partilhados da organização e ser capazes de os partilhar com convicção. Consequentemente, a cultura é relevante para alinhar os valores dentro da equipa. Se os valores não estiverem alinhados, haverá problemas com a concentração de energia e o tempo necessário para realizar as tarefas relacionadas será alargado.

114. ***Avaliação ambiental:*** Uma avaliação ambiental pode ser utilizada como um primeiro passo para o planeamento da expansão. A avaliação pode analisar o grau de preparação antes da expansão. O plano pode incluir a disponibilidade de recursos de formação, um sistema redundante para funcionar em paralelo com um novo sistema, a extensão das melhores práticas às empresas que serão abrangidas, o aumento da capacidade relacionado com uma alteração na procura e muitos outros factores. A expansão para novas localizações pode exigir a compreensão dos aspectos legais, laborais, de fornecedores e outros aspectos locais relacionados com o apoio de recursos

nessa localização. A expansão também deve considerar as acções de colaboração entre as localizações existentes e as novas. A conceção organizacional deve ser adequada, com ligações entre locais onde o apoio pode ser solicitado.

115. ***Mentalidade de medição:*** Contrate pessoas que compreendam o significado e a importância dos objectivos mensuráveis. Um objetivo qualitativo é subjetivo. Um objetivo quantitativo é conclusivo. A definição de "feito" é mais fiável se houver medições envolvidas. As medições têm de ser fiáveis. Deve ser criado um consenso em torno da definição, do âmbito e da fórmula utilizada para a medição. Se uma medição evoluir em relação a estes termos, então os objectivos também devem ser modificados para se ligarem à nova versão da medição. Os talentos com uma mentalidade de medição compreenderão o valor das medições e serão úteis quando estas forem utilizadas e revistas.

116. ***Atributos Elementares:*** As sinergias do fluxo de trabalho são melhor compreendidas quando divididas em unidades elementares baseadas em funções e depois acopladas a funções com atributos semelhantes. Um diagrama de fluxo de trabalho pode ser utilizado para ilustrar actividades comuns que estão presentes noutros fluxos de trabalho. As tarefas comuns podem não ser vistas se o fluxo de trabalho não for descrito pelas suas unidades elementares. As oportunidades de partilha de recursos, métodos e ferramentas podem ser determinadas quando a comparação é activada. As oportunidades de partilha podem ocorrer com custos reduzidos e benefícios significativos.

117. ***Retenção de capacidade:*** A capacidade precisa de ser preservada através da retenção de talentos e infra-estruturas para criar uma reserva positiva antes da execução da escala. Será necessária uma reserva para capacidades redundantes enquanto as expansões estão a ser executadas. Alguma capacidade pode ser colocada offline devido a formação ou testes, para que possam ser efectuadas alterações na infraestrutura. Poderão ser necessárias capacidades adicionais devido à necessidade de formação e de reforço das capacidades existentes. Os desafios com a infraestrutura serão predominantes e a resolução de problemas consumirá recursos. A reserva deve estar disponível antes das actividades de escalonamento para evitar uma limitação de capacidade e as penalizações daí resultantes.

118. ***Métodos de capacidade:*** A gestão da capacidade inclui a transferência de trabalho e o agrupamento para otimizar as estruturas de custos,

como se pode ver nas medições de custo por produto similar. A transferência de trabalho entre unidades empresariais com capacidades semelhantes e capacidade disponível pode garantir a continuidade do serviço e reduzir os custos. Quando uma unidade de negócio tem de lidar com a sua procura variável, não pode ser eficiente em termos de custos e resultará provavelmente em entregas tardias. A procura pode variar consoante o ano, a estação, o mês, a semana, o dia ou a hora. A capacidade deve corresponder à procura no incremento de tempo que melhor descreve a dinâmica do programa. Os recursos podem ter de ser continuamente deslocados para onde são necessários para ligar a capacidade à procura variável. Se os recursos entre unidades puderem ser agrupados, os picos rápidos de procura em todas as localizações podem ser tratados por uma única equipa que tenha sido agrupada, porque os picos de procura serão calculados em média em todas as localizações.

119. ***Trabalhadores de alto desempenho:*** Os trabalhadores com elevado desempenho querem ser bem sucedidos numa operação medida, monitorizada e rica em conhecimentos. O crescimento pessoal é uma prioridade para os trabalhadores ambiciosos. Eles deixarão uma empresa que não lhes ofereça a oportunidade de aumentar seus conhecimentos e responsabilidades. As suas realizações são trampolins para a próxima oportunidade. Realizações devem ser medidas para que a definição de "feito" esteja associada à realização dos objectivos da iniciativa. Os trabalhadores ambiciosos querem receber feedback sobre os seus progressos. Consequentemente, o progresso terá de ser inequívoco e monitorizado. Para atingir as metas, o conhecimento deve ser aplicado à estratégia para atingir os objectivos mensuráveis associados. Um ambiente rico em conhecimentos permitirá uma rápida aquisição de conhecimentos e oportunidades de aplicação, de modo a que o caminho crítico possa ser executado com o mínimo de esforço.

120. ***Bom trabalho:*** Não espere ser recompensado por um bom trabalho. Se isso acontecer, ótimo. Se não, não se preocupe com isso, porque acontece a muitas pessoas. Fazem o vosso trabalho porque gostam dele e é isso que importa. Se gostar do seu trabalho, fará um bom trabalho e gostará de o fazer. Se isto for intolerável, pense em como se pode recompensar. Tire um dia de férias ou leve alguém a jantar fora e diga-lhe que o está a ajudar a celebrar

um feito. Quando a celebração estiver concluída, passe para o desafio seguinte. O reconhecimento está sempre em falta.

121. ***Culpa a montante:*** Não culpar um departamento pelas falhas de outro departamento. O CQ está sempre no fim da linha. Porquê culpá-los por uma falha que não foram eles que criaram? Culpe o departamento que criou o problema. Onde é que o problema teve origem? Até onde é que quer ir? Culpar o departamento de I&D por não fornecer as ferramentas para realizar o trabalho corretamente. Culpar a direção por não ter dado prioridade ao departamento de I&D para fabricar a ferramenta a tempo de o trabalho poder ser feito corretamente. Se o controlo de qualidade tiver de verificar muitos erros que passam pela produção, a dada altura, vai falhar alguma coisa. O ideal é que o controlo de qualidade raramente encontre um erro. Quando os erros são poucos, destacam-se e são mais facilmente perceptíveis. O CQ deve ser muito bom a detetar problemas; como resultado, deve mostrar às pessoas a montante como verificar o seu trabalho para que estes problemas não migrem ao longo da cadeia de fornecimento para o CQ. Quando isto acontece, perde-se tempo valioso. Os custos também são elevados, uma vez que é frequentemente necessário retrabalho. A melhor solução do ponto de vista do tempo de ciclo e dos custos é garantir que os processos a montante produzem produtos que estão dentro das especificações antes de serem enviados para o controlo de qualidade.

122. ***Sensibilidade salarial:*** Não se esqueça de pagar a alguém o seu aumento a tempo. A segurança salarial é um dos requisitos mais essenciais para um empregado. Se não receberem o aumento, podem pensar que isso não vai acontecer. Pode ficar frustrado com os atrasos intermináveis, especialmente se já estiver a realizar as tarefas relacionadas com o seu novo cargo. As emoções de frustração podem transformar-se em raiva, o que pode afetar o seu desempenho. Deve ser feito um esforço extra para garantir que os empregados são pagos quando a promessa indicava que o seriam. Ser pontual para preservar a credibilidade e a confiança.

123. ***Sensibilidade à promoção:*** Não se esqueça de cumprir o ritual de promoção que os seus empregados esperam. Uma promoção é um acontecimento importante para um empregado e deve sê-lo também para o seu diretor e para as funções de apoio relacionadas. O gestor não pode permitir a

transição se as tarefas de RH não estiverem concluídas. Quando os empregados esperam pela sua promoção para além do prazo, começam a sentir-se frustrados e a perguntar-se se ela alguma vez acontecerá. Certifique-se de que conhecem a nova descrição das funções e as expectativas em relação às mesmas. Dê-lhes os seus objectivos e o prazo de conclusão para que comecem a trabalhar na direção certa. Aproveite a motivação da nova mudança e ajude a preparar o caminho para o sucesso.

124. ***Análise de talentos:*** As métricas são valiosas para a função de gestão de recursos humanos. Um exemplo de uma variável de interesse pode ser a taxa de desgaste. As tendências na rotatividade podem apontar para um problema interno ou externo que pode ser resolvido. A informação sobre os problemas pode ser mais valiosa durante os ciclos de crescimento, quando a rotatividade tem um impacto negativo mais significativo nas perspectivas de crescimento. Alguns talentos podem não estar empenhados. A sua produtividade reflectirá esse facto. Perceba quem não está empenhado e procure saber o que está a impedir o seu progresso. Resolva os seus problemas para que possam voltar a integrar as fileiras e ajudar o departamento onde estão a trabalhar a ter sucesso.

125. ***Objectivos mensuráveis:*** Certifique-se de que os seus subordinados diretos têm objectivos quantificáveis. Certifique-se de que eles sabem que os objectivos deles também são os seus objectivos. Está lá para os ajudar a serem bem sucedidos. Os objectivos são mensuráveis quando existe uma fórmula adequada e definida. A forma como os cálculos são efectuados é importante e, por isso, deve ser documentada. A medição deve ser significativa, pelo que a fórmula deve adequar-se à situação. Se melhorar, isso deve aparecer nas medições. Caso contrário, não melhorou, ou a sua medida ou fórmula é inadequada. Um objetivo consiste em colmatar uma lacuna entre o ponto em que se encontra e o ponto em que precisa de estar. Primeiro, é preciso saber onde se está. A medição da linha de base definirá a diferença em relação ao objetivo. Para colmatar a lacuna, é necessário compreender o que é o objetivo. O esforço fecha a lacuna entre a linha de base e o objetivo, onde se quer estar. Pode ser difícil colmatar a lacuna. Talvez valha a pena fazer uma parte de cada vez. Em cada período, tente reduzir a diferença para metade. A medida que define a diferença seria um exemplo de um objetivo mensurável.

126. ***Interesse próprio:*** Não confie totalmente em ninguém, porque toda a gente tem um certo nível de interesse próprio. Os oportunistas estão em todo o lado. Encontrarão a sua fraqueza, se for um influenciador importante, e depois vão-se atirar a ela. Podem aproveitar-se de si. Os danos colaterais ficarão para si. Terá de apanhar os cacos. Estas relações terão de ser geridas. Veja-os chegar e tenha cuidado para não se aproveitar deles. Poderá ser um trampolim para a sua promoção. Suponha que isso é do interesse da organização; não há problema se eles estão a ajudar a organização e são adequados para o trabalho. Confie, mas verifique se estão a fazer as coisas certas para o bem da organização. Caso contrário, não deixe que se aproveitem de si.

127. ***One-on-One:*** Utilize One-on-One's estruturados para saber o que está a acontecer nas operações, compreender as frustrações dos seus subordinados diretos e compreender os planos de crescimento e aprendizagem necessários para que os seus subordinados sejam capazes de servir os clientes e cumprir as tarefas a tempo. Estas discussões têm de ser previsivelmente periódicas. Os seus subordinados diretos devem ter uma voz que possam utilizar consigo. Se não permitir que eles comuniquem consigo, não se preocupe com surpresas. Reuniões como esta são a sua oportunidade de garantir que sabe o que está a acontecer "no terreno" e nas suas mentes. É também uma oportunidade para saber mais sobre o que pode fazer para aumentar a sua contribuição de valor para a organização.

128. ***Liderança dominante:*** Liderar as pessoas com um estilo que lhes permita liderar ao seu nível. Se tiver de encher a sala com a sua voz sempre que se reúnem, as pessoas não se envolverão nem trabalharão ao seu nível. A contribuição virá de uma pessoa e não de todos. Ao não os deixar participar, está a dizer-lhes que são inferiores e que não têm nada para contribuir. Uma reação como esta pode ser intencional; no entanto, não é saudável nem eficaz. Cancelar as oportunidades e a capacidade de contribuição de outras pessoas resultará em soluções piores. Também se perderá a adesão. Pode pensar que chegou a um consenso quando todos acenaram com a cabeça no final da reunião. As pessoas não têm intenção de fazer o que diz, especialmente se não resultar. Não se sentem à vontade com o seu atual nível de sacrifício. Não têm qualquer intenção de o piorar. Não se surpreenda se nada for conseguido.

129. ***Liderança de nível:*** Liderar as pessoas de modo a que possam trabalhar ao seu nível, e não um ou dois níveis abaixo daquele a que são pagas. Por vezes, os empregados valiosos são promovidos para efeitos de retenção. Eles não estão dispostos ou não são capazes de assumir o papel que estão a desempenhar. Continuam a trabalhar como faziam antes de serem promovidos, mas permanecem na organização. Quando isto acontece, o supervisor torna-se um operador dispendioso. As pessoas promovidas em excesso necessitam de mais formação se não se adequarem ao seu cargo. A sua despromoção para o cargo anterior pode ter consequências negativas. Antes de promover alguém, certifique-se de que essa pessoa conhece a descrição das funções do cargo que está a assumir. A pessoa deve concordar que os itens da descrição correspondem ao que ela quer fazer. Avalie-o de modo a sentir-se confortável com o seu potencial para assumir o papel descrito. Se não se adaptarem, surgirão dificuldades e poderá ser necessário tomar uma decisão incómoda.

130. ***Perceção do desempenho:*** Quando o seu desempenho é deturpado, vale a pena o esforço para corrigir a perceção. Recolha e forneça dados relevantes. Dê-lhes esses dados e pergunte-lhes o que pensam sobre eles. Deixe-os responder por escrito para que possa tirar partido disso. Se eles não ouvirem, não os escreva. Se não se importarem, são mal-intencionados. Se não corrigir a perceção, as outras pessoas pensarão que não se importa e isso ficará registado para sempre. Os factos que recolher podem representar a verdade. Pode perguntar ao seu acusador se ele tem factos que confirmem o que disse. Se estiver enganado, corrija o erro. Se não estiver enganado, certifique-se de que os factos o confirmam e partilhe-os amplamente. Se deixar passar a situação, o chefe irá referir-se a ela durante anos. Será um exemplo desse tipo particular de fracasso. Arrepender-se-á de não ter corrigido a perceção. Uma vez gravada na mente do seu chefe, não sairá mais. Recuperar mais tarde será difícil, pois continuará a ser referido como o exemplo, mesmo que se prove que é falso. Continua a estar gravado na história da empresa.

131. ***Recurso redundante:*** Há-de acontecer. Alguém adoecerá, haverá uma falha de energia, a bateria do telemóvel ficará vazia e ninguém saberá onde está. São necessárias contingências de recursos porque os planetas vão alinhar-se contra si e, nessa altura, haverá dificuldades. Não será capaz de satisfazer as expectativas dos seus clientes. As pessoas devem estar prontas e aptas a entrar

em ação para satisfazer uma necessidade, independentemente das circunstâncias. Qual é o plano se a capacidade existente for sobrecarregada com uma vaga de trabalho? Consegue lidar com isso sem stress? Pense no que faria antes de ter de o resolver com urgência. Prepare-se para a eventualidade da necessidade. Publique o plano e dê às pessoas certas o direito de decisão para o pôr em prática sem a sua aprovação. "Nestas circunstâncias, é isto que vais fazer." O cliente não vai esperar que aprove as horas extraordinárias ou que assine uma requisição de recursos e obtenha a aprovação do diretor financeiro. Dê prioridade ao cliente. Mostre ao diretor financeiro o seu plano de contingências para que possa ser pré-aprovado. Faça com que o seu pessoal seja capaz de saber quando é que a decisão deve ser tomada, para que a possam tomar.

132. ***Propriedade do desempenho:*** Se fez alguma coisa que não é perfeita, assuma-a. Se lhe for atribuída uma perceção de desempenho menos perfeito devido a uma agenda/preconceito/incompetência, corrija-a oficialmente. Se lhe for atribuída uma perceção de desempenho menos que perfeito devido a uma agenda/preconceito/incompetência, então corrija o registo oficialmente. Caso contrário, está a apoiar a perceção. Assuma publicamente a responsabilidade, se necessário. Não há problema em pedir desculpa. Depois, é só corrigir. Se fizer uma coisa boa, não receberá o crédito que lhe é devido. Conte com o facto de isso não acontecer. Se uma das pessoas que trabalha para si fizer algo inadequado, a culpa é sua. Assuma-o. Ajude os seus colaboradores a serem excelentes, sendo você próprio excelente. A implicação é que você assume a diferença entre o seu desempenho atual e o que deveria ser. Esforce-se sempre por ser melhor. Ajude as pessoas que o rodeiam a atingir a sua excelência máxima. Ajude-as a não encobrir os problemas que elas próprias criam. Ajude-as a não os criarem no futuro, compreendendo o que são e porque aconteceram. Implemente alguns controlos sólidos para evitar que voltem a acontecer.

133. ***Eficiência diversificada:*** Contrate para ser eficiente e ganhará diversidade. São necessárias várias capacidades para obter uma solução completa para um problema que satisfaça uma necessidade. Ter uma variedade de capacidades que são aproveitadas para criar valor é uma boa posição para a organização. Cuidado com as dependências singulares. Mesmo dentro das

dependências, deve haver alguma redundância e a possibilidade de concorrência para obter a melhor resposta. Se duas pessoas forem muito boas em folhas de cálculo, peça-lhes que trabalhem em conjunto para criar uma versão que ambas considerem muito boa ou peça-lhes que criem uma e depois escolham a melhor. Se aparecer uma caraterística na segunda melhor que deva ser incluída na melhor, faça-o.

134. ***Plano destruído:*** Se um gestor pensar que os seus planos foram abandonados, tente perceber porque é que ele pensa assim. Poderá haver uma forma de recuperar o plano e colher os benefícios. Algumas partes do plano podem ser executáveis agora. Veja se esses itens podem ser aproveitados agora, com o resto em espera. Categorize as tarefas usando variáveis críticas como facilidade de implantação, custo de implementação, impacto no custo, impacto na qualidade, etc. A categorização ajudará a priorizar os grupos de tarefas que podem se tornar um interesse, dependendo de qual variável é imediatamente priorizada. Por exemplo, pedir para implementar uma melhoria de qualidade irá receber mais atenção depois de um problema do cliente centrado na qualidade. Uma tarefa que reduza o tempo de ciclo será atractiva após uma entrega tardia. As tarefas com maior interesse podem ser ligadas a outras de menor interesse para ajudar a realizar vários itens ao mesmo tempo. Se nada funcionar, então as implicações de um plano abandonado têm de ser conhecidas, disponibilizadas e comunicadas às pessoas certas. Deve haver outra coisa com um impacto mais significativo que tenha sido considerada prioritária. A despriorização significa apenas que o plano está adiado por enquanto. Espera-se que seja ressuscitado mais tarde. Se o plano for abandonado, não voltará a ser apresentado. Se o plano estava centrado nos valores e objectivos existentes, talvez estes estejam a mudar. Se o plano não estava centrado nos valores e objectivos existentes, isso pode ser parte do problema.

135. ***Preparação de problemas:*** Coloque os problemas à frente dos especialistas no assunto para que eles possam encontrar soluções rápidas. Não estou a falar de ser desagradável, apenas persistente. Não espere que as coisas sejam feitas à distância. Esteja presente com os especialistas e discuta as suas acções. Muitas delas estão interessadas em novas ideias (escolha bem). Certifique-se de que eles recebem o crédito por tudo o que precisa de fazer. O objetivo é que seja feito. Se puder falar pessoalmente com o PME para clarificar

a comunicação, será menos frustrante para ambos. Enviar um e-mail e queixar-se da falta de atenção que está a receber tem uma taxa de rendimento baixa. Interesse-se por eles para que eles se interessem por si e pelo seu trabalho. Não torne a fila de espera demasiado longa empilhando tarefas e criando um atraso. Ninguém gosta de um atraso, especialmente se não o tiver reclamado. Provavelmente, está a receber isto de "graça". Considere fazer uma tarefa de cada vez. Agradeça por cada uma delas quando estiver concluída. Certifique-se de que tem uma definição de "feito". Não se separe da PME se a tarefa não estiver concluída. Faça o acompanhamento enquanto a tarefa ainda está fresca na mente de todos. Não pode seguir em frente se a sua definição de "feito" não for alcançada. Voltar mais tarde significa que a curva de aprendizagem está em jogo enquanto a PME tenta recordar o que aconteceu. Procure sempre um cenário em que todos saiam a ganhar; você consegue que a tarefa seja concluída e eles obtêm o reconhecimento.

136. ***Teste de compreensão:*** Quando apresentar informações, utilize um teste para garantir um nível adequado de compreensão do tópico. O nível de compreensão pode ser a taxa de aprovação do teste. Por exemplo, pode exigir uma taxa de 80% como limite para aprovação. Um limiar de aprovação ajuda os alunos a saberem que devem compreender o material e demonstrar a sua compreensão. Existe uma forma de determinar se as perguntas do teste são demasiado difíceis de compreender, enganadoras ou ambíguas. As perguntas do teste errarão mais frequentemente quando houver uma falta de compreensão do que está a ser pedido. Uma taxa de reprovação elevada para a pergunta pode significar que a pergunta foi mal formulada. Em última análise, o que se pretende é saber se o aluno compreendeu a pergunta e o conteúdo associado. Se muitos alunos errarem a mesma pergunta, o problema pode estar na pergunta. O objetivo é medir a compreensão, não induzir o aluno a dar uma resposta incorrecta. Se o aluno não atingir o limiar, peça-lhe que refaça o curso até o conseguir.

137. ***Membro ausente:*** Utilize uma equipa diversificada para realizar um grande projeto. Dê-lhes algo com que começar e a partir do qual possam crescer para atingir o objetivo. Realize reuniões regulares de atualização para os fazer avançar e garantir que estão no bom caminho. Se um membro da equipa estiver ausente, faça a reunião sem esse membro da equipa. Se alguém se

atrasar, comece a tempo. Defina as expectativas em termos de prioridades de tempo e não castigue as pessoas que são pontuais fazendo-as esperar pelas que não são. Todos têm a mesma quantidade de tempo num dia. É vital manter o ritmo e a dinâmica. Os outros membros da equipa podem atualizar o membro da equipa ausente. Se as competências da pessoa ausente forem fundamentais para o sucesso da equipa, não há problema em realizar a reunião sem ela. Altere a ordem de trabalhos de modo a que esta continue a ter valor, mesmo que o especialista não esteja presente. Pode discutir as partes que lhe dizem respeito numa próxima vez.

138. ***Melhorar a participação:*** Todos devem participar na melhoria da forma como a empresa funciona. É necessário que exista uma forma formal e eficaz de o fazer. Eficácia significa que as ideias das pessoas podem ser captadas num determinado local e atribuídas a pessoas específicas para acompanhamento. Os gestores devem encorajar a participação na melhoria do processo, trabalhando em conjunto com os trabalhadores em vez de ficarem isolados atrás de uma porta. Para conseguir a participação dos trabalhadores, é necessário o seu empenhamento e o seu encorajamento. Um historial de sucesso é essencial. Se da última vez não ouviu ou não deu seguimento ao processo, porque é que pensam que o fará desta vez? A pessoa que mais sabe sobre o que precisa de ser corrigido é a pessoa que trabalha com fluxos de trabalho quebrados. A informação é preciosa, não só em termos do que está errado, mas também em termos do que pode ser feito para a pôr a funcionar. Valorize esta informação quando ela lhe for oferecida. Se o fizer, eles voltarão para oferecer mais informações valiosas.

139. ***Sensibilização para os recursos:*** Muitos empresários não fazem ideia do número de recursos que consomem. Estes recursos podem incluir eletricidade, espaço, renda, etc. Recolha informações sobre o seu consumo de recursos, todos eles, e depois dê-lhes essa informação. Ajude-os enquanto realinham o seu consumo. Os recursos de apoio podem ser mais consumidos por um departamento do que por outro. Durante uma fase de recrutamento, os RH podem ser mais afectados a um departamento do que a outro. Durante um ciclo de desenvolvimento, é dada mais atenção à I&D ao departamento onde o fluxo de trabalho está a ser melhorado do que a outros departamentos. Quando os gestores das unidades de negócio compreendem o custo dos recursos através

das afectações, passam a olhar para eles de forma diferente. Mais concretamente, não desperdiçarão recursos. Por exemplo, se o departamento de TI instalar um servidor para um departamento e o espaço de armazenamento custar ao departamento que utiliza o servidor, este não desperdiçará o que lhe foi atribuído.

140. ***Bombardeiro de mergulho:*** O "bombista de mergulho" não é responsável por uma função operacional, mas critica o funcionamento da operação. É preciso saber quando é que eles vão lançar uma bomba. Eles pedirão para serem expostos a informações sobre a sua função e depois serão rápidos a criticar o que virem. Por um lado, é bom receber feedback se este for válido e construtivo. Por outro lado, se essa pessoa tem uma voz que se faz ouvir e exagera ou liga coisas que não devia, diminui o seu valor e será ignorada. A forma como se comporta durante os eventos, quando há mais pessoas envolvidas, revelará se é procurada para aconselhamento.

141. ***Estrutura de relatórios:*** Quando o planeamento inclui actividades que têm de ser realizadas, é bom saber quem reporta a quem e quais os fluxos de trabalho que cada pessoa possui ou em que participa. Quando isto é ambíguo, a responsabilização por estas acções é difícil. A responsabilidade segue-se frequentemente à propriedade. Por vezes, alguém será responsável por fazer algo acontecer numa área que não lhe pertence. Mesmo nestes casos, a pessoa trabalha com alguém que é proprietário de um processo e tem uma relação de subordinação. Quando os gestores não têm a certeza da sua estrutura de reporte, também não sabem como dar prioridade às suas tarefas. Por norma, optam pelas suas necessidades imediatas ou pelos itens que causam mais sofrimento.

142. ***Tempo de espera:*** Considere os tempos de espera quando contratar alguém para satisfazer uma necessidade de capacidade. A pessoa não só precisa de estar no seu lugar, como também precisa de ser treinada para trabalhar na sua capacidade. A sabedoria prevalecente parece ser a de que, quando se tem autorização para contratar alguém, essa pessoa estará disponível para preencher a capacidade atribuída amanhã de manhã. É preciso tempo para contratar boas pessoas e para as pôr a trabalhar com um nível de produtividade adequado (é por isso que a retenção de bons talentos é tão importante). Primeiro, é necessário encontrar a pessoa interessada. Depois, o grupo de

potenciais candidatos tem de ser selecionado e entrevistado pelos responsáveis pelo processo de contratação. Em seguida, a pessoa deve demitir-se do seu emprego (dar um aviso prévio de duas semanas). Depois, precisa de passar por uma orientação e ser integrada. Depois, tem de ser apresentada ao departamento e ser-lhe atribuído um formador para a pôr ao corrente da situação. Depois, tem de passar pelo período de estágio. Depois, têm de aumentar os seus níveis de produtividade. Intencionalmente, omiti algumas etapas, mas a questão é que é preciso uma quantidade significativa de tempo e recursos para contratar um bom funcionário que contribuirá durante algum tempo antes de sair para fazer outra coisa. Quando as previsões revelam um aumento do volume e uma necessidade adicional de efectivos, considere o tempo de espera e o que isso irá custar a todos. A organização será sobrecarregada se a procura for maior do que a capacidade disponível. O impacto desta situação tem de ser considerado. O interesse pelas coisas que irão aumentar a capacidade deve ser continuamente procurado. Os tópicos de interesse vão para além do talento e incluem a tecnologia, a automatização e a redução do desperdício, todos eles aumentando a capacidade. Cada um deles tem também um prazo de execução. Uma abordagem paralela produzirá benefícios em cada área em alturas diferentes. Independentemente dos caminhos selecionados, os prazos de execução devem ser considerados de modo a que a capacidade esteja disponível quando a procura o exigir e os custos sejam continuamente reduzidos a um ritmo adequado, com base no que o mercado suportar.

143. ***Dar prioridade às acções:*** As pessoas dizem que não têm tempo para fazer algo que você quer. Toda a gente tem a mesma quantidade de tempo. Elas não têm mais ou menos do que você. Apenas não deram prioridade ao que pretende. Não se trata de tempo. Trata-se de estabelecer prioridades. Tem de fazer com que eles dêem prioridade ao que quer que eles façam. Se acha que o chefe vai concordar, deixe-o influenciar as suas prioridades . Está apenas a tentar evitar que a pessoa fique embaraçada quando se atrasa ou que seja apanhada de surpresa quando algo que estava a tentar atenuar se torna uma crise da qual tem de recuperar. Se a pessoa que está a tentar influenciar quiser ouvir, as competências de negociação serão úteis. As negociações podem incluir apelar à sua lealdade para com o sucesso da empresa, à sua necessidade de realização,

ao seu interesse na segurança do emprego ou ao desejo de fazer o que está correto. Pode apresentar a proposta como sendo vantajosa para ambos, ou pode oferecer algo em troca. Se for este último caso, certifique-se de que a pessoa cumpre a sua parte do acordo. Se não puder confiar neles, peça-lhes para irem primeiro. A troca pode ser intangível. Algumas pessoas gostam de reconhecimento. Isto é moeda de troca. Peça-lhes que façam algo por si e assegure-se de que são reconhecidas. Se eles souberem que lhes vai dar algo valioso, os seus itens terão prioridade na lista deles.

144. ***Data de conclusão:*** Se der instruções sobre como fazer algo, defina a data prevista para a sua conclusão. Não deixe o prazo em aberto ou ambíguo. Se o fizer, a tarefa será desvalorizada. Diga apenas quando deve ser feito (deixe um intervalo). Peça à pessoa a quem foi atribuída a tarefa que explique quando esta não estiver concluída a tempo. Certifique-se de que a pessoa sabe que está desiludido com o seu desempenho e continue a esforçar-se por terminá-la. Por vezes, há uma boa razão para algo não ser feito. Certifique-se de que compreende qual é essa razão. Pode ser necessário ajudar a remover o obstáculo. Pode ter-lhes dado uma tarefa que não tinham hipótese de completar. Por vezes, quando se estica as pessoas, elas não conseguem terminar a tarefa. O trabalho inacabado pode acontecer quando elas têm de ultrapassar as fronteiras funcionais para colaborar. O facto de existirem fronteiras não é culpa deles. Deviam ter-lhe dito que estavam bloqueados, mas não o fizeram e agora o prazo já passou. Certifique-se de que eles sabem que têm de o informar se precisarem de ajuda. Faça com que ultrapassem o obstáculo para que possam terminar. Certifique-se de que os louros pelo que fizeram são seus e não seus. Está lá para o ajudar a alcançar o sucesso.

145. ***Inacessível:*** Algumas pessoas não são contactáveis. Talvez o estejam a evitar por não se sentirem à vontade para falar consigo ou por não quererem confrontar-se com a oportunidade que vai discutir com elas. Em vez disso, trabalhe com os seus subordinados diretos. Obterá boas informações e irritá-los-á ao ponto de eles o contactarem. "Pensei que estava de férias, mas temos uma necessidade urgente". Se não se envolverem, diga ao seu subordinado direto para atualizar o seu chefe quando regressar. Se o diretor de departamento quiser estar envolvido, tem de estar contactável. Defina as expectativas para um nível mínimo de serviço ao cliente (interno). Quando o

chefe tiver uma tarefa para eles e eles não estiverem a responder, avise-os. Se não se empenharem em fazê-lo, deixe-os pendurados. Da próxima vez, eles prestarão atenção quando os contactar. Certifique-se de que está ciente dos seus esforços para os contactar. Deixe que o chefe decida se a falta de resposta é aceitável ou não.

146. ***Gestão do telefone:*** Não é aceitável ter uma mensagem de correio de voz que não seja amiga do cliente. Não ter nenhuma mensagem é pior ainda. Que impressão é que as pessoas ficam quando lhe telefonam e não atende? A sua saudação é a oportunidade de recuperar da falta de resposta. Por vezes, não é possível atender (por outro lado, atender após o primeiro toque dá uma boa impressão). Não responder às chamadas não é aceitável. As chamadas devem ser respondidas rapidamente, mesmo que seja para dizer que está a analisar o pedido. Prefiro um prazo máximo de uma hora para o retorno da chamada. Pode sugerir um contacto alternativo no seu correio de voz, para que a pessoa que ligou tenha outra opção para ligar. Não ter uma caixa de correio no seu telefone ou ter uma que esteja cheia e não aceite outras mensagens é uma negligência do dever. Estes são os princípios básicos do serviço de apoio ao cliente, especialmente se se tratar de um telefone da empresa. Qualquer pessoa que lhe telefone é potencialmente seu cliente, interno ou externo. Quando a sua caixa de correio de voz está cheia, já tem uma acumulação de mensagens que não foram respondidas. O seu cliente não quer ser adicionado à sua pilha de atrasos. Essa perceção é stressante e inaceitável. Defina expectativas quanto à capacidade de contactar alguém se for necessário. Se for necessário, peça a alguém que faça uma auditoria aos telefones da empresa para garantir que estão corretamente configurados. Forneça um guião com o som da saudação e entregue-o a todos os que têm telefones da empresa. Audite os telefones para garantir que a saudação e as caixas de correio de voz estão a funcionar. Estabeleça a expetativa de que, se alguém lhes estiver a telefonar e eles estiverem disponíveis, respondem ao primeiro toque e, se não estiverem, respondem à pessoa que telefonou no prazo de uma hora, mesmo que seja apenas para dizer que receberam a chamada e que estão à procura de uma resposta às suas perguntas.

147. ***Número de efectivos de atividade:*** O número de efectivos baseia-se na atividade e não nas receitas. As operações não controlam as receitas, uma

vez que não estabelecem preços, não fazem acordos nem dão descontos. Controlam a eficiência dos seus recursos, a qualidade do produto e a concretização atempada das expectativas. Se for concedido um desconto a um cliente, é provável que o custo de realização do produto não diminua, a menos que o cliente conceda uma tarefa com uma redução de custos associada que corresponda à concessão de receitas. As operações devem tentar reduzir continuamente o custo por atividade para melhorar os lucros. A melhoria dos lucros pode ser conseguida através da redução do desperdício no processo, da alteração dos métodos utilizados ou da utilização de uma tecnologia que automatize a tarefa ou aumente a capacidade da pessoa que a executa.

Ser forte

Um funcionário forte é decisivo e fundamentado (Baran & Scott, 2010). A consistência permite que os membros da equipa compreendam o que é essencial e quais os itens a que devem dar prioridade. Um funcionário consciente pode ter sucesso e depois passar para a próxima oportunidade. Os obstáculos são ultrapassados e o progresso é contínuo, sem interrupções. O sucesso é iminente em todos os casos. Sim, têm um sentido de curiosidade que resulta numa aprendizagem rápida (Senge, 2017), mas este conhecimento adquirido é aproveitado da forma correta para influenciar e concentrar uma equipa com os talentos certos para ser excecional.

Uma organização robusta pode ter um desempenho previsível e consistente de uma forma que os concorrentes não conseguem igualar (Simchi-Levi, 2010). Os clientes consideram que a empresa é forte quando aparenta ter uma capacidade infinita, consegue resolver problemas difíceis, dispõe de ferramentas poderosas e entrega consistentemente as coisas certas no momento certo. Uma execução aceitável pode resultar da capacidade de partilhar recursos, por exemplo, em vez de comprar novos recursos. Consequentemente, a partilha de capacidades melhorará a posição financeira da empresa e permitirá a expedição atempada sem caos (Okongwu, Lauras, François, & Deschamps, 2016). Suponha-se que o volume de trabalho é significativamente menor numa determinada unidade de negócio e que a mão de obra pode ser partilhada com outra unidade de negócio para obter uma produtividade semelhante. Nesse caso, obtém-se uma vantagem financeira. A partilha de recursos pode também proporcionar a oportunidade de ajudar uma unidade empresarial a adquirir um negócio que lhe tenha sido disponibilizado (Patel, Terjesen, & Li, 2012). As receitas adicionais e a potencial quota de mercado adquirida podem ter efeitos positivos a longo prazo.

Os talentos fortes são resilientes e orientados para o crescimento. Adoram um desafio e esperam que lhes seja dado um depois de terem cumprido outro. Têm uma grande bateria. Fazer as escolhas certas é-lhes natural. Estão alinhados com uma visão mutuamente acordada que cria uma saúde organizacional sustentada. Para os fortes, não se trata de drama ou de egos; o objetivo da ação é estar à frente da concorrência, de tal forma que o preço não é tão discutido como seria se a excelência não estivesse continuamente presente no trabalho realizado. Pode contar com um talento sólido para realizar o difícil antes do prazo. Pode contar com eles para executar de forma excelente com o mínimo de energia e despesas gerais.

Figura19 . A força inclui a capacidade de ver, compreender e melhorar em tempo útil.

Eis algumas tácticas, sem qualquer ordem específica, que um líder de talentos pode utilizar para criar a serendipidade sendo forte:

148. ***Decisões Talentosas:*** Faça com que o seu talento tome o maior número possível de boas decisões. Deve ter um "motor de decisão" que seja forte e rápido. Chegue a um ponto em que pode confiar nos seus empregados

para fazerem boas escolhas. Se eles compreenderem os valores e a estratégia da organização, devem ser capazes de um nível de auto-gestão no que respeita à tomada de decisões. Pode utilizar a métrica "Boas Decisões por Gestor" como referência, porque se for você a tomar as decisões, eles não o fazem e você está a fazer com que elas andem mais devagar do que poderiam. Faz parte da inércia organizacional se tiver de controlar todas as decisões. A aversão ao risco pode ser algo que requer uma atenção especial, mas outra organização está a competir no seu mercado, provavelmente permitindo que os seus empregados tomem decisões, e estão a ir mais depressa do que você. Estão a tomar boas decisões porque as pessoas próximas da ação têm direitos de decisão. Quem saberia mais sobre o que está a acontecer na organização do que a pessoa que serve o cliente? Um baixo número de decisões por gestor significa que os seus gestores têm problemas de controlo e não estão a ajudar a organização. Os maus gestores contam duplamente contra a organização porque tomam más decisões que têm de ser corrigidas.

149. ***Talento colaborativo:*** Configure o seu talento para trabalhar com outros talentos. Eles devem ser capazes de se auto-dirigir depois de os ter ligado. Junte-os, alinhe-os e ponha-os em movimento numa direção que tenha sido claramente definida. Algumas pessoas não vão gostar umas das outras. As más relações não podem ser um obstáculo. O objetivo é atingir os objectivos, não fazer com que todos gostem uns dos outros. Os participantes precisam de descobrir a melhor forma de trabalhar em conjunto. Atribuir tarefas a pessoas que não as conseguem executar bem é uma perda de tempo. Em vez disso, as tarefas devem estar relacionadas com as capacidades das pessoas da equipa. Neste caso, a energia colaborativa deve ser maior porque serão necessárias diferentes capacidades consoante as circunstâncias.

150. ***Excesso de capacidade:*** Ajudar as pessoas a compreender que podem fazer mais do que pensam que podem. A montanha à sua frente não parece tão assustadora quando está do outro lado dela. Ajude-os a atingir objectivos, se necessário, e depois deixe-os autodirigir o seu sucesso. Eles terão mais confiança na sua capacidade de ultrapassar desafios mais significativos. Estarão menos inclinados a pedir ajuda porque sabem que têm capacidade em excesso. Aproveite a capacidade dos que têm melhor desempenho para incentivar os que não estão a ter um bom desempenho. Quando estão

disponíveis técnicas mais produtivas, o desempenho geral da equipa pode melhorar.

151. ***Estrutura da equipa:*** O seu desempenho está parcialmente relacionado com a pessoa com quem está a trabalhar. Se forem diferentes, podem ser complementares. Podem ter as competências que lhe faltam. A equipa é forte e consegue atingir os seus objectivos com menos esforço. Também pode acontecer que os outros colegas de equipa sejam diferentes, o que não é complementar, mas sim destrutivo. Por exemplo, as pessoas preguiçosas não apreciarão a sua ética de trabalho. Terão inveja dos seus feitos e tentarão deitá-lo abaixo ou tirar-lhe o crédito pelo que faz. As pessoas ignorantes não apreciarão o seu intelecto. Podem ser desagradáveis ou deixar que resolva o problema sem elas. Considere a sua estratégia ao trabalhar com outras pessoas que são diferentes de si. As diferenças, sejam elas quais forem, devem tornar a equipa mais forte e não mais fraca.

152. ***Duplicação madura:*** As acções isoladas não beneficiam dos super-aditivos obtidos com a exploração de iniciativas amadurecidas através da duplicação. A reorientação das acções resulta numa execução mais eficiente, uma vez que são obtidos benefícios semelhantes com menos esforço. Compreender todas as oportunidades que podem ser partilhadas de modo a obter eficiências durante a execução das acções. Estas actividades de partilha podem ser programadas simultaneamente em toda a cadeia de abastecimento; no entanto, a partilha de ideias ou mecanismos que estão maduros será muito mais benéfica do que ideias parcialmente desenvolvidas. Duplicar ideias que estejam a funcionar, minimizando o número de acções isoladas, uma vez que podem não ser aplicáveis ou ser menos eficientes. As considerações especiais terão de ser objeto de atenção individual e programadas separadamente.

153. ***Responsabilização pelo cumprimento dos prazos:*** Pergunte à pessoa a quem foi atribuída a tarefa se a vai realizar a tempo; se ela cumprir o prazo, dê-lhe mais trabalho. Recompense as promessas cumpridas com mais trabalho. Se não o fizer, assegure-se de que a pessoa compreende que falhou o prazo e reduza o seu trabalho ou não lhe dê trabalho durante algum tempo. A pessoa perceberá a relação entre o impacto da sua capacidade de cumprir as expectativas e as tarefas que lhe são atribuídas. Se se queixarem de não terem

um trabalho, ajude-os a compreender que são eles que controlam a situação e que está à espera deles.

154. ***Solucionadores de problemas:*** Os seus subordinados diretos devem ser solucionadores de problemas. Devem passar a maior parte do tempo a ultrapassar os seus desafios e os daqueles que trabalham para eles. A resolução de problemas deve ser uma segunda natureza e ser esperada. Eles sabem que culpar os outros, ficar frustrado, aumentar desnecessariamente a carga de trabalho e desinteressar-se são respostas inadequadas aos desafios. Espera-se que eles sejam capazes de descobrir um problema antes que ele se agrave, determinar a causa raiz do problema e, em seguida, escolher a solução de impacto juntamente com o plano de implementação. O caminho crítico para a atenuação da vulnerabilidade deve ser conhecido e percorrido rapidamente.

155. ***Motivação por elogios:*** Se quiser que as pessoas cumpram as suas tarefas de forma correta, repetida e atempada, incentive-as à frente dos outros. Certifique-se de que está a referir-se à pessoa ou pessoas certas. Algumas pessoas estão envolvidas no projeto mas não merecem qualquer reconhecimento. Outras pessoas fazem uma parte significativa do trabalho e devem ser reconhecidas. O cenário mais poderoso é quando todos estão a contribuir fortemente e o trabalho está a ser concluído mais rapidamente.

156. ***Medição do movimento:*** A conceção e a estratégia da comunicação podem influenciar as taxas de entropia; no entanto, uma referência existente para o movimento pode ser utilizada para medir as expectativas em relação aos valores das variáveis definidas para expor a taxa de desvio. Os processos, ferramentas, conhecimentos, materiais de formação e outros recursos tendem a atrofiar-se depois de atingirem o desempenho máximo. Eles degradam-se e tornam-se menos relevantes, tendo em conta a procura. A comunicação pode ser concebida para compreender a deriva. No entanto, também pode ser utilizada para desafiar os participantes que estão a fazer o trabalho a restaurar e melhorar o seu desempenho para além do que era antes do início da atrofia. Será necessária uma medição de base para compreender o desempenho atual em relação ao que deve ser em breve.

157. ***Métricas de saúde:*** É possível que tenha uma forma de medir a sua saúde financeira ou física. Como é que mede a saúde do seu trabalho, função ou empresa? Algumas empresas têm indicadores de saúde. Se forem

corretamente determinadas e calculadas, estas métricas devem indicar segurança salarial. Um empregado pode perguntar: "Como é que estamos?" Se os indicadores de saúde fossem publicados e credíveis, o trabalhador saberia a resposta em qualquer altura. Deixar os trabalhadores na ignorância pode resultar em especulações que podem ser incorrectas e promover uma rotatividade desnecessária.

158. ***Boa ideia:*** Apresente uma ideia ou um conceito a grande altitude e faça com que os gestores sob a sua alçada pensem se é uma boa ideia e, em caso afirmativo, como a implementariam. Inspire-os com uma imagem de um lugar melhor (uma visão atractiva). Peça-lhes que elaborem um roteiro para lá chegar. Certifique-se de que as melhores pessoas estão a trabalhar no plano. A velocidade de implementação pode ser aumentada recompensando os participantes de uma forma que seja significativa para eles. Descubra o que lhes interessa (bónus ou tempo livre). Poderá ter de apelar aos seus interesses pessoais. Embora os conjuntos de competências sejam atractivos, as mentalidades certas podem ser mais propícias à aceitação de ideias.

159. ***Recursos de melhoria:*** Quando os recursos são escassos, toda a gente está ocupada com o fabrico de produtos e não há tempo para parar e pensar em melhorar o processo. É necessário criar alguma capacidade para inovar e melhorar os produtos e os processos. Sem esta capacidade, verifica-se uma estagnação, uma vez que o processo se torna menos relevante para a evolução das expectativas do mercado. Como se justifica a afetação de tempo ? Deve ser considerado o retorno do investimento da afetação do tempo ou dos recursos. O desperdício é predominante nos processos, pelo que as oportunidades de melhoria são significativas. Consequentemente, o potencial de retorno do investimento pode facilmente justificar a afetação de recursos. Tornar parte do trabalho dos gestores a participação em iniciativas de melhoria que eles próprios criaram ou para as quais contribuíram.

160. ***Antecipar os desejos:*** Um gestor deve antecipar os desejos de um trabalhador antes de este os procurar noutro local. A consciencialização exigirá que os gestores façam as perguntas relacionadas. Se uma pessoa quiser trazer o seu cão para o trabalho, o gestor deve determinar as suas implicações. O empregado pode procurar um empregador que permita que os cães trabalhem. O gestor tem de decidir se teria sido bom permitir e manter o empregado ou não

permitir e perder o empregado. Em muitos casos, os "desejos" podem ser concedidos sem perturbar a atividade. Se o gestor não souber o que são, os talentos podem sair sem informar o gestor sobre o motivo da saída. O gestor irá sentir repetidamente a perda até aprender a lição.

161. ***Capacidade criativa:*** Não desperdice a sua capacidade ou talento criativo. Ela existe, mas está a ser utilizada? Alguns dos empregados mais inovadores não são considerados como tal porque ninguém os questionou sobre isso. Consegue ver o potencial do seu génio se aplicado aos problemas da empresa? A subutilização pode resultar numa perda drástica de oportunidades. Uma aversão ao risco impedirá os empregados com potencial de oferecer uma ideia de melhoria ou uma caraterística de produto que poderia ser desejável. Certifique-se de que dá oportunidades e de que sabe o que as pessoas podem fazer de forma criativa. Reconheça, aprecie e recompense as contribuições criativas que resultam na criação de valor.

162. ***Bem-estar produtivo:*** O bem-estar, no que se refere a factores emocionais, físicos e psicológicos, determinará a produtividade. Se os trabalhadores estiverem bem, produzirão a um nível elevado de capacidade e de utilização. Os aspectos relevantes do bem-estar devem ser definidos, embora sejam situacionais e estejam ligados à pessoa. Os comportamentos destrutivos reduzem o bem-estar e podem ser contagiosos dentro da organização. Uma disposição negativa pode ser um exemplo. Por outro lado, a colaboração positiva pode produzir resultados significativos. Os comportamentos vêm com o empregado, mas podem ser influenciados enquanto ele estiver na organização. Outros podem contagiá-los ou desenvolver uma disposição pouco saudável devido às expectativas, ao ambiente de trabalho ou à sobrecarga. Crie um ambiente saudável, de modo a que a energia dos seus empregados se possa concentrar em servir o cliente e criar valor para a empresa.

163. ***Habilidade Inimitável:*** Criar competências que nenhum concorrente possa copiar. A competência competitiva é uma vantagem comercial, tornando-o mais competitivo dentro da organização e em todo o segmento. "Somos a única empresa que sabe como fazer isto." "Somos os melhores do sector em ..." Venda a capacidade quando os seus clientes tiverem validado o valor. Idealmente, o cliente ter-lhe-ia dito qual a capacidade que ele e outros clientes procuram. Parte do atrativo vem de uma competência que foi

desenvolvida até um elevado nível de maturidade. "Estaríamos muito interessados na sua capacidade de ..." Deixe que eles o conduzam a uma relação mais lucrativa com eles. Na ausência da sua opinião, deve determinar a competência que lhes pode interessar. Apresente-lhes o conceito para conhecer a sua reação. Alguns clientes podem estar interessados, mas não invista na atividade até saber que ela pode criar valor. Saber como fazer algo especial se ninguém o quiser é um desperdício.

164. ***Expectativas de prazos:*** Na terça-feira, não aceite algo que o seu empregado promete para sexta-feira, quando poderia ser feito hoje. Vai demorar o mesmo tempo, independentemente do prazo. Ele pode esquecer-se da pequena tarefa na sexta-feira. Faça-a o mais rapidamente possível, enquanto ela está na sua mente. O prazo deve depender do tempo necessário para concluir a tarefa. A tarefa deve ser-lhe entregue depois de concluída, em vez de ser entregue à pessoa antes de a tentar concluir. É essencial cumprir os prazos. Elogie as pessoas quando elas os cumprem. Não atribua tarefas a pessoas que não conseguem cumprir as suas promessas. Dê tarefas a outra pessoa em quem confie. Se alguém se queixar de que não o deixou fazer a tarefa, diga-lhe que não confia nele para a realizar. Dê-lhe mais tarde uma oportunidade de recuperar a sua confiança.

165. ***Organizar o talento:*** Deixe que o talento se auto-organize para realizar tarefas. Não tem de organizar tudo ou ser a pessoa que tem a resposta. Reserve algum tempo para reflexão ou planeamento estratégico enquanto os seus excelentes funcionários resolvem problemas para os seus clientes. Deixe-os selecionar os participantes com quem vão trabalhar e decidir as suas acções. Eles escolherão as pessoas que têm os conhecimentos de que precisam e com quem preferem colaborar. Ficará chocado com o que eles podem fazer se tiverem liberdade para marcar a diferença. Se virem uma necessidade e forem obrigados a resolvê-la eles próprios, farão um excelente trabalho em tempo real. A velocidade de um grupo de empregados libertados é impressionante. A inércia administrativa típica de muitas organizações não os sobrecarrega. Dê-lhes um orçamento discricionário que eles possam utilizar sem obter todas as aprovações necessárias. Eles surpreendê-lo-ão com as suas capacidades. Na próxima reunião de pessoal, dê destaque ao que fizeram na festa de Natal. Não se esqueça.

166. ***Implementação da mudança:*** Ao implementar a mudança, certifique-se de que não introduz simultaneamente demasiados esforços de mudança. Uma mudança avassaladora pode ser muito perturbadora e causar uma perda de foco. Uma organização fragmentada, devido a muitas iniciativas, fica rapidamente sobrecarregada e não consegue concentrar-se. Existe um ritmo ótimo para a implementação de iniciativas. A capacidade da organização para absorver a mudança é inata, mas também está relacionada com a magnitude perturbadora da mudança. Determine quantas iniciativas podem ser geridas em paralelo e não exceda esse número até que a capacidade de gerir mais iniciativas tenha sido estabelecida. Quando demasiadas iniciativas são lançadas em simultâneo, muitas não serão operacionalizadas de forma adequada.

167. ***Risco Tácito:*** Alguns funcionários possuem informações críticas sobre a empresa, como por exemplo, que poderiam manter a empresa refém se ameaçassem sair. O fluxo de informação deve ocorrer na organização para que essas pessoas possam tirar férias sem serem incomodadas. Também não podem ser promovidas se não estiverem dispostas a formar outros, porque não podem sair da sua posição sem que a organização incorra em riscos. Qualquer pessoa com conhecimentos tácitos deve documentar e formar outros para que eles e a organização possam prosperar. A informação deve fluir livremente para que qualquer pessoa que precise de saber como fazer algo possa facilmente descobrir e executar bem.

168. ***Volume de talentos:*** A aquisição de talentos deve estar relacionada com a necessidade prevista de recursos humanos. Algumas reduções podem ocorrer com ferramentas automatizadas e redução de desperdício de processos que ajudam a aumentar o rendimento. Se a previsão carecer de informação, parta de um pressuposto e peça uma visão mais exacta quando for questionado. A sua visão será a prevalecente até que seja apresentada uma melhor. O que acontece é o seguinte: precisa de mais capacidade, mas não há números que validem a sua afirmação. Não se obtém o que se pensa ser necessário para satisfazer o cliente porque os dados externos não estão disponíveis. O volume chega e o cliente é apanhado porque não consegue cumprir o prometido. Os danos colaterais são elevados e alguns dos seus colaboradores dizem: "Este sítio está um caos total e eu vou para um sítio que não arruine a minha saúde de cada vez que chega uma vaga de trabalho." Se

tivessem honrado o vosso palpite sobre a capacidade de que necessitam, não estariam nesta situação. Tinha sempre razão, mas eles não tinham números para provar que tinha. A precisão é a preferência, e se alguém tiver um método de previsão ou contactos melhores, então a informação que pode obter é valiosa. Podem ser utilizadas várias técnicas para aumentar a utilização de talentos e aumentar a capacidade, incluindo a partilha/deslocação de mão de obra, o aluguer (trabalhadores temporários), o empréstimo (aproveitamento de outros activos da empresa) e a transferência de trabalho para outra empresa (outsourcing). Não se trata de soluções milagrosas, mas existem outras acções eficazes no manual. Quando se consideram os recursos baseados no talento, há que ter em conta os prazos de aquisição, a orientação e a curva de aprendizagem.

169. ***Silos sem sistema:*** O isolamento torna uma empresa fragmentada. Muitas partes das empresas existem em silos. Têm a sua maneira de fazer as coisas. Dependendo do que consideram essencial, podem estar à frente ou atrás de outras unidades de negócio. A falta de um sistema ajuda-as a manter o seu silo e é difícil trabalhar com elas. São exclusivas e não têm interesse numa colaboração sinérgica. As suas receitas estão ligadas a várias relações com clientes-chave. As relações comerciais permitem cobrir os problemas, mas, ao mesmo tempo, é esta relação que é fundamental para as receitas. São o oposto da coesão e da unificação. Não querem um sistema porque isso criaria transparência. Têm um sistema que só eles utilizam. É difícil entrar; no entanto, algumas tácticas são possíveis. Quando eles têm demasiado trabalho, ofereça recursos. Estes recursos ajudá-lo-ão a descobrir como é a vida por detrás da cerca. Se houver um problema, ofereça-se para ajudar ou envie alguém para ajudar - outra boa fonte de informação. Nas revisões financeiras, descubra como é que eles se estão a sair. Certifique-se de que recebem a sua parte das dotações. Se não estiverem a ir suficientemente bem, ofereça-se para ajudar ou partilhe uma solução de poupança de custos. Se o seu cliente gere outros serviços, utilize-o como ponte para descobrir o que se passa por detrás da cerca.

170. ***Má execução:*** Algumas pessoas não sabem executar e não lhes deve confiar uma tarefa. Certifique-se de que sabe quem são essas pessoas e não lhes dê quaisquer tarefas ou atribuições. Ajude-as a compreender o que significa

fazer algo. Faça-os progredir lentamente. Eles têm de ganhar a oportunidade de fazer a diferença. Têm de ganhar a sua confiança. Mostre-lhes como planear e assegure-se de que eles sabem que está lá para os ajudar a ultrapassar os obstáculos. Dê-lhes algo "pequeno" e dê-lhes a oportunidade de serem bem sucedidos. Treine-os na arte da execução para que possam assumir tarefas mais importantes. Se a execução falhar, certifique-se de que eles sabem porquê e que sentem o seu desapontamento. Talvez eles não tenham a capacidade de aprender este aspeto da gestão. Descubra isso o mais rapidamente possível. As pessoas com capacidade de execução podem surpreendê-lo. Podem não ser pessoas da equipa de gestão existente. Muitos gestores "status quo" não conseguem fazer avançar os seus departamentos. Outros potenciais gestores de transformação estão à espera de serem ensinados e libertados por si para ajudar a empresa. Encontre-os. Liberte-os para executarem a estratégia que torna a sua função ou empresa valiosa para os seus clientes.

171. ***Participação política:*** Algumas pessoas podem executar mas não querem participar por razões políticas ou outras. Coloque-as numa situação em que tenham de se envolver. Se necessário, coloque-as à frente do chefe ou de um grande grupo para garantir a sua participação. Podem estar a esconder-se atrás de uma inadequação ou de um fracasso. Podem estar a ser egoístas, "Isto está abaixo de mim". Quando algo tem de ser feito, estas não são boas razões para atrasar toda a gente. Dê à pessoa a oportunidade de se envolver voluntariamente e, depois, se ela não quiser, force-a a entrar numa situação em que tenha de o fazer. Quebrar o gelo é fundamental, para que a ideia de ser político em relação ao futuro da empresa não seja uma opção. Também se pode recorrer a uma confrontação privada. Quanto mais não seja, terá tentado e provavelmente terá conseguido reunir mais informações sobre a resistência ao envolvimento. Normalmente, o envolvimento dessa pessoa é fundamental para as actividades que precisam de avançar, mas se não houver hipótese de envolvimento, escolha alguém que trabalhe para eles para fornecer as informações. Coloque-o à frente dos executivos para analisar a sua parte do puzzle. Os recalcitrantes vão animar-se quando virem que estão a ser deixados de fora e que alguém assumiu a sua parte na peça.

172. ***Pessoal flutuante:*** As pessoas não devem "flutuar". Devem saber o que é suposto fazerem e a quem devem prestar contas. Uma organização com

pessoas a flutuar é uma organização que tem muita ambiguidade de papéis e inércia. É difícil fazer as coisas. As pessoas não colaboram ou cooperam, criando um cenário dispendioso. A organização deve ser clara e concisa. As funções devem ser separadas para efeitos de responsabilização. Se alguém estiver a flutuar, isso deve ser reconhecido e rapidamente corrigido para que possa funcionar de forma a criar o máximo de valor possível para a organização e para si próprio.

173. ***Falha do processo:*** Não é culpa deles se alguém comete um erro. A culpa é sempre do processo. Se o empregado não se adapta bem à organização, como é que ele chegou lá? Porque é que isso foi tolerado se ele permaneceu numa posição que não se adequava a ele? Tinha instruções adequadas para realizar o seu trabalho? Tinha as ferramentas de que necessitava para efetuar o trabalho? Talvez os controlos no fluxo de trabalho não sejam suficientemente fortes. Como é que isso é culpa deles? Não foram eles que impuseram os controlos ao fluxo de trabalho. Porque é que lhes foi dada demasiada liberdade para fazerem uma escolha errada? Não deviam ter tido a opção de não seguir o procedimento (por exemplo, levantar dinheiro de uma caixa multibanco).

174. ***Cuidados Colegiais:*** Exigir que os talentos cuidem dos seus colegas. Ninguém pode falhar. Quando um falha, todos falham - não há elo mais fraco. A equipa vence em conjunto. Cada membro da equipa tem de ver se outro membro da equipa está a falhar, se não consegue trabalhar, se precisa de formação ou se precisa de ajustar o seu comportamento para ter um melhor desempenho. Um membro da equipa não pode carregar o resto da equipa. A equipa deve concentrar-se no sucesso em conjunto, utilizando as capacidades de todos os envolvidos; no entanto, as capacidades devem primeiro estar presentes. Por vezes, um membro da equipa não é adequado e as adaptações são impossíveis. Ter sucesso noutro lugar pode ser a melhor opção. Efectue a mudança rapidamente para que a transição possa ocorrer e as melhorias no desempenho possam ser sentidas por todos.

175. ***Reunião desperdiçada:*** Se as pessoas perderem tempo numa reunião, interrompa-as. Entre na reunião e reinicie a atividade em conjunto ou interrompa-a. Algumas pessoas dão prioridade ao seu tempo com reuniões que não criam valor. Certifique-se de que as pessoas envolvidas compreendem a

prioridade. "A linha 3 está em baixo. Esta reunião pode continuar quando ela voltar a funcionar." Discutir pode ser mais confortável ou desejável do que lidar com um problema. A falta de conhecimento das questões que precisam de ser resolvidas pode ser uma parte da decisão de reunir. Certifique-se de que os gestores estão imediatamente cientes das questões que são mais prioritárias do que uma reunião, para que possam gastar o seu tempo da forma mais proveitosa.

176. ***Observação do estado:*** É melhor ficar a observar um processo que está a funcionar do que ser muito ativo num processo que não está a funcionar. O objetivo não é ser ativo. O objetivo é ser bem sucedido. Ser bem sucedido e parecer não estar ativo sugere que está consciente das causas das paragens e que as atenuou. A ilusão de ação não pode produzir qualquer valor se as acções não estiverem a criar proactivamente a continuidade operacional. Evitar que os problemas aconteçam é muito melhor do que ser controlado por eles.

177. ***Estruturas limpas:*** Criar estruturas organizacionais com linhas de responsabilidade claras e limpas. Quando as estruturas são devidamente eficientes, torne-as públicas para que todos saibam quem está a fazer o quê e qual a sua posição na organização. Por vezes, as linhas são fracas. "O Frank tem uma linha pontilhada para a Sue e o John, mas reporta diretamente ao Bob." Agendas e estilos de liderança conflituosos dificultam a energia com que alguém se deve concentrar na realização dos objectivos mais alinhados com os objectivos da empresa. Se todas as linhas de reporte envolverem pessoas que estejam alinhadas e de acordo relativamente à abordagem, à estratégia e às prioridades das tarefas associadas, então as linhas múltiplas podem funcionar; no entanto, raramente é esse o caso.

178. ***Meio dedicado:*** Não tenha pessoas "dedicadas" afectadas a metade das tarefas. Está sempre a dizer que o Bob está totalmente dedicado a *esta* e *àquela* responsabilidade adicional quando não consegue fazer bem o trabalho que lhe foi atribuído. Acha que as responsabilidades de cada trabalho a que ele está "dedicado" serão cumpridas? Ele está disperso por várias áreas de responsabilidade às quais se dedicou. Está a prepará-lo para o fracasso e todas as partes interessadas ficarão desapontadas. Se alguém se dedica a uma área de responsabilidade, retire-lhe as outras responsabilidades. Se se tratar de uma situação temporária, enquanto se efectuam melhorias, retire-lhe as outras

funções até o problema estar resolvido e, em seguida, volte a atribuir-lhe as responsabilidades que tinha anteriormente ou outra coisa que seja necessária.

179. ***Vulnerabilidades inteligentes:*** A descoberta proactiva de vulnerabilidades requer pessoas brilhantes. A capacidade de prever os modos de falha e de os identificar com elevada probabilidade até aos pontos fracos requer um conhecimento profundo dos processos, dos materiais e das limitações da capacidade humana. Estes factores devem ser compreendidos individualmente e em conjunto, sempre que exista uma relação entre eles. Estarão correlacionados uns com os outros e terão diferentes forças de interação. A intuição apoiada por dados de tendências, utilizando uma inferência imparcial, pode levar à priorização do risco. Compreender a postura de risco como um instantâneo no tempo é valioso; no entanto, as tendências na probabilidade de falha são críticas para entender o que acontecerá a seguir.

180. ***Relações faciais:*** Tenha conversas cara a cara para otimizar a clareza, melhorar as relações, transmitir sentimentos e minimizar as reuniões/e-mails. A interação cara-a-cara potencia a linguagem corporal, que pode ser uma parte significativa da interação. A intensidade da interação pode acelerar a transferência de conhecimentos que podem conduzir a um consenso e alinhamento. O tempo necessário para o conseguir por correio eletrónico ou por outros meios pode ser muito mais longo. A influência é muito mais eficaz quando é possível uma interação pessoal. A interação individual também pode ser um desperdício; consequentemente, a natureza da interação deve ser sujeita a alguma disciplina, estrutura e concentração.

181. ***Contagem de pessoas:*** Há pessoas com quem se pode contar e pessoas com quem não se pode. Não perca o seu precioso tempo com pessoas com quem não pode contar. Se elas o desiludirem, certifique-se de que elas sabem que isso aconteceu. A culpa pode ter sido sua, porque não foi suficientemente explícito com eles. Pode ter dado instruções pouco claras, contraditórias ou ambíguas. Pergunte primeiro se a culpa foi sua, perguntando-lhe se a tarefa e o compromisso foram claros. Faça um esforço para ser claro aquando da entrega do trabalho. Por vezes, a ambiguidade pode ser incluída para permitir a descoberta e a criatividade. Se for essa a intenção, diga claramente ao cessionário que foi isso que fez e que foi de propósito. A sua

confiança pode inspirá-lo na sua capacidade criativa para produzir uma solução. Poderá estar a libertar o seu potencial de propósito.

182. ***Opções de negociação:*** Utilize apenas as opções ou ofertas necessárias para obter uma vitória. Tenha sempre uma opção disponível se precisar dela, caso ainda não tenha ganho e ainda queira ganhar. A possibilidade de desistir pode ser preciosa; no entanto, as consequências devem ser compreendidas. Se se afastar de um negócio, pode não lhe ser perguntado se existe uma oportunidade no futuro. Se estiver a negociar as condições de emprego de alguém, não o force a aceitar algo com que não se sinta confortável. As situações desconfortáveis vão-se deteriorar e piorar, e depois o talento muda-se para outra posição onde consegue o que quer. Coagir alguém a aceitar uma posição pela qual não se sente devidamente recompensado é uma vitória a curto prazo que influenciará negativamente a sua visão da empresa. Um bom negócio para a empresa não é necessariamente uma vitória para todos os envolvidos.

183. ***Voluntários vencedores:*** As pessoas inspiradas oferecer-se-ão para tarefas extra porque gostam de ganhar. O sucesso é uma parte da sua compensação. Embora estejam mais interessadas em ganhar do que em serem compensadas por isso, não se aproveite delas. Deve certificar-se de que eles se mantêm inspirados para vencer. Descubra o que pode fazer para reconhecer as suas conquistas e veja se isso pode fazer parte da sua remuneração. Os voluntários são diferentes dos trabalhadores remunerados. Têm de ser geridos de forma diferente, incluindo os trabalhadores remunerados a quem é pedido que se voluntariem para fazer algo para além das suas funções normais.

184. ***Gerir o orgulho:*** Se alguém se tornar arrogante, dê-lhe uma dura e veja como reage. Aproveite esta oportunidade para o pôr na linha antes que se torne numa prima-dona. Uma prima-dona é um herói de quem as pessoas dependem demasiado e que aproveita o seu estatuto para tomar liberdades que acabam por prejudicar a empresa. Não há lugar para a arrogância. Ela conduz a uma queda. A queda pode provocar danos que vão para além do impacto na pessoa. Ajude a pessoa que não tem auto-consciência e humildade a compreender que precisa de outras pessoas para ter sucesso. Ela precisa de gerir a forma como os outros a vêem. As pessoas que não conseguem gerir o seu sucesso podem vir a ser bem sucedidas, mas ninguém gosta delas, ninguém as ajudará quando caírem ou as seguirá se não tiverem de o fazer. Ajude-os a

compreender que a solidão que resulta do orgulho não vale a pena e deixe-os escolher a sua resposta.

185. ***Mudar a cultura:*** Tomar medidas para fazer evoluir a cultura numa direção boa ou melhor para o sucesso da empresa. Sabe onde está a cultura atualmente? Sabe onde ela precisa de estar para ser relevante? Sabe quais são os próximos passos evolutivos para a cultura? Tem um bom plano para chegar à próxima etapa? Consegue descrever a cultura no próximo marco? Se não souber onde está, não é fácil encontrar o seu próximo destino. Compreender o que falta à cultura e o que precisa de ser relevante em breve. Adquira os elementos culturais necessários com a rapidez necessária para se manter à frente. Depois, compreenda qual é a próxima etapa que não tem, mas que deve incluir. Adquira a capacidade de ver elementos do roteiro e atributos relevantes para o futuro o mais rapidamente possível. Continue o ciclo evolutivo à medida que se aproxima do que a cultura deve ser para prosperar nos seus mercados.

186. ***Ritmo de melhoria:*** Existe um ritmo e um ritmo de melhoria. Entre no ritmo com cuidado e depois acelere. As pessoas que trabalham para si devem esperar que as mudanças ocorram a um ritmo com o qual se sentem confortáveis. Continue a fazer mudanças a esse ritmo, porque esperam que o faça, e depois faça planos para aumentar o ritmo sem prejudicar a sua capacidade de executar eficazmente. Determine como irá alterar os seus métodos para que o ritmo possa melhorar e, em seguida, faça a gestão desses planos. Monitorize a capacidade dos seus empregados para se adaptarem ao novo ritmo e faça os ajustes necessários. Por exemplo, se adquirir e integrar outras empresas na sua atividade, com que rapidez consegue executar a integração das entidades independentes? O cumprimento do plano de integração a tempo indicará a capacidade de mudança da organização

187. ***Colaboração de talentos:*** Conseguir que os talentos colaborem de forma significativa. Não colabore apenas dentro do seu departamento, mas trabalhe com pessoas de todos os departamentos para obter uma vitória multi-departamental. Geralmente, eles apreciam a capacidade e a oportunidade de abranger locais e alcançar outras pessoas envolvidas noutros departamentos. A abrangência de funções é fundamental quando recebe configurações de departamentos a montante ou as envia a jusante. Os utilizadores darão feedback aos departamentos a montante relativamente à qualidade e oportunidade do

que recebem. Receberão feedback dos departamentos a jusante que utilizam as configurações que lhes são enviadas. Há aspectos do produto que não são necessários ou que não estão dentro das especificações? Esta informação tem de ser partilhada e a colaboração deve ser utilizada para reduzir o desperdício associado a atrasos e defeitos.

188. ***Encargos administrativos:*** Numa cadeia de fornecimento, elimine registos e arquivos duplicados, optimizando os documentos quando fizer sentido. Por exemplo, não faça cópias duplas, não guarde duplamente nem guarde todos os activos, configurações ou produtos que não serão necessários para referências de receitas ou de qualidade. Arquive apenas o que deve ser retido para referência ou utilização futura. Certifique-se de que os sistemas de transferência são eficientes, de modo a que não seja necessário um excesso de produção ou duplicados para garantir que a quantidade correta foi produzida. A proteção das embalagens e as medidas de mitigação da corrupção são necessárias para eliminar a necessidade de produção excessiva.

189. ***Ganho de vergonha:*** Se alguém demorar demasiado tempo a fazer alguma coisa, ameace dar a tarefa a outra pessoa. A remoção da tarefa pode ser feita publicamente. O preguiçoso pode dar um passo em frente e levar as suas tarefas até ao fim. Se a pessoa responder de forma agressiva, com um tom irritado, saberá que tem a atenção dela. Eles receberam a mensagem sobre a sua desilusão. Faça com que recuperem do atraso e diga a todos que estão a trabalhar diligentemente na tarefa e que esta não precisa de ser entregue a outra pessoa. Pergunte-lhes quando estarão disponíveis os resultados e peça-lhes que marquem uma reunião para os analisar. Eles não vão querer ir à reunião e não têm nada para partilhar. Diga-lhes que está entusiasmado por ver os resultados.

190. ***Faltar*** a uma reunião***:*** ***Faltar*** a uma reunião dizendo às pessoas para prosseguirem sem si. A ausência dá-lhes o poder de agir em seu nome. Peça-lhes que lhe disponibilizem as notas depois de a reunião estar concluída. Responda às notas, se necessário. Não só as pessoas ficam habilitadas, como também poupa tempo. Uma reunião de 60 minutos pode ser uma reunião de 5 minutos quando se olha para as notas da reunião. Se houver algo crítico nas notas que deva ser respondido, trate disso. Os participantes na reunião têm de perceber como resolver os problemas sem si e têm de ter direitos de decisão

para chegarem a um consenso sobre um plano de ação que tem de ser posto em prática com ou sem si.

191. ***Fluxo de trabalho calendarizado:*** Cada proprietário de empresa deve ter um roteiro de desenvolvimento do fluxo de trabalho calendarizado. Muitas linhas de negócio têm fluxos de trabalho que não são calendarizados. A ordem dada pelo cliente é calendarizada sob a forma de um SLA esperado. Consequentemente, os fluxos de trabalho internos devem ser calendarizados para corresponder às expectativas do cliente. Se for necessário acelerar o fluxo de trabalho, é necessário analisar cada passo para determinar qual é o caminho crítico. A calendarização deste caminho deve ser comparada com o SLA. Se houver uma lacuna, deve ser considerado o tempo que pode ser poupado em cada passo, de modo a que o tempo de ciclo nas operações seja inferior às expectativas do SLA do cliente por uma margem adequada.

192. ***Melhor formador:*** Encontre a pessoa que é a melhor em alguma coisa e peça-lhe para dar formação aos seus colaboradores sobre essa competência. O "algo" pode ser uma etapa de um processo que demora muito pouco tempo. Multiplique a poupança de tempo por milhares de ocorrências e o benefício é significativo. O fluxo de trabalho incluirá diferentes etapas e várias pessoas executá-las-ão bem. Estas pessoas conhecem a resistência dos materiais e os movimentos mais eficientes. Sabem onde estão os riscos de danos e quanta força cada item pode suportar sem quebrar ou ser corrompido. Estas capacidades devem ser descobertas, documentadas e partilhadas com todos os que executam a tarefa. Utilize um formato de workshop com a pessoa que domina a atividade e todas as pessoas a quem este conhecimento diz respeito. Reúna-os para que todos possam atingir um elevado nível de desempenho.

193. ***Gestores lentos:*** Alguns gestores dizem que vão terminar a tarefa num prazo prometido e depois não o fazem. Se esta situação se repetir, afasta-se deles. Eles prometem cumprir e depois não o fazem. Você lembra-o e ele não o faz. A entrega deles está a atrasar a sua entrega. Tornam-se o obstáculo quando aceitam uma tarefa e não cumprem as suas promessas. Continuarão a desculpar-se e nada será feito. Não perca o seu tempo com eles, porque vão prejudicar o seu desempenho. Procure outra pessoa que cumpra as suas promessas. Se as pessoas que não conseguem cumprir uma promessa se queixarem de que foram

deixadas de fora, diga-lhes que não pode confiar-lhes a atividade porque não cumprem as suas promessas.

194. ***Comunidades com conhecimento:*** Utilize comunidades de prática (COP) para acelerar a criação de conhecimento e a execução de tarefas. As comunidades de prática podem ser globais e também podem abranger toda a organização. Os participantes podem aprofundar o conhecimento de um tópico para encontrar respostas para problemas não resolvidos. As soluções superficiais não são robustas. As soluções profundas abrangem a maioria dos aspectos de um problema. Os participantes numa comunidade de prática aprofundam o conhecimento quando todos os especialistas reúnem as suas capacidades para resolver problemas dentro de um âmbito substancial.

195. ***Gerido localmente:*** É melhor gerir o projeto no local onde o trabalho está a ser realizado devido ao acesso às pessoas que estão a fazer o trabalho. A gestão à distância é muito mais difícil porque a distância limita o conhecimento da situação "no terreno". Os fusos horários podem também contribuir para dificultar a obtenção de informações ou a orientação. Os objectivos do projeto devem ser dados a conhecer ao gestor local para que possam ser planeados e executados de forma atempada e correta. Os desafios difíceis de ultrapassar podem ser encaminhados para assistência, se necessário.

196. ***Bateria:*** Quando escolher alguém para dirigir uma função, certifique-se de que essa pessoa tem a energia necessária para avançar no seu local de influência. Se a pessoa ficar atolada, é provável que não seja uma boa opção ou que haja um obstáculo intransponível à sua frente. É necessária uma grande "bateria" quando há muitas mudanças, porque há muito a fazer. A mudança inclui iniciar planos e fazer o acompanhamento até que as tarefas sejam concluídas. Em alguns casos, o gestor de projectos executa as tarefas sozinho e, noutros casos, precisa de utilizar a sua energia para garantir que as outras pessoas estão a progredir a tempo. Quando há necessidade de um dispêndio significativo de energia, o gestor de projectos deve ser capaz de o fazer.

197. ***Alavancagem do chefe:*** Alavancar o chefe para que as coisas sejam feitas. Dê-lhe a informação crítica sobre uma situação que precisa de ser resolvida. Ele pode agendar uma revisão da área com todas as partes relevantes. Pode fazer recomendações com base na sua análise. Assim que o convite para a

revisão for feito, as acções serão tomadas antes da discussão. Caso contrário, ficarão embaraçados. Quando souberem que você e o chefe estão alinhados, levá-lo-ão mais a sério.

198. ***Obrigação de discordar:*** Valorizar as pessoas que, racionalmente, discordam quando estão em desacordo. Antes de o fazerem, devem esclarecer os factos. Ser a pessoa que discorda de toda a gente não é construtivo, mas ter um ambiente que desafia e permite que as pessoas discordem e desafiem ideias é útil para refinar e dar prioridade a essas ideias. Se alguém tiver uma boa razão para que a ideia seja má e não se sentir à vontade para discordar, as consequências para a organização podem ser graves.

199. ***Más notícias:*** Valorize as pessoas que conseguem dar boas e más notícias sem preconceitos. Ficar a remoer as más notícias de forma consistente não é construtivo; no entanto, em muitos casos, as más notícias devem ser dadas a conhecer para descobrir e atenuar a causa. Não importa se o chefe gosta ou não da notícia. Ela é o que é e não mudará até que seja corrigida. Os seres humanos cometem erros que se devem transformar em oportunidades de aprendizagem. As máquinas avariam, revelando vulnerabilidades. Vai haver uma reação emocional do chefe, mas o drama não vai mudar nada. Ia resolver o problema de qualquer forma. Diga ao chefe o que pôs em marcha e pergunte-lhe se deve fazer algo diferente. Se partilhar sempre as boas notícias, começará a perder credibilidade porque o chefe pensará que há más notícias que não lhe são transmitidas. Um equilíbrio entre as duas, com uma média ligeiramente positiva, ajudará a minimizar o drama. O mais importante é que a sua confiança será reforçada pelo facto de ser sincero, independentemente das circunstâncias.

200. **Dar poder a quem faz:** Uma pessoa pode fazer muito trabalho com pouco esforço e envolvimento de outras pessoas. Outras pessoas fazem pouco e requerem muita atenção e energia. Dê poder à pessoa que faz as coisas com pouco alarido. Dê menos atenção às pessoas que requerem muita atenção. Essas pessoas vão consumir a energia que lhe foi atribuída para o dia. Ouça, mas não se deixe consumir.

201. ***Criar credibilidade:*** Se o chefe favorecer alguém, os seus colegas não gostarão automaticamente dessa pessoa. Teria sido melhor se a pessoa pudesse ganhar credibilidade sozinha. O favoritismo não é um atributo valorizado. Dê a cada um a oportunidade de conquistar a sua credibilidade

através dos seus comportamentos e do seu historial de sucesso. Não coloque uma pessoa numa posição de favorecimento injusto, pois as pessoas que trabalham com ela terão ciúmes da sua influência não merecida. Ter favoritos não é uma excelente forma de concluir as tarefas planeadas porque o favoritismo reduz a energia geral dos participantes. Crie credibilidade entre os participantes, assegurando que eles têm um caminho crítico a seguir. Apoie-os removendo obstáculos, mas garanta que a sua iniciativa é necessária para concluir o plano.

202. ***Bebés chorões:*** A prima-dona (ver acima) vai aumentar cada obstáculo porque não consegue resolver os problemas sozinha. E porquê? Porque ninguém gosta deles. São incompetentes. Foi-lhes dada uma boleia grátis. São favorecidos e não têm de prestar contas. Os botões quentes que desencadeiam uma reação do chefe são os que estes bebés chorões atacam como distração dos seus próprios problemas. O seu poder ou influência sobre o chefe vem do drama e não do desempenho. Eles são a roda que chia e que chama a atenção. Eles comportam-se desta forma porque funciona para eles. Não o permita. Force-os a serem capazes, tendo em conta os seus desafios, caso contrário não são adequados. Ninguém gosta de um choramingas e queixinhas.

203. ***Construtores excelentes:*** Quando alguém numa área da cadeia de abastecimento produz algo que pode ser valioso noutra parte, partilhe-o e dê-lhe crédito pelo que realizou. Construa a partir da excelência que acontece num contexto limitado, expandindo-a para um contexto mais amplo. Nomeie campeões para o item valioso e ligue o inventor a eles para que a capacidade possa ser duplicada rapidamente. O inventor pode partilhar e treinar os campeões para que eles sejam capazes de gerir a valiosa capacidade.

204. ***Manuseamento do poder:*** Dê aos subordinados diretos todo o poder de que necessitam. Se eles conseguirem resolver os problemas sem si, isso é ótimo (devem mantê-lo informado). Quando muito, deve ser o ponto de escalada, ajudando-os a serem poderosos face aos seus desafios. Se eles ganharem, você ganha. Dê-lhes oportunidades para se esforçarem, para que possa determinar o que eles podem fazer. Aproveite todo o seu potencial, apoiando os seus esforços e removendo os obstáculos. Explore as capacidades ocultas de cada pessoa e colha os benefícios de utilizar os seus dons de forma estratégica.

205. ***Opiniões fortes:*** Se alguém está empenhado, isso é bom. Tente perceber porque é que tem a opinião que tem. Pelo menos, reflectiu sobre o assunto e tomou uma posição que outros poderão não ter tomado. Compreender a razão da sua opinião pode ser esclarecedor. Podem ter uma boa explicação ou uma razão ilógica para a sua posição. A sua posição pode ser suscetível de ser alterada depois de compreendida. A pessoa pode ter reparado em algo que você não reparou, pelo que a sua perceção é diferente. Poderá ser capaz de mudar a sua perceção, preenchendo uma lacuna ou fornecendo alguma sabedoria, se conseguir ser resoluto numa questão que o ajude a concentrar-se na aplicação da sua intuição quando necessário.

206. ***Criar confiança:*** Criar confiança para que as pessoas a todos os níveis possam resolver problemas. Dê às pessoas a oportunidade de impressionar. A maior parte das pessoas aceitará o desafio. Não lhes foi permitido serem influentes antes, e agora a oportunidade está à sua frente. Quando são bem sucedidos, o seu historial de sucesso emergente produz credibilidade e confiança. No futuro, pode contar com eles para atingir os objectivos estratégicos a tempo e horas.

207. ***Mimetismo produtivo:*** Observe as rotinas das pessoas mais produtivas. Imite-as e partilhe-as com os outros. Em primeiro lugar, verifique se estão a saltar etapas ou a cortar caminho. A transparência será útil neste aspeto. Quando os seus métodos se revelarem eficazes, peça-lhes que ensinem os outros a serem tão bem sucedidos como eles. Chamar a atenção para o seu sucesso é inspirador e motivador. Dar-lhes a oportunidade de influenciar os outros irá beneficiar a produtividade da organização. Os empregados que utilizam as tácticas produtivas terão mais sucesso. A organização aperceber-se-á do valor de observar e imitar os métodos de desempenho.

208. ***Promoções por simpatia:*** Por vezes, os talentos são promovidos porque são simpáticos e bem-amados, mas não conseguem cumprir todos os requisitos fundamentais (por exemplo, preencher relatórios a tempo). Provavelmente, alguém o promoveu sem ter em conta as suas capacidades ou não considerou as capacidades para o cargo para o qual acabou de o promover. É necessário um processo de formação para garantir que as prioridades das tarefas de cada cargo são cumpridas pela pessoa que o ocupa. O cumprimento dos

objectivos pode estar ligado à simpatia, mas é subserviente a esta e não deve ter prioridade sobre ela.

209. ***Promessas não cumpridas:*** Não faça promessas ao talento que não tenciona cumprir. Oferecer uma cenoura para que eles se comprometam com algo que não querem fazer não é uma boa ideia a longo prazo. Eles vão esperar que cumpra a sua promessa e a frustração vai consumi-los e refletir-se no seu trabalho. Depois, dir-lhe-á que, provavelmente, não era a pessoa certa com base no seu desempenho, e ela aceitará um papel inferior. Se isto lhe acontecer, indique que quer conhecer as suas opções e quando é que toma a opção pelas promessas que têm de ser cumpridas. Se pretenderem um período de estágio, certifique-se de que a data de fim é conhecida e que a avaliação é efectuada. Se for abordado para assumir responsabilidades adicionais, alguém deve ter visto algumas boas qualidades em si. Isso deve ser suficiente para o período de estágio. Ser pressionado é muito stressante para o talento. Não aceite o acordo a menos que as condições sejam aceitáveis e oportunas.

210. ***Melhor desempenho:*** Deve ser utilizada a unidade empresarial com os melhores resultados. Se as outras se importarem, então podem melhorar e competir. Um executivo apontará para uma unidade de negócio e dirá: "Porque é que eles são tão bons e esta visão não é?" Se o local de origem não quiser mudar e os dados financeiros utilizados forem uma comparação justa, a resposta pode ser: "Vamos enviar-lhes mais trabalho, já que são tão bons." Isto resolve o problema. Se o local de origem se sentir mal com isso, pode melhorar para mostrar que é melhor.

211. ***Problemas difíceis:*** Não resolver problemas complicados torna-o mais infeliz. O "caminho feliz" é mais difícil de descobrir, e a maioria das pessoas evita-o. Deixar um problema complexo a apodrecer encoraja o contágio. O desafio foi identificado e está a tornar-se mais significativo a cada dia (considere o buraco). Desenvolver e implementar uma solução porque um problema identificado sem solução é tão mau como um problema com uma solução eficaz que não foi implementada.

212. ***Deficiência de políticas:*** Se um problema deveria ser orientado ou resolvido através de uma política existente, perguntar porque é que a política não está a funcionar. Será porque a política existente não é justa? É porque a política existente é fraca ou não está a ser aplicada? Se não tiverem uma, diga-

lhes para criarem uma para resolver o problema. Se tiverem uma, pergunte porque é que não está a funcionar, pois é esse o problema. O âmbito da política é limitado? A política não é aplicável? Se necessário, faça uma revisão da política, crie uma política que funcione e coloque uma estaca no chão, dizendo que, a partir desta data, esta é a política. Não tem nada a ver com o passado, apenas com o futuro .

213. ***Dizer com persistência***: Continue a dizer que vai fazer uma coisa até que ela seja feita. Se continuar a falar sobre o assunto, as pessoas vão perceber que é importante ao longo do tempo. A ideia será repetidamente colocada no topo das suas mentes. O processamento na sua mente continuará, e haverá discussões para responder a perguntas e clarificar as ideias. Os processadores precisam de mais tempo para "perceberem", mas quando percebem já estão todos envolvidos. Depois, eles vão fazer o que tem de ser feito, pois você quebrou o gelo da idéia, eles a internalizaram e agora estão prontos para executar a estratégia . Eles preenchem o vazio em relação ao que não sabem ou não compreendem. Está a criar um ambiente em que eles se sentirão confortáveis. Passou-os de "Não acho que seja uma boa ideia" para "Faz sentido, vamos fazê-lo".

214. ***A volta***: A pessoa sensível faz uma escalada à sua volta até ao chefe porque as suas necessidades não estão a ser satisfeitas com a rapidez necessária. A pressão volta para si para a deixar mais confortável. A pessoa tem o ouvido empático do seu chefe e contorna-o sempre que possível. Adivinha o que acontece? Ambos estarão por vossa conta a partir de agora. Desfrute da sua relação especial. Vejam se acham que conseguem resolver as coisas melhor do que se eu estivesse envolvido. Voltem e reconciliem-se primeiro antes de eu voltar a intervir. Agora já assumiste a responsabilidade pelo resultado. Algumas pessoas aprendem depois de um ciclo disto, outras precisam de vários ciclos. Quando se aperceberem de que traz valor e se reconciliarem, volte a intervir e termine o trabalho. O mais engraçado é que, provavelmente, já trabalhou na solução e tem a maior parte dela resolvida. Depois de eles terem girado as rodas, diga-lhes que já tem a solução e que passou para outros desafios. Da próxima vez, eles devem lidar com situações semelhantes de forma diferente.

215. ***Bom desempenho***: Os bons executantes estão à altura do desafio e terminam o trabalho. Há pessoas com tendência para a ação que são

motivadas pela realização. Ficam satisfeitas com a conclusão das tarefas e reconhecem que criaram valor . Sem oportunidades de realização, ficam aborrecidas e desmotivadas. Não os deixe ficar sem trabalho; simultaneamente, assegure-se de que não ficam esgotados. Eles deixarão que isso aconteça a si próprios, a menos que você intervenha. Reconheça as suas vitórias para que se sintam apreciadas. A apreciação impulsioná-los-á para a frente. Continue a dar-lhes oportunidades porque elas são geradoras de valor.

216. ***Ligação de artistas***: Ligue os executantes a outros executantes e encha-os de trabalho. Diga-lhes que têm muito trabalho para fazer, criando uma lista de pendências instantânea. Ajude-os com o que não for feito ou se ficarem bloqueados. Acompanhe os progressos para saber se eles abrandaram. O *gráfico de burndown* é uma ferramenta eficaz para observar o progresso a um ritmo adequado para estar dentro do prazo. Enumera o atraso e o ritmo que seria necessário para cumprir o calendário. Quando um grupo de pessoas com bom desempenho se junta e se concentra numa lista de pendências, pode ser super-aditivo porque uma diversidade de capacidades combinada com energia e concentração pode resultar num progresso rápido com menos esforço do que seria necessário num grupo de indivíduos a trabalhar separadamente.

217. ***Eficácia do trabalho***: Enquanto gestor, é responsável por este aspeto. Não se trata da quantidade de mão de obra que tem, mas do que faz com ela. Se tiver mais trabalho para fazer, mais mão de obra é aceitável se houver um retorno adequado sobre o custo do trabalho. Se a eficácia do trabalho for elevada, os lucros serão tão elevados quanto possível, dada a situação. Aumentar o ROI é o melhor plano para aumentar a eficácia do trabalho, mas, mais uma vez, o que está em causa é a eficácia e não o número de efectivos. Alguns factores podem estar fora do seu controlo. Factores externos como perturbações logísticas, motins, greves ou catástrofes naturais podem influenciar os resultados. Mesmo assim, a eficácia contínua deve evoluir a um ritmo melhor do que a concorrência se for essencial manter uma diferença.

218. ***PM preguiçoso***: Alguns gestores de projeto não querem realizar todas as tarefas que lhes são atribuídas, mesmo que sejam as mesmas tarefas que estão a ser realizadas por outros gestores de projeto. A tarefa foi atribuída dessa forma por uma razão. Se houver uma forma melhor, esta é bem-vinda depois de o PM compreender como as coisas são, porque são assim e os

pormenores sobre os sistemas que as suportam. Nestas situações, a ligação de uma pessoa de operações com o PM é adequada para explicar porque é que as coisas são como são. A pessoa responsável pelas operações pode recolher feedback sobre oportunidades construtivas, incluindo a formação do PM sobre os sistemas e o fluxo de trabalho e determinar se o PM tem a atitude e a adequação corretas.

219. ***Direitos de decisão***: Assegurar que as pessoas certas, aos níveis adequados, têm direitos de decisão que são do seu conhecimento e que são apropriados para as suas actividades. Os direitos de decisão devem aplicar-se às tarefas executadas. Um barista de um café tem o direito de decisão de repetir uma bebida se o cliente não gostar do que recebeu. Após a contratação, a satisfação do cliente acontece com a aprovação do gestor, uma vez que o serviço ao cliente é uma prioridade sem atrasos de escalonamento. Ter níveis mais elevados de direitos de decisão nos níveis mais baixos da organização para alcançar níveis elevados de atenção às necessidades dos clientes. A pré-aprovação reduzirá os atrasos no atendimento a pessoas com necessidades, capacitará os funcionários para verem e resolverem problemas rapidamente e reduzirá o esforço para liderar eficazmente, uma vez que as camadas de aprovação são contornadas.

220. ***Poder da cultura***: A sua equipa está empenhada? Em caso afirmativo, tem curiosidade pelas oportunidades? Estão a ouvir para descobrir e compreender os pormenores que envolvem a oportunidade? Estão a aprender sobre o ambiente em que a oportunidade se insere, de modo a poderem formular uma estratégia eficaz para obterem rentabilidade? Com cada uma dessas perguntas, a adesão diminui. Embora alguém possa estar empenhado, pode não ter curiosidade sobre as oportunidades. As pessoas podem não ouvir as opiniões dos outros para recolher informações relevantes para a oportunidade. Nem todos os que ouvem aprendem com eficiência ou rapidez suficiente. Nem todos os que adquiriram conhecimentos sobre a oportunidade conseguem formular e executar uma estratégia. No final, quantas pessoas são deixadas de fora em comparação com o número de pessoas na equipa? Se o rácio for pequeno, então o poder cultural é fraco.

221. ***Nível do gestor:*** Certifique-se de que os gestores estão a trabalhar ao seu nível de remuneração, tratando-os como se estivessem a trabalhar ao seu

nível. Um vice-presidente deveria estar a fazer o trabalho de vice-presidente. Se trabalharem um nível abaixo do nível para o qual estão a ser pagos, então o trabalho ao nível pretendido não está feito. Um vice-presidente pode ser responsável pela estratégia. Se o VP trabalha como gestor de linha de produção, pode não criar o plano estratégico. Se não o fizer, a organização paga por ele. Este gestor de linha muito dispendioso custa ainda mais dinheiro à organização quando os objectivos não são atingidos. Esperar que os gestores funcionem ao seu nível e abdiquem das tarefas que não lhes competem. Muitos gestores detestam ter de abdicar de uma parte da sua rotina. Um relatório que eles criam é problemático para dar a outra pessoa. É o fruto do seu trabalho e não pode beneficiar mais ninguém. Os gestores precisam de abdicar das rotinas que estão a fazer e que não se enquadram no seu nível salarial. Ao manterem essas actividades, estão a privar as pessoas mais baixas na organização de traçarem o seu crescimento. Não impeça o seu crescimento. Em vez disso, ajudem-nas a executar com excelência o seu nível.

222. ***Restrições de estímulo:*** Usar restrições para empurrar os participantes para posições ou comportamentos desejáveis. Colocar limites pode criar um foco, excluindo as coisas que não importam. Os participantes têm os seus favoritos e as suas irritações de estimação. Estes podem ser introduzidos na conversa, mas não são relevantes. Os limites podem canalizar a energia na direção em que ela precisa de ir. Ele também pode acelerar o movimento, criando um alinhamento de energia dentro das restrições. Perder tempo fora dos limites atrasa o progresso geral. As distracções podem resultar em atrasos e perda de energia

223. ***Adaptação bem sucedida:*** A adequação das capacidades à função organizacional está diretamente relacionada com o esforço necessário para o sucesso. Uma boa adequação acelerará a realização dos objectivos com menos energia. Uma má adaptação exigirá apoio adicional para atingir os objectivos. A escolha da pessoa certa para a responsabilidade inclui capacidades que vão para além de uma lista de competências. Os comportamentos também são fundamentais para uma boa adequação. Alguns exemplos vitais podem ser uma mentalidade de serviço ao cliente e uma tendência para agir atempadamente. Cada um destes factores constitui um desafio maior ou menor, dependendo da capacidade de adaptação dos participantes.

224. ***Reforçar as capacidades:*** Os comportamentos e as capacidades fazem parte da sua conceção. Trabalha-se com eles. Algumas pessoas têm uma inclinação artística e conseguem criar visualizações influentes. Outras pessoas têm uma inclinação analítica e conseguem ver padrões influentes nos dados. Os seus comportamentos vêm consigo, mas as suas competências mudam à medida que aprende. Algumas competências podem ser abandonadas porque não são utilizadas ou não têm valor. Outras competências são adquiridas por necessidade para atingir os objectivos a tempo. Não perca tempo a tentar mudar comportamentos que não podem ser mudados. Em vez disso, adquira competências que permitam que os comportamentos se tornem mais valiosos.

225. ***Definição de sucesso:*** O que é o sucesso para si? Se não tiver uma definição, como é que pode saber o sucesso que já teve? Não o pode medir se não souber o que é. Defina o sucesso por si próprio. Não deixe que os outros o façam por si, porque a definição deles é provavelmente diferente. O que é importante para eles não é tão importante para si. Quer uma vida diversificada e excitante, cheia de aprendizagem , trabalho significativo e relações de apoio? A sua definição de sucesso incluirá as coisas que são importantes para si.

226. ***Como lidar com os erros:*** Ninguém é perfeito. Os erros acontecem. O importante é conhecer as suas limitações e ter uma abordagem para lidar com elas. Os seus clientes, colegas e familiares vão observá-lo quando chegar a altura de admitir um erro. Também estarão interessados na sua recuperação e na forma como esta é gerida. Um erro cometido com um cliente pode fortalecer a sua relação com ele, dependendo da forma como lida com o erro. Não admitir prontamente que cometeu o erro é apenas mais um erro e mais desilusão. Não deixe que os erros se acumulem porque será mais difícil recuperar de vários problemas em vez de apenas um.

227. ***Teste de crenças:*** As suas crenças, bem como as crenças dos outros, podem não ser um verdadeiro reflexo da realidade. Saiba em que é que você e os outros acreditam para poder compreender e depois decidir o que é verdade. As crenças e teorias devem ser testadas para que se possa saber até que ponto são verdadeiras. As suas crenças podem precisar de ser refinadas quando testadas em relação a uma compreensão profunda da realidade. A maturidade reflecte a aprendizagem e o teste do que foi experimentado. Está

numa posição em que se pode agarrar àquilo em que acredita porque sabe que é correto.

228. ***Desempenho da decisão:*** As decisões produzirão resultados que devem ser conhecidos. Os resultados corresponderão ou não às expectativas. Compreender os resultados das decisões é o primeiro passo para ajudar a tomar melhores decisões ou reforçar escolhas comprovadamente eficazes. Vale a pena dedicar algum tempo à reflexão pessoal sobre o que produz resultados desejáveis. No âmbito dessa reflexão, considere o que pode ser feito para melhorar as decisões a partir de agora. Os resultados que estão abaixo das expectativas devem ser evitados e não repetidos.

229. ***Alavancar o Talento:*** O seu maior recurso é o talento que pode utilizar para atingir os seus objectivos. Os recursos de talento podem estar empenhados no seu trabalho, trazendo um elevado nível de energia . O nível de energia depende de quão motivados estão e se utilizam a sua energia para criar valor para a organização. Para ter sucesso, é preciso reconhecer que as pessoas são o seu recurso mais incrível. Reconhecer o talento é insuficiente, porque as pessoas também precisam de se empenhar e de estar motivadas. Para compreender isto, terá de saber o que as motiva. E, em seguida, aproveitar o seu poder para criar valor para a empresa.

230. ***Permitir a inação:*** Não permita a inação. Se alguém lhe der uma resposta vaga ou se desviar para outro assunto, prenda-o. A resposta à sua pergunta deve ser acionável, específica, mensurável, exequível, baseada no tempo e realizável. "O que é, como é que aconteceu, o que é que vai fazer e quando é que vai ser feito?" Na medida em que permite a utilização de respostas ambíguas, os outros vão perceber e fazer o mesmo. É uma tática de diversão. Passará todo o seu tempo a acompanhar a situação e, quando o fizer, obterá respostas mais vagas até desistir. É esse o objetivo da pessoa que está a ser interrogada. A inação não deve ser permitida. Algumas pessoas vão tentar empatar ou adiar a conversa. Pensam que a situação vai passar e que se vai esquecer do que lhes pediu para fazer. Se não for possível confiar-lhes a realização de uma tarefa, dê a tarefa a outra pessoa. Alguns empregados são excelentes executantes e estarão à sua frente. Os que têm um bom desempenho farão a tarefa sem que se aperceba. Ajude-os a serem mais informativos para

que não pense mal deles. Se eles lhe derem informações actualizadas, pode apreciar o que eles realizaram de uma forma significativa.

231. ***A melhor equipa do mundo:*** Onde quer que exista uma equipa, certifique-se de que é a melhor equipa do mundo naquilo que faz. Se não quiserem ser a melhor equipa do mundo, encontre pessoas que queiram sê-lo e substitua as que não querem. O seu trabalho é importante e não há lugar para a mediocridade. Compare outras organizações ou funções semelhantes noutros locais. O que é que eles estão a fazer que os torna bons no que fazem? Aplique a energia da equipa para superar a capacidade de outra pessoa. Desenvolver sempre as melhores capacidades de uma equipa para que esta se sinta orgulhosa do que tem. O trabalho é mais agradável quando se sabe que se é o melhor.

232. ***Contágio de energia***: Realizar tarefas não é apenas uma questão de gestão do tempo; é uma questão de gestão da energia . Se criar energia em torno de um objetivo, as pessoas trabalharão de graça para lá chegar. Se forem pagas, é um bónus. Estarão concentradas. Não se preocuparão com mais nada. Há muitos exemplos de pessoas que se sacrificaram para fazer algo significativo porque são apaixonadas pelo que fazem. Têm diante de si uma oportunidade de realizar um sonho. Sabe qual é a paixão das pessoas? Conhecem uma oportunidade disponível que lhes interessa? Têm a possibilidade de influenciar o resultado? Combinar a energia com a oportunidade produzirá um resultado notável.

233. ***Liderança própria***: Esperar que os gestores sob a sua alçada se liguem e colaborem com os outros sem o seu envolvimento ou apoio. Se estiverem alinhados com os objectivos e valores da empresa, por que não deixá-los liderar por si próprios através da colaboração e da influência entre departamentos? Não é necessário estar no meio de todas as questões para criar valor . O progresso consiste em realizar as tarefas corretamente e com antecedência, se possível. Deixe a equipa trabalhar arduamente em conjunto. Mostre-lhes que existe confiança entre si e eles. Se eles não precisarem da sua supervisão ou orientação, está a fazer um excelente trabalho a liderá-los e a treiná-los. Certifique-se de que eles recebem o crédito pelos seus esforços quando são bem sucedidos.

234. ***Combinações estranhas:*** Cuidado com as combinações invulgares de coisas. Algumas coisas não foram feitas para estarem juntas. O chefe pode

pensar que sim, mas pessoas que estão a fazer o seu trabalho sabem que não é suposto estarem juntas. Pode ser necessário alterar as peças para que sejam compatíveis, ou pode ser necessário não as ter. Um exemplo poderia ser um projeto de melhoria em que dois departamentos não relacionados são agrupados. O chefe pediu-o, mas quando as pessoas que fazem o trabalho são consultadas, não vêem a lógica por detrás da ligação. Uma ferramenta utilizada numa função pode não funcionar noutra. A infraestrutura pode funcionar para um conjunto de resultados, mas não para outro. A manutenção de combinações estranhas pode dificultar a execução de planos de mudança. Poderá ser melhor segui-las separadamente e ter iniciativas únicas que se apliquem à natureza única de cada área.

235. ***Pessoas mais rápidas:*** Altere o processo se quiser que as pessoas sejam mais rápidas. Porque não fazê-las trabalhar mais depressa? Elas não vão trabalhar mais depressa, em vez disso, vão cortar nos cantos. Quando se cortam atalhos, as vulnerabilidades são expostas à medida que as falhas acontecem. A melhoria da produtividade é uma luta contínua. A tendência é concentrarmo-nos nas pessoas e não no processo. Podemos arranjar pessoas melhores? A resposta é normalmente "sim", mas se já tivermos boas pessoas, é o processo que permite a velocidade do trabalho. A aceleração está relacionada com as ferramentas digitais e físicas que estão a ser utilizadas. Por exemplo, uma interface de utilizador (IU) pode ser pouco intuitiva e entediante. O utilizador pode precisar de mais/outros dados na página Web do que aqueles que está a ver para tomar uma decisão. O número de cliques para efetuar uma tarefa é elevado. Quando este número é multiplicado por muitos milhares, a ineficiência torna-se evidente. Uma ferramenta física pode ser demasiado pesada. Outra pode ser demasiado leve, embora executem a mesma tarefa. A ferramenta pode ser difícil de utilizar devido à forma como foi concebida. Uma única alavanca é utilizada para levantar os garfos de um empilhador. Noutra, é um joystick. Qual deles é mais rápido e mantém o controlo? O que está a ser utilizado pode não ser a ferramenta certa para a tarefa, uma pá versus uma retroescavadora. Nalguns casos, a pá é a melhor escolha. O caso de utilização tem de corresponder à conceção da ferramenta. Seja como for, é o processo que utiliza as ferramentas que deve ser considerado. Qual é a carga administrativa/despesas gerais para executar a tarefa? Este é um imposto sobre

o esforço. Quanto esforço é perdido devido a problemas de conceção do processo que retiram tempo e energia à tarefa? Um processo melhor produzirá melhores resultados. Os resultados incluem o processo de contratação de pessoal, o processo de fecho das contas no final do mês, o processo utilizado para formar os empregados nas competências de que necessitam e o processo para assegurar a exatidão do inventário no armazém. Um processo simplificado pode ser executado com precisão e rapidez, utilizando diferentes métodos e pessoas. O processo controla o desempenho.

236. ***Partes isoladas:*** Quando duas partes não se falam, é melhor convocar uma reunião e resolver o assunto. Especialmente quando existem dependências entre elas, como duas pessoas ou duas equipas, quanto mais tempo isto se prolongar, mais apodrecerá. Não colaborarão bem; mais importante ainda, não se preocuparão com a outra parte nem a alertarão para problemas com os quais se deve preocupar. As pessoas comportam-se de forma diferente quando estão frente a frente. É muito mais fácil escrever um e-mail zangado. O encontro físico cria uma oportunidade para reconciliar ou esclarecer as diferenças. Resolver rapidamente estes problemas de relacionamento ajudará cada pessoa ou equipa a compreender o seu papel no progresso. As relações antagónicas drenam a energia de uma organização. O interesse próprio deve estar alinhado com a direção que a organização está a seguir.

237. ***Aprendizagem iterativa***: Utilizar o feedback das avaliações de resultados para aprender a melhorar continuamente o processo. O feedback racional da avaliação de resultados pode impulsionar a evolução de um processo cada vez mais fiável. Estabelecer um passo evolutivo e depois avançar para o seguinte; no entanto, todos os esforços devem ser impulsionados por uma grande curiosidade e aprendizagem de especialistas. O processo de base é sempre a última revisão porque representa a última versão do processo. A última versão tornar-se-á a base para a próxima versão após o próximo ciclo de aprendizagem. O que é aprendido altera fundamentalmente o processo, permitindo-lhe evoluir.

Ser ágil

Um empregado ágil pode lidar com sucesso com uma variedade de desafios. A gestão ágil não é uma abordagem restrita à gestão. Em vez disso, onde o valor pode ser criado para a organização usando restrições éticas, o gerente ágil pode se adaptar e enfrentar o desafio (McPherson, 2016). Deve existir uma certa confiança nas capacidades e nas capacidades das pessoas que rodeiam o gestor para que este seja capaz de mudar para uma oportunidade melhor ou recuperar de uma oportunidade falhada (Snyder, 2013). As capacidades de impacto baseiam-se em ouvir ativamente, sintetizar informações e agir para garantir o sucesso (Groves & Feyerherm, 2022).

A agilidade consiste em adquirir ou deixar de trabalhar para otimizar os lucros (Setili, 2014). Um cliente pode abordar-nos com uma grande encomenda, ou pode ser assinado um novo contrato, duplicando a procura. A capacidade infinita é o pressuposto. Se o cliente conseguir um bom negócio consigo, pode querer explorar preços razoáveis. Podem pressioná-lo a fazer o trabalho para poderem beneficiar de preços diferenciados. A agilidade na operação sugere que a empresa tem uma capacidade de escalonamento rápida e significativa (Qin & Nembhard, 2015). O tempo de espera para atingir a capacidade desejada deve satisfazer as exigências do cliente. Com que rapidez se pode escalar? Com que rapidez pode integrar a tecnologia? Com que rapidez pode formar os seus empregados? Muitas questões críticas estão relacionadas com a agilidade. A agilidade refere-se tanto ao crescimento como à redução da capacidade (Tilman & Jacoby, 2019).

O talento ágil pode adaptar-se e crescer com pouco esforço (Crnogaj, Tominc, & Rožman, 2022). Quando as pessoas estão presas às suas rotinas, não se apercebem de que o ambiente empresarial está a mudar, assim como os requisitos para que a organização tenha sucesso. Para estar à frente da concorrência, o talento deve ser ágil, melhorando o seu processo e inovando para alcançar novos níveis de desempenho (Rožman, Tominc, & Štrukelj, 2023). O talento de sucesso é sempre curioso e, como resultado, está sempre a aprender. O conhecimento é criado, adquirido e transmitido àqueles que precisam dele. A informação partilhada pode ser aproveitada para atingir objectivos. Periodicamente, uma organização precisa de se recriar para que possa ser relevante (Ackerman, 2023). O talento ágil ajuda a organização a atingir este objetivo.

Figura20 . Um gestor ágil pode imediatamente mudar de direção e criar valor na nova orientação.

Eis algumas tácticas, sem qualquer ordem específica, que um líder de talentos pode utilizar para criar a serendipidade sendo ágil:

238. ***Delegar a liderança:*** Deixar que outra pessoa lidere a reunião. Não precisa de ser o centro das atenções em todas as reuniões. Ponha o seu ego de lado e apoie os outros na sua liderança, mesmo que estejam sob a sua responsabilidade. Apoie-os quando tentam fazer algo que os apaixona. Se for um colega, isto pode tornar-se um cenário de apoio mútuo em que ele o ajuda e você o apoia. Não se trata de saber quem liderou o esforço. O que importa é chegar à etapa seguinte. Pode não ser o melhor líder para ajudar a organização a chegar lá. O próximo marco pode ser melhor para si. Faça o que for melhor para a organização enquanto esta tenta atingir os seus objectivos.

239. ***Integração de relações:*** A capacidade de mitigar prontamente os desvios indesejáveis é possibilitada por relações baseadas na confiança e na responsabilidade. Estas relações de confiança devem ser transparentes

relativamente ao desempenho que se alterou. Devem alertá-lo para que possa ajudar a corrigir o défice de desempenho que, de outra forma, não teria conhecido. A sinceridade, juntamente com outros, ajudará a responsabilizar-se pelo desempenho em tempo útil. Os clientes podem ser incapazes de tolerar um atraso que é inaceitável para eles. Aproveite os relacionamentos para garantir que os clientes não fiquem com uma impressão negativa em relação à sua capacidade de recuperação.

240. ***Eficiência da programação:*** Devem ser recolhidos dados para determinar a eficiência da programação. A eficiência da programação reflecte o número de horas utilizadas para executar uma tarefa em relação ao número de horas programadas para executar a tarefa. Podem ser efectuados ajustamentos para melhorar a métrica. O algoritmo da métrica terá provavelmente de ser aperfeiçoado à medida que a eficiência é monitorizada. Poderão ser acrescentadas nuances adicionais, como o número de inserções no calendário ou tentativas de execução de uma tarefa em que esta não pôde ser iniciada devido a materiais defeituosos, incompletos ou em falta.

241. ***Velocidade de reação:*** Os relatórios de desempenho são instantâneos no tempo que são atrasados em vez de um meio instantâneo através do qual se pode reagir. Existe uma latência nos relatórios que deve ser considerada. "Foi este o seu desempenho no mês passado? O que é que fez para o melhorar?" A resposta poderia ser: "Esse relatório está a mostrar dados de há 30 dias. Fizemos melhorias significativas desde então". A informação em tempo real é mais rápida do que os relatórios periódicos. A informação instantânea pode ser utilizada para determinar acções e medir o impacto das acções tomadas. Se a análise pós-ação indicar uma melhoria, então a ação foi bem sucedida. Por outro lado, se a ação não corresponder às expectativas, podem ser tomadas outras medidas. Tempos de ciclo rápidos em eventos de mudança baseados em medições podem ajudar uma organização a manter-se saudável enquanto serve os seus clientes.

242. ***Partilha fluida:*** A partilha fluida e sem fronteiras de recursos atrai rapidamente os recursos certos para questões cuja resolução contribui para o potencial de rentabilidade. O processo de partilha deve ser rápido e fácil, uma vez que os custos devem seguir as receitas. Um sistema de auto-gestão será eficiente. Alguém pode optar por trabalhar no seu departamento, mas se a

capacidade for atribuída, pode optar por trabalhar noutro departamento, assumindo que tem as competências necessárias para realizar o trabalho. Qualquer que seja o sistema, para ser fluido, precisa de ser executável sem grandes despesas gerais, ou mesmo nenhumas. Os direitos de decisão para as atribuições de trabalho em regime de self-service devem ser transferidos para o nível mais baixo possível da organização. As aprovações retiram tempo ao horário de trabalho.

243. ***Tarefas sinérgicas:*** As tarefas sinérgicas são partilhadas por funções críticas para a execução dessas tarefas e as recompensas associadas. Quando estas tarefas são registadas, a formação pode ser realizada. A formação cruzada permite a transferência de recursos que podem completar com sucesso tarefas em departamentos que partilham actividades semelhantes. A capacidade de transferir talentos pode ajudar a organização a lidar com picos no volume previsto sem adquirir e formar novas pessoas. Algumas tarefas são semelhantes, mas não exatamente iguais. Será necessária uma avaliação da diferença entre as tarefas para compreender o défice de formação. "Já pilotei muitos aviões, mas o cockpit deste parece um pouco diferente daquele a que estou habituado."

244. ***Atribuição de trabalho:*** O trabalho pode ser atribuído de forma rentável quando os custos de capacidade são compreendidos e os gestores da cadeia de abastecimento partilham os seus recursos de forma agressiva. As atribuições de trabalho não devem ocorrer até que estejam prontas para serem transferidas. Todos os materiais, instruções e especificações adequados devem estar disponíveis, para que os técnicos saibam o que construir. Começar antes de qualquer um destes elementos estar disponível será, muito provavelmente, um desperdício, uma vez que o trabalho tem de ser levado aos técnicos e, depois, ficará à espera de um elemento crítico. A atribuição deve ser feita ao recurso que conduzirá eficientemente o trabalho com base na priorização da programação e na disponibilidade de recursos. Os lucros aumentam ainda mais quando o talento subutilizado é redistribuído para ajudar nas necessidades de capacidade fora do seu departamento. Em conjunto, estes factores podem otimizar os lucros.

245. ***Colaboração Multidirecional:*** A natureza multidirecional da colaboração inclui a oferta de assistência e a receção de feedback sobre o apoio, tudo isto possibilitado pela consciência ambiental e pela escuta ativa. A escuta ativa permite a compreensão, a criação de sentido, o processamento, o

alinhamento, a recalibração, a revigoração e a descoberta. Certifique-se de que todos têm a oportunidade de ser ouvidos e de que se sentem livres para serem autênticos. A sua voz é essencial e o seu envolvimento nas conversas não pode ser eliminado ou diminuído. A maioria das pessoas numa empresa não está empenhada. Quando um assunto é discutido, todos os momentos são críticos. Nem todos estarão corretos, mas a diversidade de pensamento ajudará a definir o melhor caminho a seguir. Cada um pode ser brilhante à sua maneira, mas o significado da sua contribuição varia. Por vezes, será significativa e, noutras ocasiões, será pequena. Nada disto acontecerá se não houver um debate saudável. Uma discussão ativa deve tentar produzir as melhores informações, respostas e resultados. Cada pessoa envolvida deve ter a oportunidade de contribuir de alguma forma. Quando não existe um caminho claro, alguém tem de decidir o passo seguinte, porque tem de ser feito a tempo. Os inibidores incluem o medo, a parcialidade e o facto de se sucumbir à incerteza. O gestor precisa de perceber se há algo a bloquear a colaboração. O elefante na sala precisa de ser abordado rapidamente.

246. ***Missão-Visão:*** Os objectivos mensuráveis devem estar alinhados com a missão e a visão da empresa. Os objectivos podem ser dados diariamente ou anualmente para atingir as metas organizacionais. Uma racionalização entre os objectivos e as metas deve produzir periodicamente uma compreensão do alinhamento entre eles. Um desafio deve ocorrer se houver uma perceção de falta de alinhamento. O executor do plano deve saber que o objetivo não mudou. Se as metas da organização mudaram, então os objectivos também devem mudar. Uma racionalização revelará uma lacuna, caso exista. Os colaboradores podem determinar que já não se adequam ao rumo que a organização está a tomar ou, por outro lado, podem ser mais adequados do que eram.

247. ***Continuamente curioso:*** Incentive as pessoas da empresa a questionarem e a serem transparentes sobre o estado, a conceção e a execução dos projectos. É muito melhor ter uma pergunta que revele um descuido ou uma oportunidade do que não ter tido essa pergunta. O espaço de oportunidades é vasto e inexplorado. Um simples estudo do tempo de um fluxo de trabalho revelará que a maior parte do tempo utilizado para fazer algo é desperdiçado, apesar de toda a gente estar ocupada. A curiosidade deve questionar o

desperdício e as oportunidades que o atenuam. A curiosidade pode ajudar na evolução do produto e da organização. "E se nós...?" deve ser uma parte natural de qualquer conversa. Quando isto se tornar uma norma, todos devem ter a oportunidade de expressar a sua curiosidade. Algumas das melhores ideias residem naqueles que não dizem nada. Não permitir que a sua curiosidade crie valor é uma perda significativa. A capacidade de criar novo valor advém da oportunidade de manifestar interesse e aprender. Dê a todos a oportunidade de aprender. A acumulação de conhecimentos, a intuição baseada na experiência e os dados podem conduzir a uma sabedoria que coloca a organização numa posição competitiva em relação às oportunidades disponíveis. A curiosidade pode aumentar significativamente as receitas provenientes da excelência dos serviços e os lucros provenientes da inovação relacionada com os custos.

248. ***Boa discussão:*** Vá falar com as pessoas em vez de lhes enviar e-mails. É possível obter muito mais informações de pessoas que estão a ser envolvidas em tempo real. Chame a atenção das pessoas e faça perguntas para obter uma resposta. Pode tomar uma posição e obter uma reação. Pode provocá-las para testar a sua determinação. Estes objectivos são difíceis de alcançar numa mensagem de correio eletrónico; a sua conclusão demorará muito mais tempo. A partilha de conhecimentos e a obtenção de consenso são muito mais rápidas quando se utiliza o contacto pessoal.

249. ***Quadros intermédios:*** É necessário que haja profundidade na estrutura para que o funcionamento da organização seja sustentável quando um gestor não está disponível (viagens, doença, férias). A organização não pode desmoronar-se quando isso acontece. Se a vulnerabilidade existir, então trata-se de uma falha de gestão. A organização deve ser estruturada de forma a ter uma força de gestão de referência. Cada parte de uma cadeia de abastecimento depende da outra parte. As dependências têm de ser contínuas e não podem ser interrompidas. Quando um gestor está ausente, os contactos alternativos devem ser divulgados à organização e aos clientes, conforme aplicável. Estas alternativas têm de ser capazes.

250. ***Tirar partido da hierarquia:*** Considere os benefícios da mudança de poder nas equipas. Quem tem mais hipóteses de levar a equipa à vitória quando há um desafio? Nem sempre é a mesma pessoa. Certifique-se de que sabe quem pode garantir a obtenção dos melhores resultados. A seleção pode

exigir uma compreensão mais profunda das capacidades e interesses de cada membro da equipa. Ter uma variedade de interesses utilizáveis pode influenciar a eficiência dos resultados. Atribua tarefas alinhadas com as capacidades para motivar e energizar a equipa.

251. ***Capacidade dedicada:*** Em vez de colocar um especialista de outro departamento para se ocupar da atividade no departamento, automatize a função até ao ponto em que as pessoas do departamento possam executá-la sem um especialista dedicado. Estar limitado por um especialista é complicado. Elimine a dependência descomplexificando o fluxo de trabalho e atribuindo tarefas simples e repetitivas a uma automatização fiável. Uma capacidade dedicada deverá ser mais fiável e exigir menos gestão.

252. ***Assistência à colaboração:*** Permitir que os gestores colaborem com outras pessoas fora do seu departamento. Devem ter uma relação produtiva com todos os departamentos. A colaboração é uma excelente oportunidade de aprendizagem. Nalguns casos, deparam-se com um obstáculo e não podem continuar. Certifique-se de que eles sabem que o devem informar quando isso acontece. Envolva-se para eliminar o bloqueio. Eles devem saber que está lá para os ajudar a avançar.

253. ***Assumir riscos:*** O medo esmaga a assunção de riscos e a aprendizagem. A aprendizagem não tem valor se não se compreender a dor ou a penalização da ignorância. A assunção de riscos não é benéfica a menos que se compreendam as consequências de estar atrás dos seus concorrentes. Com a compreensão vem a capacidade de resolver problemas de forma a que seja improvável que voltem a ocorrer. A ignorância dá rédea solta às vulnerabilidades no processo. O fracasso deve ser orientado para o futuro próximo, de modo a resolver os problemas que não são tão importantes como o serão em breve.

254. ***Ambiente de aprendizagem:*** A familiarização com o ambiente da empresa levará alguns meses. Há muitas coisas a aprender para além da localização das casas de banho e do funcionamento da máquina de café. Os novos empregados estão num ambiente desconhecido. Se vierem de outra empresa, têm de desaprender como era lá e aprender como é no seu novo emprego. Se disserem: "Na minha terra fazíamos assim...", avalie a sua ideia em vez de a rejeitar. Podem ser partilhadas muitas práticas de empregadores anteriores que podem ter um benefício positivo. Quando a desprogramação

estiver concluída e substituída pela reprogramação, podem aprender sobre o seu trabalho. O conjunto de conhecimentos é vasto do ponto de vista deles.

255. ***Fluxo de trabalho de aprendizagem:*** Todos os processos podem ser descritos por um fluxo de trabalho. Crie um diagrama que mapeie os materiais ou informações recebidos e os passos que aproveitam as informações, criando uma sequência de configurações. De seguida, identifique o resultado do processo. Para compreender bem o processo, comece por conhecer as especificações das entradas, as configurações e os resultados. De seguida, compreenda o fluxo de trabalho que cria as configurações e os resultados em conformidade com as especificações. Com este conhecimento, é determinado o planeamento da capacidade dos recursos para executar o fluxo de trabalho, seguido da determinação dos factores de fiabilidade que podem influenciar a qualidade dos resultados ou das configurações ao longo dos caminhos do fluxo de trabalho. Com esta compreensão e capacidade, pode tomar decisões estratégicas sobre o que pode fazer e como pode executar para atingir as especificações de acordo com as expectativas do seu cliente.

256. ***Tempo de conclusão:*** Assegure-se de que existe um tempo de conclusão previsto para cada tarefa atribuída. Se cada tarefa num fluxo de trabalho não for monitorizada em relação ao tempo de conclusão, então a quantidade de tempo que o fluxo de trabalho é atrasado no final será significativa. A disciplina no âmbito do fluxo de trabalho deve ser criada ao nível da tarefa . A cada tarefa deve ser atribuído um período de tempo tal que o tempo de execução de toda a sequência corresponda às expectativas do cliente quanto ao tempo entre a encomenda e a disponibilização do produto num determinado local.

257. ***Escalonamento da ajuda:*** Em vez de estar no meio de todos os problemas e decisões, estabeleça pontos de escalonamento. O escalonamento é o local onde as pessoas se podem dirigir para obter ajuda, caso necessitem. Estes pontos de escalonamento podem ser identificados em diagramas de fluxo de trabalho. Quando um problema causa um bloqueio ou se o processo está a produzir defeitos sem que seja encontrada uma solução, é necessário um escalonamento para corrigir a ineficiência do processo. A ineficácia do fluxo de trabalho é intolerável, pelo que a instalação de produção pode ter de ser encerrada enquanto o processo está a ser melhorado. Com a melhoria, virá a

fiabilidade do serviço. Sem o escalonamento, o fluxo de trabalho ficará paralisado e os participantes ficarão presos.

258. ***Inclusão estratégica:*** Para poder avançar rapidamente, certifique-se de que todos são incluídos no planeamento estratégico que deve ser feito. As decisões devem ser tomadas com um âmbito alargado, mesmo que a implementação seja limitada. O efeito de onda de uma mudança é surpreendentemente significativo. O impacto é parcialmente conhecido, parcialmente desconhecido e parcialmente indetetável. Quando os participantes certos estão envolvidos, a sua capacidade de aprender é melhorada. Estes participantes podem fornecer informações sobre os condicionalismos de uma mudança e as oportunidades de aceleração. Certifique-se de que tem as pessoas certas à mesa quando uma estratégia é formulada e documentada.

259. ***Variação de talento:*** Um tamanho único não serve para todos. Não se pode planear para o empregado ou cliente médio. É necessário fazer algumas adaptações para os clientes e para os empregados que não se enquadram nesse tamanho único. Vale a pena, porque as oportunidades de servir os clientes ou de potenciar a utilidade de uma pessoa produzirão uma recompensa significativa. Temos de determinar o que é necessário para satisfazer as necessidades de todos e sermos bem sucedidos em conjunto.

260. ***Não compreender:*** Por vezes, os empresários não o compreendem porque não pensam como você. Tem um produto que resolve os seus problemas, mas eles não vêem o valor e não estão interessados. Eles preferem sofrer ou cuidar do problema a um custo múltiplo. "Porque é que eles não percebem?" Encontre um dos seus empregados que tenha a mesma mentalidade que você, veja a oportunidade e explique-lhe. Quando ele perceber, pode explicá-lo ao seu chefe. Passar a informação desta forma pode ser a única hipótese de fazer passar a mensagem. Aproveite estas relações.

261. ***O melhor mensageiro:*** Conhecer a melhor pessoa para transmitir a mensagem aos participantes. Se for o chefe, então deixe-o fazê-lo. Se não tiver a certeza da mensagem, cite o chefe. Pode ser que o nível mais baixo de liderança deva apresentar a mensagem. Antes de a apresentarem, certifique-se de que compreendem o conteúdo e o contexto. Se necessário, pode dar-lhes pontos de discussão para seguirem. Não sinta que tem de monopolizar a comunicação.

262. ***Mão de obra flutuante:*** Se precisar de uma pessoa cujo chefe não está a gerir, pegue nela e utilize-a até que o chefe o contacte. É bom porque está a utilizá-lo para fazer a diferença na organização enquanto o chefe está preocupado com outra coisa, não quer saber, ou está a organizar-se. Se o trabalhador flutuante estiver disposto a fazer algo significativo, dê-lhe uma oportunidade. O chefe pode ficar aliviado por saber que ele está a merecer o seu salário. Reconheça-o perante o chefe para que não sinta qualquer negatividade por trabalhar consigo.

263. ***Escalonar as objecções:*** Se alguém disser: "Não pode ser feito", faça-o. Se puder ser feito, então as objecções devem ser ultrapassadas para realizar o que quer que seja a tempo. Uma atitude de "posso fazer" é o início do progresso. Uma única pessoa pode não saber como realizar a tarefa. Isso não significa que outra pessoa não seja capaz de resolver o problema. Dê a outras pessoas a oportunidade de resolver o problema porque, em última análise, o problema tem de ser resolvido

264. ***Melhores informações:*** Certifique-se de que as informações que utiliza são as melhores possíveis. Mesmo os melhores dados possíveis podem não ser suficientemente bons. Os dados que não forem bem recolhidos ou corretamente tratados podem ser sujos e enganadores. Faça um esforço para determinar como adquirir dados suficientemente exactos para serem úteis. Os dados que não são suficientemente limpos para serem úteis não devem ser utilizados porque estão contaminados. Isso conduzirá a falsas inferências. As acções subsequentes não serão tão construtivas como é necessário.

265. ***Mapeamento de competências:*** Mapear as competências de cada empregado e relacioná-las com os requisitos de capacidade. Determine a próxima competência que deve ser aprendida e que exige um esforço incremental mínimo. Uma vez determinada esta competência, mapeie outras competências que devem ser adquiridas utilizando o mesmo princípio. Este plano de aquisição de competências deve ser uma progressão lógica que corresponda às necessidades de capacidade previstas. O esforço será mínimo, uma vez que cada conjunto de competências se baseia, em certa medida, no anterior. Em última análise, pretende-se ter todas as pessoas certas com as competências certas para cumprir o calendário e ter talentos que estão a crescer nas suas capacidades para executar várias tarefas. Os bons empregados

apreciarão a ideia de aprender e crescer nas suas funções e responsabilidades e apreciarão a variedade das tarefas que lhes são atribuídas. Certifique-se de que tem uma forma de monitorizar o seu desempenho e de o acompanhar através das suas várias competências. Seria prudente emitir um alerta caso não tenham exercido uma competência num período de tempo pré-determinado.

266. ***Talento da equipa:*** Se o proprietário de uma empresa não tiver as competências ou o interesse para fazer algo, pergunte-lhe se pode trabalhar com alguém da sua equipa. O gestor da empresa pode estar preocupado com outras prioridades e agradece a sua ajuda para resolver o problema com um dos seus empregados. Isto preserva o conhecimento dos empregados dentro da organização e dá ao líder da empresa uma forma de monitorizar e influenciar o progresso.

267. ***Procura de talentos:*** Se precisa urgentemente de algo que não consegue obter a um preço razoável, considere pedir aos seus empregados que o façam por si. Muitas oportunidades feitas em casa podem resolver problemas. Os empregados têm competências que vão para além do trabalho. Podem, durante um curto período de tempo, fabricar ou fornecer produtos temporariamente indisponíveis. Um exemplo foi a recente situação em que não havia toalhetes higiénicos devido à escassez. Um empregado fez toalhetes com o teor de álcool adequado e levou-os para o trabalho. Estes artigos eram essenciais para a continuidade da atividade, uma vez que os empregados não queriam ir trabalhar se não houvesse higiene. Existem muitas soluções do tipo "faça você mesmo" para os problemas das instalações. Os empregados sentem-se especiais se puderem contribuir de forma excecional. A sua lealdade e boa vontade podem ser aproveitadas e reforçadas através desta abordagem.

268. ***Opiniões ruidosas:*** A pior combinação numa pessoa é quando alguém não é credível e é simultaneamente opinativo. Esta pessoa é um desperdício para se ter por perto. Mesmo que tenha uma opinião, não vale a pena ouvi-la. Essas opiniões são apenas ruído que deve tornar-se mais alto e mais dramático para tornar a sua opinião mais credível. O barulho, os palavrões e o drama não produzem credibilidade. Eles diminuem-na. Não se deixem enganar. Há outra coisa que podem fazer com o vosso tempo.

269. ***Processo de escalonamento:*** Ter um processo normal e um processo de escalonamento. As excepções terão de ser tratadas de forma

diferente. As excepções vão acontecer. Não devem ser a norma. Se assim for, existe um problema de gestão geral porque o caos está no comando. O processo de escalonamento é fundamental para o tratamento das excepções. A informação correta, num formato adequado, deve chegar à pessoa certa, no momento certo, para que as excepções sejam tratadas sem sofrimento ou contágio a outras partes da cadeia de abastecimento. Certifique-se de que os utilizadores conhecem o processo de encaminhamento e os prazos associados.

270. ***Compreender a verdade:*** As interações com os outros tornam-se mais significativas se o aproximarem da verdade. "Nunca tinha pensado nisso dessa perspetiva. Agora compreendo-o melhor". Uma curiosidade aguçada gerará inquéritos que produzirão conhecimentos que antes eram desconhecidos. Uma compreensão mais completa criará uma imagem mais completa do tema. As razões para os eventos, quando compreendidas, podem levar a uma maior capacidade de prever eventos futuros semelhantes, porque a verdade sobre a situação não mudou. O que mudou através de interações significativas foi uma melhor compreensão da verdade.

271. ***Acompanhamento:*** Muitas iniciativas não são concluídas. Os benefícios que poderiam produzir não se realizam. Por vezes, as iniciativas nem sequer são iniciadas. Por vezes, estão quase concluídas, mas depois são interrompidas. Para evitar esta situação, faça o acompanhamento, seja transparente, ultrapasse os obstáculos e não parta do princípio de que as respostas às suas perguntas estão corretas. Não faz mal confiar mas verificar, porque a pessoa que oferece a informação tem preconceitos e interesses próprios que a influenciam e motivam.

272.***Adaptação bem sucedida:*** Compreender os seus valores e capacidades e adaptar-se a um ambiente de trabalho que corresponda aos seus interesses. Os comportamentos defensivos, emocionais e orientados para o ego são bloqueadores da aprendizagem e da realização. Quando exibidos, sugerem que não está num ambiente em que se encaixa. O seu nível de adaptação influencia as suas decisões, a sua recompensa e a sua qualidade de vida. A fórmula para o sucesso poderia ser:

Verdade + Ideias + Vontade + Envolvimento = Sucesso

O trabalho que faz deve ser significativo para si; no entanto, o seu sucesso é influenciado pelas suas relações. As suas relações têm de ser significativas para que tenha uma boa adaptação.

273. ***Foco no âmbito:*** A focalização do âmbito é comprometida por uma gama excessiva de actividades e pela desunião colaborativa. Um âmbito tem uma área de cobertura óptima. Se a área for demasiado comprimida, os resultados não serão tão significativos. A gestão existente será demasiado fragmentada para atingir os objectivos se o âmbito for demasiado grande. A fragmentação é parcialmente causada por uma falta de empenhamento por pessoas não incluídas na tomada de decisões estratégicas. O nível de colaboração será mínimo neste cenário, devido às fragilidades das relações e à falta de confiança.

274. ***Vácuo do*** gestor: Não permita que ocorra um vácuo do gestor , mas quando isso acontecer, preencha o vácuo rapidamente. Esteja disposto a dar o lugar a outra pessoa quando tiver resolvido a situação e esta estiver novamente estável. Um vazio de gestores terá muitos efeitos prejudiciais. Alguns deles são visíveis e outros não. Estes últimos são riscos perigosos, porque nunca se sabe quando é que serão sensibilizados e se tornarão problemáticos. Pode recuperar as áreas que consegue ver, mas as que não consegue ver serão uma surpresa para a qual pode ou não estar preparado. Se preenchermos o vazio, evitamos que as surpresas se tornem vulnerabilidades significativas.

275. ***Capacitar os especialistas:*** Se for caso disso, os peritos devem ter a capacidade e a autoridade para tomar decisões para a organização que se enquadrem no âmbito das suas competências. Os peritos devem ter direitos de decisão que lhes permitam utilizar as suas capacidades sem serem bloqueados por níveis administrativos de aprovação. Quando são necessários níveis de aprovação, isso revela apenas falta de confiança. A atribuição de direitos de decisão adequados a um perito faz o contrário. O tempo de resposta será mais curto e as soluções serão mais poderosas e atempadas se os especialistas puderem resolver os problemas ao mesmo tempo que se alinham com os valores e normas da organização .

276. ***Tarefas incompletas***: Pode ser enviado periodicamente um resumo executivo do estado das acções, amplamente distribuído, para chamar a

atenção para as actividades que não estão concluídas. Se uma tarefa não deveria estar presente ou se o calendário estiver errado, não se esqueça de fazer a correção. Por outro lado, a vergonha de estar nesta lista, que é amplamente distribuída, forçará as acções a serem concluídas pela pessoa procrastinadora. Todos estão à sua espera. A motivação é que ninguém vai querer ter um item de ação pendente ou atrasar-se numa atividade com um compromisso de tempo. O resumo periódico ajudará a que todos cheguem à meta.

277. ***Gerir a agressividade***: Se o chefe lhe disser para ir atrás de algo de forma agressiva, faça-o. Ele está a abrir a porta a um nível de energia elevado e mostrou que a tarefa é uma prioridade. Depois, se as pessoas com quem está a trabalhar disserem que é demasiado agressivo, afaste-se um pouco para ver se o nível de energia precisa de ser mantido a tempo. Se a produtividade se desviar, o nível de energia deve ser restaurado para ultrapassar a inércia organizacional. Se o chefe lhe disser que está a ser demasiado agressivo, tome nota e coloque a data. Reduza a sua agressividade, mas tenha cuidado, porque mais tarde, quando o objetivo não for atingido a tempo, o chefe tem de perceber que estrangulou a sua energia e que o progresso foi atrasado. O chefe precisa de saber que foi responsável por o abrandar, se isso foi um problema.

278. ***Interesse errado***: É preciso lutar e vencer todos os dias. O único dia fácil foi ontem. Os desafios são muitos. Especificamente, identificar as forças que não estão interessadas no bem de ninguém a não ser delas próprias. O interesse próprio não pode ocorrer à custa do interesse coletivo. Estas forças destrutivas têm de ser encontradas, identificadas e combatidas até mudarem ou deixarem de ter influência. Os combatentes precisam de estar disponíveis, capazes e dispostos a expurgar os destruidores da organização. Se for deixada em paz, a força perturbadora infectará a organização com negatividade e fará com que o desempenho sofra. Os desafios são oportunidades que se apresentam. Os solucionadores de problemas devem estar à altura do desafio de forma rápida e eficaz.

279. ***Ciclo de Melhoria***: Um simples ciclo de melhoria pode resultar na maturidade organizacional, que é evidente no desempenho. Capacidades relevantes em comparação com os concorrentes e as expectativas dos clientes são fundamentais para uma vantagem empresarial sustentada. Um ciclo simples que melhora a maturidade pode incluir observar, analisar e ajustar. Este ciclo

contém a aquisição de dados utilizando as variáveis adequadas. As variáveis podem ser priorizadas e limitadas com base em critérios como a gravidade ou a frequência de ocorrência. A análise destas variáveis em termos do seu impacto no desempenho deve basear-se em dados e não em preconceitos ou intuições. Devem ser utilizados métodos adequados para eliminar noções preconcebidas que são frequentemente incorrectas. A visualização das relações e dos padrões emergentes nos dados revelar-se-á instrutiva e valiosa para a criação de conhecimentos. O conhecimento acumulado não produz valor até que se actue sobre ele. A ação ocorre na etapa de ajustamento. O ciclo repete-se à medida que o impacto da etapa de ajuste é avaliado quanto à sua eficácia em relação às expectativas de melhoria.

280. ***Solucionadores de problemas***: Incentivar os empregados a serem solucionadores de problemas. Não devem ser distraídos por actividades sem valor acrescentado; em vez disso, devem descobrir e resolver problemas de forma eficiente e eficaz. Devem estar emocionalmente envolvidos no problema atual até que este esteja resolvido e, em seguida, podem passar para o problema seguinte. Deixar para trás um problema não resolvido irá piorar as coisas porque o problema não resolvido tornar-se-á mais significativo e consequente. Um buraco que não seja reparado provavelmente não ficará mais pequeno à medida que os veículos passarem por cima dele - monitorize os problemas não resolvidos. Estabeleça prioridades para a sua resolução. Faça um acompanhamento para se certificar de que não são deixados para trás. O risco residual de problemas não resolvidos existe. Nalguns casos, o risco pode parecer pequeno; no entanto, uma vulnerabilidade pode tornar-se um problema significativo nas condições certas. Qualquer vulnerabilidade que não esteja totalmente mitigada terá um risco residual.

281. ***Verificação de amigos:*** Se alguém está a receber formação para executar uma tarefa que nunca executou corretamente, o formador deve verificar o seu trabalho para garantir que está a ser feito corretamente. Para poupar tempo, a nova pessoa pode praticar e aprender off-line. Isto poupará tempo aos formadores e minimizará a perda de capacidade devido às actividades de formação. Quando se sentirem confiantes nas capacidades do formando, este pode executar a tarefa perante o formador. O formador não deve parar de verificar o trabalho até que tenha sido estabelecido um nível de confiança de que

o formando pode executar as suas tarefas sem necessitar de controlo adicional. A gravidade de um produto defeituoso deve informar a conceção da tarefa de monitorização pelo buddy. Suponhamos que uma atividade tem um elevado nível de risco. Nesse caso, o formando pode ter de praticar mais antes de entrar em ação e executar a tarefa corretamente enquanto está em ação, antes de o colega estar confiante nas capacidades do formando. O colega, essencialmente, aprova a capacidade do formando quando deixa de optar por monitorizar o trabalho. Naturalmente, o buddy tem de ser capaz de executar a tarefa e terá de ser capaz de se relacionar eficazmente com o formando para o fazer avançar na sua formação.

282. ***Abertura às diferenças:*** Certas competências podem ser obrigatórias para determinados cargos. Por exemplo, os gestores de projectos têm de ser organizados. No entanto, todas as pessoas são diferentes e pode ter herdado uma equipa com capacidades diversas. Cada pessoa precisa de fazer a sua parte, apesar das suas diferenças. Podem ser distribuídas por diferentes funções com base nos seus pontos fortes. Reconhecendo a necessidade de diversidade em termos de capacidade e de conjuntos de competências profundas, é lógico estar aberto às diferenças entre as pessoas para que se possa determinar como trabalhar em conjunto para obter os melhores resultados com o menor esforço . Uma abertura em relação às diferenças torná-lo-á mais acessível e mais capaz de descobrir as diferenças.

283. ***Ruído dramático:*** Não perca tempo nem dê ouvidos a pessoas que não são credíveis e que concordam com aquelas que não são credíveis. Não tem tempo para ruídos dramáticos e tendenciosos. É uma distração. Quando inclui várias partes, então o desperdício amplifica-se numa câmara de eco. O elevado nível de ruído é atrativo porque é muito alto. É percetível de longe. Identifique o que é e afaste-se. O seu tempo é mais bem empregue em algo que crie valor . A energia utilizada para filtrar o ruído é um desperdício.

284. ***Sentir-se lógico:*** Os seus sentimentos são muito relevantes. Eles dir-lhe-ão se está a ir na direção errada. Mesmo assim, se a sua tomada de decisão for baseada na lógica, na razão e no senso comum, os seus sentimentos devem concordar com o seu raciocínio. Se não estiverem, tem a oportunidade de conciliar as diferenças. Compreenda porque é que são diferentes e porque é que

são semelhantes. Esta compreensão ajudá-lo-á a determinar como seguir em frente.

285. ***Perturbação emocional:*** É difícil avaliar rapidamente e atuar com precisão quando se está em conflito ou perturbado. Os constrangimentos que o ajudam a tomar decisões não estão activos. A capacidade de dar sentido à informação é consumida pelo ruído emocional. Está em turbulência intelectual e o seu nível de desempenho é afetado. Por vezes, isto acontece aos gestores que estão a gerir uma crise. Estão tão perturbados que não conseguem pensar corretamente. Consequentemente, há atrasos na tomada de decisões, paralisia da análise, e a situação pode agravar-se ou ser contagiosa. É necessária uma ação rápida e precisa porque o que está em jogo é muito importante.

286. ***Sugestões credíveis:*** Quando as respostas aos problemas estão a ser concebidas, considere as sugestões de pessoas credíveis. O seu contributo será puro no que respeita à questão. Os contributos de outras fontes terão de ser filtrados e interpretados. Será necessário um esforço adicional para extrair valor de fontes inacreditáveis. Nalguns casos, os seus contributos são enganadores ou distrativos. Certifique-se de que envolve fontes credíveis para produzir valor rapidamente com o mínimo de esforço.

287. ***Solução de reunião:*** A solução mais fácil é reunir-se e discutir o problema. Infelizmente, uma reunião não resolve o problema. Uma solução é mais do que uma discussão. A solução inclui acompanhamento, formação, estruturas, restrições, capacidades e outros factores. Uma abordagem holística incluirá todas as tácticas necessárias para resolver um problema. Se um gestor pensar que uma reunião resolverá um problema, ficará surpreendido e frustrado quando descobrir que nada foi resolvido reunião após reunião. Antecipe-se à desilusão pendente cobrindo todos os outros aspectos da solução que não foram discutidos mas que contribuem para a solução.

288. ***Alinhamento de competências***: Certifique-se de que as pessoas que fazem o trabalho têm as capacidades de que necessitam e a oportunidade de serem os melhores do mundo naquilo que estão a fazer. A oportunidade será temporária (ficar no topo pode não durar muito tempo), e a procura e manutenção contínua do domínio nunca pára. O alinhamento das capacidades com uma visão impulsiona uma organização através dos seus objectivos para o estado previsto.

289. ***Inquérito sobre desafios:*** Os trabalhadores encontrarão soluções alternativas ou aprenderão a lidar com os desafios do seu trabalho. Estas soluções podem introduzir riscos ou eliminar a capacidade de recolher dados do fluxo de trabalho. Podem achar que não vale a pena comentar a dificuldade ou pensar que esta é a norma e, portanto, aceitável. Os grandes funcionários têm ideias para tornar as suas actividades de trabalho mais fiáveis, exigindo menos esforço. Pode ser utilizado um inquérito para recolher informações sobre os seus desafios. Se for cuidadosamente redigido, o inquérito permitirá identificar os desafios que os trabalhadores nas operações e noutros locais enfrentam. Esta informação pode ser recolhida e classificada por ordem de prioridade com base no esforço, facilidade de implementação e custo. Os empregados apreciarão o facto de terem sido ouvidos. Estes desafios podem transformar-se em acções programadas. Aplique os recursos necessários, como investigação e desenvolvimento, ou crie uma equipa para determinar e construir a melhor solução. O objetivo é ajudar os requisitantes a concretizar e implementar as suas sugestões.

290. ***Resultados reais:*** O sucesso ocorre quando os resultados esperados são alcançados no ambiente em que vivemos e trabalhamos. Para alcançar o sucesso, é necessário desenvolver e aplicar uma compreensão desta realidade. Sem isso, o sucesso não pode ser medido e, se acontecer, é falso. O fracasso é mais frequente quando as realidades não são adequadamente consideradas ou aceites. A compreensão da realidade deve ser prioritária antes da implementação de um plano de ação para evitar o fracasso desnecessário. Fazer as coisas erradas não produzirá os resultados certos.

291. ***Catalisador de pensamentos:*** Os melhores pensamentos devem ser mais considerados. Aceite bem a ideia de que nem sempre terá os melhores pensamentos. Saiba quando os seus pensamentos não são os melhores e assegure-se de que são rapidamente despriorizados, uma vez que não lhes deve ser dada mais atenção. Uma meritocracia de pensamento não terá em conta o ego de ninguém, as aberturas dramáticas ou o estilo de apresentação. Preservar os egos não é essencial quando o objetivo é o desempenho. Seja um catalisador para gerar os melhores pensamentos e reconheça-os quando os vir.

292. ***Precisão da proximidade:*** As pessoas mais próximas do local da ação têm muitas vezes uma melhor ideia da realidade do que as pessoas da

mesma organização que observam à distância. Como gestor, tem de aceitar a ideia de que pode saber o que está a acontecer no local onde se passa a ação. Aceite bem o conceito de que a exatidão é mais importante do que a forma como é visto. Uma vez compreendido, não será um obstáculo às representações exactas da realidade.

293. ***Exatidão das previsões:*** Pode confiar mais nas previsões daqueles que confiam em si. Para validar este facto, meça a exatidão da previsão para ver em que medida a previsão ocorreu como previsto. A sua intuição pode ser mais exacta do que uma previsão formal. Prever a cobertura para estar preparado para uma surpresa em qualquer altura. A dimensão da surpresa pode ou não afundá-lo, mas se estiver preparado para ela, a sua sobrevivência é mais provável. Faça uma previsão baseada em dados históricos e prognósticos do futuro próximo . Provavelmente será pelo menos tão boa quanto a deles.

294. ***Descoberta preventiva:*** Fazer perguntas que revelem erros ou problemas antes de estes ocorrerem. Fazer perguntas do tipo "e quanto a isto" para que os problemas emergentes não sejam uma surpresa. Esteja pronto e preparado para surpresas. Uma postura ofensiva é muito melhor do que uma defensiva. Deve conhecer as vulnerabilidades e ameaças que podem transformar-se em problemas. Algum risco é aceitável. Outros factores de risco devem ser trabalhados antes de serem explorados.

295. ***Desafios monumentais:*** Estas coisas difíceis impedem-no de atingir os seus objectivos. Não se esquive a elas. Seja bom a fazer as coisas difíceis que estão à sua frente. Se realizar as coisas fáceis à margem da coisa difícil, a coisa complicada terá mais influência sobre a situação. Um caos crescente pode levá-lo a uma situação de emergência em que a dificuldade deve ser abordada devido à sua influência crescente. É melhor lidar com o grande desafio nos seus termos do que lidar com a coisa difícil porque agora é uma emergência.

296. ***Ajudar magoa:*** Para alguns, é crucial que as pessoas gostem deles. As pessoas podem gostar de si enquanto a organização está a caminhar para a obsolescência. Ser simpático pode não ser útil. A questão não é se as pessoas gostam de si. É mais importante que as esteja a ajudar a utilizar os seus dons para fazer coisas notáveis. A ajuda oferecida pode ser desconfortável e as

pessoas podem não gostar de si enquanto as orienta. No final, elas estão a tornar-se excelentes. Esta é a sua compensação por se sentirem desconfortáveis.

297. ***Roteiro de crescimento:*** Ter um roteiro que conduza a um futuro que corresponda aos requisitos de um ambiente futuro. Incluir informações suficientes no roteiro para poder acompanhar os progressos. Mantenha uma direção da qual tenha a certeza, utilizando sistemas de medição fiáveis. Não se deixe dissuadir do seu caminho, a menos que seja necessário um pivot . Qualquer tempo perdido a perseguir más ideias comprometerá a sua capacidade de chegar à próxima etapa a tempo.

298. ***Capacidade de delegação:*** Para realizar mais num curto espaço de tempo, é essencial delegar o maior número de tarefas ao maior número de pessoas possível; no entanto, deve delegar apenas a pessoas em quem confia. Se não tiver confiança na sua capacidade de execução , há uma grande probabilidade de ficar para trás. Crie um grupo de pessoas capazes em quem confie, para que mais participantes possam realizar tarefas sem que haja um estrangulamento da capacidade de apenas alguns.

299. ***Ajuda de escalonamento:*** Não comprometa o que não pode ser comprometido. Por exemplo, os fluxos de trabalho têm de ser desimpedidos para satisfazer as expectativas dos clientes. Se não conseguir encontrar alguém em quem confie para o ajudar, avance para que o seu chefe possa encontrar alguém que o faça. Pode ter tentado uma discussão significativa, mas não resultou. Não fique à espera de cooperação; em vez disso, avance.

300. ***Conflito dispendioso:*** É dispendioso evitar o conflito. Alguém pode ter informações críticas para si, mas tem medo que não as aceite bem. O barco vai bater num iceberg se não mudar de rumo. Ignora-os e diz-lhes que estão errados. "Continue a andar à velocidade máxima", diz. Os conflitos não resolvidos são frustrantes e provocam tensões. Quando as tensões ultrapassam um limiar suportável, o tecido social da organização altera-se na sua estrutura e composição.

301. ***Comunicação responsável:*** É difícil responsabilizar as pessoas por expectativas pouco claras. "O que é que acha que eu disse?" pode ser uma pergunta esclarecedora. A sua comunicação precisa de ser melhorada se houver uma diferença entre o que foi ouvido e o que pensa que disse. Lembre-se de que as pessoas tentarão alcançar o que entenderam que você disse e não o que você

pensou que tinha dito. Se não forneceu pormenores suficientes, espere que as pessoas preencham o vazio com o que pensam que deveria estar lá. Mais uma vez, o que você acha que deveria estar lá provavelmente não será o que eles acham que deveria estar.

302. ***Cultura do futuro:*** Os gestores têm de selecionar proactivamente e orientar os gestores que correspondem à cultura do futuro , tal como definido pelo plano estratégico roadmap. As tendências do ambiente empresarial determinarão o futuro da base de fornecedores. Se existirem, a visão do fornecedor terá de ser compreendida de modo a que os gestores capazes de se adaptarem ao ambiente previsto possam ser bem sucedidos. A cultura do futuro fornecedor também será diferente, pelo que serão necessários gestores com caraterísticas adequadas. Os actuais esforços de recrutamento de gestores devem ter em conta o futuro, para que os gestores contratados possam levar a organização ao estado previsto.

303. ***Liderar à frente:*** Os gestores pró-activos fazem com que as suas equipas de gestão sejam capazes de alcançar "o que está prestes a acontecer" no mercado. Suponhamos que o mercado vai ser perturbado por um novo produto ou fornecedor que descobriu como fornecer produtos fiáveis a preços muito mais baixos. Nesse caso, a perturbação terá de ser antecipada. O equilíbrio pontuado será a tendência. A empresa estabiliza-se e depois é empurrada para um novo estado. Este novo estado estabiliza-se e depois o ciclo repete-se. Os gestores pró-activos preparam as suas equipas para as perturbações, de modo a operarem através dos ciclos de mudança sem serem prejudicados ou descarrilados. As mudanças impostas pelo ambiente empresarial não devem prejudicar a organização; em vez disso, são uma oportunidade para assumir uma posição de vantagem competitiva .

304. ***Clareza de visão***: Assegurar que os gestores e seguidores têm uma visão clara e entusiasmante do rumo que estão a tomar. Pode não ser exacta, mas é uma imagem tão correta quanto possível e pode orientar a direção. Remeta-os para o passado como um trampolim para o futuro porque é de onde vieram. É a cauda da seta. Quando as visões se ligam do passado ao futuro, fazem mais sentido. O futuro é a cabeça da seta. Com isto em mente, outros gestores podem tomar decisões alinhadas com o futuro. Sabem porque é que estão a fazer as escolhas que são necessárias.

305. ***Em contacto***: Esteja em contacto com o que se passa, ouvindo as pessoas que fazem o trabalho. Envolva periodicamente os trabalhadores e ouça o que eles dizem. Eles podem guiar a organização para um lugar melhor se influenciarem o futuro . Muitas vezes, existe um fosso significativo entre o que está a acontecer e o que é entendido como o caso. Uma organização que escuta reunirá informações das pessoas que trabalham em funções críticas antes de tomar decisões.

306. ***Dar avisos***: Assegurar que as pessoas são avisadas sobre as ameaças pendentes e depois responsabilizá-las pela resolução dos problemas. Alguém tem de ver o que está mesmo ao virar da esquina; caso contrário, a surpresa pode ser um choque significativo para a organização. Quando os avisos são dados, aqueles que os compreendem e as suas implicações podem estar atentos a eles. As surpresas podem apanhar um grupo desprevenido, resultando em danos e na necessidade de uma recuperação.

307. ***Atitude positiva***: Certifique-se de que toda a gente tem uma atitude positiva em relação a uma iniciativa. Uma atitude construtiva ajudará a dar um impulso. A inércia é causada pela falta de compreensão da iniciativa. Além disso, as pessoas que estão a implementar a mudança não a conceberam, pelo que tendem a desinteressar-se. Uma atitude positiva e o empenhamento ocorrerão se a ideia for deles e ajudar a organização. As atitudes são mais positivas quando as pessoas envolvidas compreendem que se trata da medida correta.

308. ***Preparação da conversa***: Para iniciar uma conversa, junte algumas informações e diga: "Podemos falar sobre isto?" Se os seus dados forem de interesse, espere uma resposta. Dê a outras pessoas a oportunidade de darem o seu contributo antes da conversa. Esta informação permite-lhe ver se o assunto em questão é do agrado do seu público. Suponha que não, deixe-o de lado se não precisarem dele. Se não estão interessados e deveriam estar, então o problema é gerar interesse, que deve vir em primeiro lugar. Coloque o tema nas suas mentes e depois veja o que acontece.

309. ***Problema de pessoas:*** Os gestores de alto nível gostam de falar sobre os problemas com as pessoas que melhor os compreendem. "Se tivéssemos uma melhor gestão , então não teríamos este problema." Esses recursos não são fornecidos, um sistema não existe ou não funciona, e algumas

ferramentas não foram fornecidas. Quando se começa a falar do processo, a discussão pára. Porquê? Porque é mais fácil culpar as pessoas do que culpar o processo (Dica: é o processo que é culpado). Se tivermos boas pessoas e um bom processo, estamos garantidos. As ferramentas funcionarão com o processo. Os recursos serão utilizados com mais parcimónia com o novo processo, mais eficiente.

310. ***Resumos calmantes***: Durante uma crise, os resumos periódicos orientados para os dados acalmam os nervos e mostram o progresso. As pessoas envolvidas precisam de saber que a situação é compreendida e que estão a ser feitos progressos. A taxa de progresso também é crítica. Se o progresso tiver estagnado, isso tem de ser explicado. "Estamos a testar a ferramenta para descobrir o que aconteceu." "Entraremos em contacto e explicaremos o que aconteceu assim que tivermos concluído a nossa investigação." As partes interessadas devem ter a certeza de que as questões estão a receber a atenção que merecem.

311. ***Dashboards claros***: A clareza dos painéis de controlo é essencial para impulsionar o comportamento desejado. A falta de clareza aumenta significativamente a carga de comunicação associada aos dashboards. Se houver uma métrica que os espectadores não compreendam ou que não esteja a criar valor , irão ignorá-la. Saiba onde é que isto acontece. Pode ser um problema de educação. Quando a apresentação das variáveis críticas é eficaz, é possível compreender a posição atual e acompanhar as melhorias, bem como a taxa de variação. Esta informação pode ser significativa e afetar as decisões tomadas.

312. ***Análise suficiente***: Quando a análise expõe alguém ou alguma coisa, não deixe que a pessoa peça mais análise para empatar. Foi suficiente para desencadear uma reação ou uma decisão para alterar o desempenho ou a situação? Deixe-os fazer a análise extra para se concentrarem no problema e corrigirem o que foi exposto. Se a análise fornecer informações suficientes para uma estratégia de melhoria, então o roteiro para um lugar melhor deve começar. Por vezes, existe a expetativa de que a análise seja perfeita antes de se poderem tomar medidas, mesmo que o desempenho dessa pessoa esteja em causa. Se a pessoa não é perfeita (daí a análise), não deve esperar que a análise seja mais do que suficiente para tomar uma decisão de mudança.

313. ***Fila de correio eletrónico***: Limpe todos os e-mails na sua fila de espera antes de começar a trabalhar. Quando chega ao trabalho, é altura de interagir com os outros, fazer progressos ou investigar um problema. Os e-mails de ontem à noite estão a atrapalhar. Quando estes estão fora do caminho antes do início do dia, pode decidir quais os que vão merecer a sua atenção e quais os que são irrelevantes. Já deve estar a avançar mentalmente antes de começar a trabalhar fisicamente.

314. ***Desmarcar a seleção de distribuições***: Pode optar por fazer parte de listas de distribuição de comunicações para se manter a par das informações que lhe interessam. Pode optar por estar em demasiadas listas de distribuição, ou as listas de distribuição podem tornar-se irrelevantes. Saia das listas o mais rapidamente possível se estas já não forem necessárias ou de interesse. Estão apenas a entupir a sua fila de correio eletrónico. Cancele a subscrição de tudo o que já não é do seu interesse. Aceite apenas as mensagens de correio eletrónico dos "poucos críticos ", pois não tem tempo para lidar com mensagens de correio eletrónico que não estão a produzir valor para si.

315. ***Factos concretos***: Exponha os factos concretos para que todos possam ver. A transparência gera confiança e ajuda os espectadores a tomar decisões. Se o desempenho financeiro da organização está em queda, aqueles que podem participar numa recuperação devem saber disso. A sua transparência vai dar-lhes energia. Por outro lado, se um feito extraordinário resultou num ganho, as partes interessadas também devem ter conhecimento desse facto. A confiança entre os níveis de gestão é fundamental para o alinhamento no sentido de uma rentabilidade sustentada.

316. ***Ponto de falha***: Uma ameaça sem contingências deve ser isolada e tratada com rigor. Trata-se de um ponto de falha único que, se for explorado, pode tornar-se num risco de perda. Por exemplo, uma organização que tenha um cliente principal é vulnerável a perdas significativas se o seu cliente desaparecer ou for para outro lado. Quais são as contingências se a dependência isolada mudar? A dependência isolada é a principal fonte de risco, pois mantém a organização e os seus membros reféns. Essencialmente, são eles que dirigem a empresa. Uma diversidade de clientes apresentará opções se este cenário ocorrer.

317. ***Nota de lembrete***: Se estiver à frente do seu chefe e ele achar que não está no caminho certo, envie-lhe uma nota que possa consultar mais tarde, lembrando-lhe que estava no caminho certo e ele não. As notas enviadas podem preservar um historial de recomendações e pedidos. Não hesite em utilizar o e-mail original em comunicações posteriores como parte do fio condutor. O fio condutor recordar-lhe-á que o seu chefe deve ouvir o que diz. Será uma prova de que esteve sempre no bom caminho. Agora ele já o alcançou. O chefe deve confiar mais em si.

318. ***Panorama geral***: Não "ler as folhas de chá" e ignorar o bule de chá. Um único problema pode ser de carácter geral e exigir uma resposta diferente consoante a situação. Poderá ser necessário um "tratamento". Por exemplo, o sistema de recompensas numa organização pode ser a causa de um moral fraco . Em vez de lidar com um indivíduo descontente, crie um sistema de recompensas significativo para os participantes. O objetivo não é fazer com que as pessoas lutem com as suas finanças. Em vez disso, o objetivo é obter o melhor retorno de cada dólar gasto.

319. ***Desenterrar***: Depois de tirar uma folga, não volte para desenterrar o seu trabalho acumulado nos dias seguintes. Faça-o antes de regressar para se pôr a caminho. Não se pode perder nada. A desculpa de que tem de desenterrar só o vai atrasar ainda mais à medida que o trabalho se acumula. Diga às pessoas para resolverem os seus problemas com outra pessoa enquanto estiver ausente, para que possa minimizar o seu atraso.

320. ***Confirmar a conclusão***: Se disse ao seu chefe que ia fazer algo, envie-lhe uma nota a dizer que está feito, para que ele não tenha de se preocupar mais com o assunto. Está a dizer: "Fiz o que disse que ia fazer" e ele não precisa de acompanhar ou preocupar-se com o assunto. Podem pensar que lhe disseram para fazer algo que não fez. Não se esqueça de perguntar se há alguma coisa pendente para fazer que ainda não tenha sido feita. É possível que o tenha feito mas não o tenha informado. Certifique-se de que compreende o que é "feito", pois pode haver discrepâncias. Gerir a frustração do seu chefe com o seu calendário de conclusão de tarefas.

321. ***Velocidade da mudança***: Os gestores devem sentir que estão no comboio-bala da mudança. A mudança deve ocorrer rapidamente para que uma organização ou uma pessoa se mantenha relevante. Qualquer estado estável ou

equilíbrio é temporário. Recupere o fôlego e depois comece a correr novamente. Se os seus colaboradores não estiverem no comboio, devem entrar na próxima paragem ou serão deixados para trás. Os gestores continuamente relevantes só se sentem felizes quando estão a avançar rapidamente.

322. ***Impedir o adiamento***: Algumas pessoas empatam as actividades porque a conclusão da tarefa vai expor outros problemas que precisam de ser resolvidos. Há uma razão número um para que isso seja possível. E depois há a razão número dois. "E se acontecesse isto ou aquilo?" Quando algo não corre bem, eles têm o seu conjunto padrão de itens para culpar. "Oh, bem, acho que não conseguimos". Faça força para que haja transparência e tudo o que estiver no caminho seja eliminado. Se eles não quiserem fazer um acompanhamento contínuo, faça-lhes uma microgestão, peça aos colegas que lhes mostrem que é possível e isole-os como os únicos que não fizeram a mudança. Não deixem que ninguém atrase a mudança.

323. ***Equipa funcional***: Uma equipa é funcional quando os colegas podem apontar de forma construtiva as deficiências de desempenho dos seus colegas. Os membros da equipa não devem ficar ofendidos, mas sim apreciar o feedback e melhorar. O desconhecimento de uma expetativa pode levar a uma maior deterioração da função porque não serão necessários se não conseguirem desempenhar as suas funções. Toda a gente é capaz de cometer erros. Expor uma vulnerabilidade é fazer-lhes um favor e permitir-lhes corrigir os seus pontos fracos antes de terem um problema grave.

324. ***Informações relevantes***: Seja a fonte de informação que será relevante agora ou em breve. Se estiver à frente da realidade atual, estará a criar valor . Envie esta informação a quem precisa de saber. Se lhe disserem para esperar um pouco, faça planos para a mudança, porque eles virão rapidamente se o seu chefe não acreditar em si e for reativo. Estar preparado torna-o ainda mais valioso porque pode agir rapidamente quando chegar a altura. É provável que o chefe se esqueça de que já falou no assunto. Poderá dizer: "Alguém me enviou isto na semana passada", para o informar de que algo precisa da sua atenção. Anexe a sua mensagem de correio eletrónico anterior ao tópico de discussão para lembrar o chefe de que já falou sobre o assunto há algum tempo.

325. ***Chefe líder***: Dar ao chefe, através de perguntas líderes, a oportunidade de dizer as coisas certas numa apresentação a clientes ou

empregados. Se isto acontecer e parecer um pouco parvo, vale a pena. Ele não o teria feito de outra forma e agora todos ouviram o que queria que o chefe dissesse. Quando o chefe diz o que quer, é uma vitória que vale a pena. Ponha o seu ego de lado e continue a fazer um bom trabalho, levando o seu chefe a dizer e a fazer as coisas certas.

326. ***Perguntas dos proprietários:*** Ouça os tipos de perguntas dos proprietários de empresas. Estas perguntas representam o que lhes vai na alma. Algumas perguntas deveriam ser feitas e não o são. Algumas perguntas já não os preocupam. O conjunto atual de perguntas é o que lhes interessa agora. Forneça respostas às suas perguntas recolhendo dados e apresentando os factos. Se eles estão à procura de soluções para os problemas, investigue-os e ofereça sugestões. São eles que pagam as contas, por isso devem ser ouvidos.

327. ***Verificação da comunicação:*** Antes de enviar uma comunicação para toda a empresa, peça a vários outros executivos para reverem o conteúdo. Durante a revisão, podem detetar alguns itens e querer acrescentar ou retirar algo do conteúdo. Uma comunicação que pareça desleixada devido a erros ortográficos ou gramaticais diminui a credibilidade da informação contida no papel. Além disso, o contexto ou a intenção podem não ser bem explicados. Se houver uma revisão, podem ser possíveis melhorias.

328. ***Informação ativa:*** Forneça ao chefe dados sobre os quais ele possa atuar. Se conseguir recolher informações relevantes, holísticas e exactas, utilize-as para defender um ponto de vista ou para ser um catalisador da ação. Dados irrefutáveis podem despertar o interesse do chefe em fazer algo que também considera importante. Para manter a perceção de uma fonte fiável, certifique-se de que os dados são sólidos de todos os ângulos. Está a preparar o chefe para tomar uma decisão que terá impacto no resto da organização. A apresentação de dados tendenciosos pode quebrar a confiança na relação.

329. ***Entidades de ligação:*** Ligar duas partes para produzir valor . Se alguém tem algo valioso num departamento, seria benéfico se soubesse que essa pessoa pode ajudar noutro. Os gestores devem ligar as entidades para o bem comum. A ligação também ajuda na troca de boas práticas. Podem estar envolvidas duas empresas complementares. Juntas, elas podem mostrar que podem lidar com mais necessidades do cliente, reduzindo o número de fornecedores com os quais ele precisa lidar. Continue a acompanhar o cliente até

que a relação esteja a funcionar. Depois, pode desvincular-se. Não deixe que a relação caia no esquecimento ou nunca amadureça.

330. ***Estratégia de comunicação:*** Uma estratégia de comunicação completa inclui quem deve saber o quê e quando. Algumas comunicações devem ser feitas de forma abrangente. Outras comunicações devem ser dirigidas a equipas ou pessoas específicas. O plano estratégico de comunicação deve consistir em actividades periódicas e sequenciadas. O objetivo da estratégia de comunicação deve ser conhecido e incluir a informação das partes interessadas de que não estão interessadas em iniciar ou alimentar rumores. Todas as perguntas devem ser respondidas de uma forma ou de outra. O plano de comunicação deve pegar nas perguntas sem resposta e aplicar a informação e o sensemaking.

331. ***Objectivos agressivos:*** Faça com que os objectivos agressivos valham o esforço e a recompensa. É difícil alinhar-se com um plano que tem pequenas expectativas. Simplesmente não é inspirador. Celebrar um pequeno sucesso é trivial. Realizar o que parecia ser impossível faz com que todos se sintam confiantes nas suas capacidades. Um objetivo agressivo é algo que pode ser planeado e alcançado. Podem ser dados passos para lá chegar. Esta realização é uma recompensa significativa.

332. ***Atraso na inovação:*** Se mostrar uma ideia ao seu chefe que acha que trará valor à organização, mas o seu chefe disser que não está interessado, guarde a ideia. Certifique-se de que está bem documentada e depois armazenada. Se era uma ideia promissora, talvez o momento tenha sido errado e ela voltará à superfície. O seu chefe pode lembrar-se dela e perguntar mais tarde se ainda tem a informação. Pode estar numa conversa ou numa reunião, o que pode voltar a acontecer. Esteja preparado para retirar a informação e avançar com a ideia e a sua implementação quando chegar a altura certa. Se estiver preparado, será uma boa oportunidade para si. Se a sua organização ainda não o quiser, talvez o seu próximo emprego o queira. Tenha isso em mente e esteja preparado.

333. ***Solução errada***: O chefe tem na sua cabeça que existe uma resposta para os problemas. "Se nós apenas ... então não teríamos nenhum destes problemas." A solução demasiado simplificada acontece porque é fácil de conjurar e, normalmente, está parcialmente certa e parcialmente errada porque

não existe uma resposta fácil; é mais complicado do que isso e o chefe não compreende o problema suficientemente bem para dar uma resposta significativa. A realidade é mais complexa do que parece à primeira vista. O problema é que a simplificação excessiva criará outras questões, algumas visíveis e outras não visíveis. O ciclo repetir-se-á na próxima ocorrência do erro.

334. ***Prever tudo***: Prever tudo o que for possível para poder planear eficazmente. Qualquer recurso que tenha de ser consumido deve ser previsto, incluindo o tempo. A preparação para uma atividade deve ser prevista. A execução das actividades deve ser prevista. A monitorização dos resultados deve ser prevista. Ajustar o processo com base no feedback dos resultados deve ser previsto. Tudo o que não for previsto pode tornar-se uma vulnerabilidade da execução .

335. ***Necessidades de atenção***: Prestar atenção às áreas que não estão a ser bem sucedidas. Normalmente, é nestas áreas que se encontram as oportunidades. Se estas áreas não receberem atenção, é provável que retrocedam. Por outro lado, se receberem atenção, podem crescer e aumentar as suas receitas. Por exemplo, se se espera que os trabalhadores aumentem a sua produtividade e pediram ferramentas para os ajudar, devem garantir que têm a capacidade e as ferramentas para alcançar os resultados desejados.

336. ***Cultura de fluxo de trabalho***: Criar uma cultura que aproveite os fluxos de trabalho para análise. Qualquer pessoa deve ser capaz de documentar um fluxo de trabalho . As especificações do fluxo de trabalho devem ser exactas para normalizar o aspeto dos fluxos de trabalho criados. Cada etapa do processo deve ser conhecida por um operador da sua área. As oportunidades de melhoria devem ser solicitadas aos melhores operadores após a análise dos desenhos do fluxo de trabalho. Trata-se de oportunidades de automatização, de eliminação de resíduos, de alterações de métodos, de infusão de tecnologia, de melhoria do controlo, etc. e, consequentemente, de melhoria da fiabilidade que é visível no desenho do fluxo de trabalho.

337. ***Sequência do solucionador***: Para resolver um problema, é necessário planear a solução, pôr a solução em prática, deixar a poeira assentar e validar que o problema está resolvido. Se o ciclo for quebrado, a solução não produzirá um benefício. O ciclo terá de ser repetido para aumentar a maturidade

da solução. Com qualquer solução, alguns dos riscos são mitigados; no entanto, o risco residual é uma nova oportunidade para uma solução melhor.

338. ***Compreender antecipadamente***: Um gestor de operações precisa de ter um bom entendimento do que está prestes a acontecer. A obsessão pela ação seguinte está ligada a uma noção do que deve acontecer e das consequências. Um gestor com capacidade de previsão conhece e pode prever as tendências futuras . O feedback olha para trás e é reativo. Feedforward é olhar em frente para o que está para vir. O que está para vir pode incluir perturbações, ameaças ou transformações do mercado. Trabalhe na sua capacidade de prever o futuro com precisão.

339. ***Recursos necessários***: Considere a possibilidade de pedir os recursos necessários para uma iniciativa; não comece enquanto não os tiver. Deve-se evitar a possibilidade de fracasso. Ser-lhe-ão prometidos os recursos e, se estes se atrasarem, o prazo para a tarefa terá de ser alterado. Poderá nunca obter os recursos, o que fará com que a tarefa deixe de ser aceite. Certifique-se de que diz "Assim que os recursos estiverem disponíveis, presentes e prontos para criar valor, começarei" e reponha a data de início e os marcos afectados no calendário geral em conformidade. Sim, o tempo de preparação é real, por isso, planeie-o.

340. ***Bola de cristal***: Certifique-se de que a sua capacidade de prever acontecimentos e consequências de decisões é exacta. Trabalhe este aspeto como uma competência. Utilize o feedback para aperfeiçoar a sua capacidade. Aprenda com cada previsão. Decida como é que a previsão poderia ter sido mais precisa. A intuição é uma capacidade que pode ser aperfeiçoada e reforçada com o uso. Saiba porque não foi exato sempre que falhou uma previsão, mesmo que ligeiramente. A sua reação ao feedback é fundamental para desenvolver esta capacidade. Melhore a sua capacidade de prever o futuro.

341. ***Centímetros à frente***: Se olhar apenas 15 centímetros à frente, não verá as outras partes da questão que não estão a ser abordadas. Está também a criar problemas ou a acumular vulnerabilidades fora do seu campo de visão, com as quais terá de lidar assim que elas entrarem no seu campo de visão. O sucesso a curto prazo pode resultar num fracasso consistente e mais significativo um pouco mais tarde, porque as deficiências e ameaças se

acumularam. As ameaças estão continuamente a surgir fora do seu campo de visão. Antecipe-as e veja-as para que a prontidão seja alcançada.

342. ***Gestor proactivo***: A empresa estará sempre a apanhar o gestor proactivo. Eles não vão ouvir porque não acham que uma solução preditiva seja necessária. A dor está a chegar, mas ainda não chegou. O fator confiança torna-se crítico para que se tornem os primeiros a adotar a solução. Outras opções podem incluir não ser proactivo ou ser proactivo mas com uma exposição menor. Quando a necessidade se tornar evidente e a reação for "Onde está essa capacidade?", estará pronto para implementar a sua solução amadurecida porque tem estado a trabalhar nela. O gestor proactivo não será ouvido numa cultura reactiva . Não espere por isso.

343. ***Plano estratégico***: Existe uma visão de onde a empresa precisa de estar daqui a cinco anos? Alguém está a trabalhar para que isso aconteça? As dependências numa cadeia de abastecimento são significativas. Olhar para o futuro a cinco anos é relevante porque não é muito tempo para adotar um plano global. As decisões devem ser tomadas tendo em conta um estado futuro . A visão do futuro pode mudar, mas o alinhamento deve estar sempre presente para coordenar os esforços.

344. ***Necessidade de Transparência*** : A certa altura, os gestores devem ter a maturidade suficiente para dizer o que precisam para atingir os objectivos da empresa. Evitar pedir só torna a situação mais arriscada. Os gestores devem conhecer os seus objectivos e garantir que os seus pedidos estão de acordo com eles, tendo em mente o valor da marca da organização . A disponibilização de dados ou análises pode provar um ponto que seria difícil de estabelecer de outra forma. O fracasso é mais provável se não forem solicitados os recursos necessários.

345. ***Integração da cultura:*** Muitas organizações são o culminar de grupos díspares que se fundem ao longo do tempo. Cada grupo tem normas, valores, interesses, histórias, técnicas e ferramentas diferentes. Dependendo da sua idade, estes artefactos estão enraizados nas rotinas diárias. É expetável que o Gestor de Contratação A empregue pessoas diferentes do Gestor B. Isto pode acontecer linearmente ao longo do tempo, em que o Gestor B é contratado depois do Gestor A, e agora existem populações distintas na mesma organização. Pode acontecer que o Grupo A esteja agora a fundir-se com o Grupo B. Uma taxa

de integração agressiva facilitará o trabalho dos empregados e ajudará os clientes a experimentar uma única cultura empresarial em vez de várias. Um único conjunto de expectativas, não necessariamente o de A ou B, deve ser o objetivo de todos . Um cliente deve saber o que esperar do seu fornecedor. É melhor ter um único conjunto de artefactos do que artefactos concorrentes. Alguns clientes fazem com que facções de departamentos de fornecedores concorram entre si para que o preço final seja o mais baixo possível. Isto é mau para os lucros do fornecedor vítima e para a empresa. A auto-canibalização pode ser uma consequência de culturas fragmentadas que competem entre si para obterem os seus números. Como é que se sabe que se está integrado? Uma avaliação em torno do conjunto único de artefactos pode ser utilizada para avaliar a adesão e obter feedback da população de empregados.

346. ***Relevância para o futuro:*** A gestão de topo formalizou a estratégia para o futuro . As pessoas-chave da organização estão a trabalhar para um futuro melhor. Esses esforços podem não estar alinhados, e um pode ser mais relevante para as necessidades do mercado do que o outro. Reconheça a diferença, considerando que muitas organizações burocráticas se movem mais lentamente do que as exigências do mercado. A velocidade da mudança é a razão pela qual as empresas que estão à frente dos seus concorrentes são muitas vezes compradas por aquelas que não conseguem acompanhar esse ritmo. Saiba quem está a trabalhar para o futuro e alinhe-se com eles tanto quanto possível. Desta forma, estará tão sincronizado quanto possível com o que o mercado exige agora e exigirá no futuro. Está a preparar-se para o futuro no que diz respeito ao local onde o valor organizacional está a ser produzido.

347. ***Recalibrar as percepções:*** As conversas significativas recalibram as nossas perspectivas sobre vários tópicos. Para que uma conversa seja significativa e crie valor , deve chegar a pelo menos uma conclusão que não tenha sido previamente aceite ou compreendida. A descoberta é o resultado de uma conversa significativa. Para o ajudar a recordar a epifania significativa, documente-a num local onde possa ser consultada sempre que necessário sem se perder. Uma descoberta de uso único não é tão valiosa como uma epifania de uso múltiplo.

348. ***Preparação para o futuro:*** Quando estiver pronto para dar o próximo passo em frente, visualize o próximo marco para que possa fazer

alterações significativas à sua abordagem, descobrir bloqueios emergentes e antecipar as implicações de futuros passos . Está constantemente a criar o seu futuro. Prepare-se para ele, de modo a poder dar o passo seguinte com o mínimo de esforço e a máxima recompensa. Trabalhe na sua capacidade de se desenvolver e de atingir bem o nível seguinte. Aprecie o presente, tenha curiosidade sobre o futuro e vá até lá.

349. ***Adaptação ao futuro:*** Considerar como será a organização em breve. Considere as capacidades das pessoas que precisam de ter sucesso neste ambiente. Saiba como é o pessoal atual para poder decidir se as suas qualidades se adequam às suas futuras responsabilidades . Se se enquadrarem, então reforce os seus pontos fortes e faça-os avançar. Se se adaptarem parcialmente, determine se são treináveis. Em caso afirmativo, treine-os para que sejam capazes de demonstrar as competências necessárias para a sua próxima função. Caso contrário, ou se não forem adequados para o futuro, considere onde podem ser valiosos.

350. ***Aumentar a capacidade:*** Descobrir continuamente oportunidades e diagnosticar vulnerabilidades. Se houver uma pausa na descoberta e no diagnóstico, haverá um desvio nas capacidades da organização. São necessárias novas capacidades para explorar novas oportunidades. São necessárias novas capacidades para garantir que as vulnerabilidades não sejam exploradas. Planear proactivamente a aquisição contínua destas capacidades ajudará a garantir que está sempre pronto a agir. As acções podem incluir a exploração de uma oportunidade ou a atenuação de uma vulnerabilidade.

351. ***Conceção proactiva:*** Como é que a conceção da organização precisa de mudar para atingir cada marco sucessivo? A organização irá evoluir e mudar. O processo de design iterativo deve acontecer com cada marco. Os requisitos de conceção devem ser validados em relação ao desempenho da organização em cada estado evoluído. A falta de conceção inibirá a evolução da organização e aumentará o risco de fracasso da organização. Consequentemente, a conceção é necessária antes de atingir cada marco sucessivo.

352. ***Conceção dos objectivos:*** Os objectivos são atingidos, mas a conceção da organização não se altera. A organização foi concebida em torno de um conjunto anterior de objectivos que foram alterados para serem bastante

diferentes. Consequentemente, a organização que conseguirá atingir esses objectivos será diferente. A realização dos objectivos é limitada pela estrutura organizacional fixa; consequentemente, a organização deve ser construída em torno dos seus objectivos.

353. ***Alavancar os Alavancadores:*** Algumas pessoas são boas a aproveitar oportunidades. Elas podem beneficiar também de si quando as potencia. Desenvolva a sua capacidade de influenciar as pessoas que são boas a influenciar os outros. Descubra quem são e inclua-as no seu grupo de recursos. É ainda melhor se as pessoas executarem tarefas que lhes interessam e que são difíceis para si. Se ambos precisarem de executar tarefas semelhantes ou relacionadas, eles podem ficar motivados para as concluir consigo.

354. ***Controlar o imprevisível:*** As surpresas são iminentes. Algumas forças caóticas podem não ser previstas. Para prosperar num ambiente que não é totalmente controlável ou previsível, é necessário ter a forte capacidade de saber como lidar com o desconhecimento. Ter um controlo firme sobre o que é conhecido é um começo. As surpresas serão mais difíceis se não conseguir gerir o que sabe. A força da gestão deve incluir ser flexível e ágil para que as surpresas sejam esperadas e trabalhadas à medida que vão surgindo. A capacidade de prever surpresas pode ajudar a preparar-se para elas; no entanto, nem todas as surpresas podem ser previstas, mas todas as surpresas devem ser geridas. Esteja preparado para o que não sabe.

355. ***Soluções de crítica:*** As suas recomendações e sugestões devem estar sempre abertas a críticas. Pense em quem as está a criticar. Se for "a resistência", então o seu contributo não é tão relevante. Não deve haver orgulho na autoria de uma revisão por pares ou de uma revisão por participantes. É muito provável que não tenha tido em conta algo que deveria ter tido. Qualquer recomendação ou sugestão deve ser testada e aperfeiçoada para que não seja a sua resposta, mas sim a melhor resposta a um problema, a ser concebida e implementada.

356. ***O que está a faltar:*** Pergunte a si próprio repetidamente: "O que é que me está a faltar?" Muitas vezes, os itens críticos foram esquecidos. Peça a outra pessoa que lhe faça um favor e pergunte sobre o que preparou, com a intenção de encontrar algo em falta. Talvez tenha saído para ir trabalhar e se tenha esquecido do crachá que precisava para entrar no edifício. Devia ter-se

perguntado se lhe faltava alguma coisa antes de sair e este lapso não teria acontecido. Quando se faz as malas para uma viagem, pede-se a alguém que reveja o inventário da mala para ver se se esqueceu de alguma coisa. Este mesmo princípio aplica-se a projectos e iniciativas. Não tenha medo de uma crítica de planeamento.

357. ***Consequências do risco:*** Antecipar as consequências negativas e atenuá-las. Utilizar uma estrutura pré-mortem para discutir o que pode correr mal e corrigir a vulnerabilidade antes de esta ser explorada por algo ou alguém. Não há risco de consequências negativas porque as vulnerabilidades foram mitigadas. Os planos de contingência podem ser utilizados para recuperar antes que os prazos sejam ultrapassados, se uma surpresa se tornar um bloqueador operacional. Fazer um failover rápido para um recurso redundante ou utilizar uma ferramenta diferente para realizar a tarefa se a ferramenta atribuída falhar.

358. ***Recolha de oportunidades:*** Lançar a rede de forma alargada para captar o maior número possível de oportunidades. Serão oportunidades não relacionadas e não correlacionadas; no entanto, a quantidade resultará em oportunidades de sucesso com base no rendimento da conversão. Tentar obter negócios no mesmo sítio que todos os outros pode resultar numa corrida que exige um esforço elevado e concessões significativas para obter receitas. Os nichos de mercado podem não ser atendidos e, com pequenas alterações, a organização pode obter receitas lucrativas sem uma concorrência substancial.

359. ***Priorização de probabilidades:*** Os dados devem ser utilizados para potenciar as variáveis e dar prioridade às acções. As probabilidades devem ser calculadas com a maior exatidão possível para que a definição de prioridades funcione. A precisão perfeita é impossível; no entanto, deve ser planeada a utilização de certas variáveis influentes para determinar a probabilidade. Por outro lado, a exatidão do cálculo fica comprometida quando uma variável crítica é omitida. As variáveis influentes e as combinações de variáveis que se correlacionam fortemente devem ser compreendidas e consideradas para que possam ser aproveitadas na análise de probabilidades. As inferências do estudo podem ser utilizadas com confiança para dar prioridade às acções com impacto imediato mais significativo.

360. ***Suficientemente verdadeiro:*** A verdade perfeita será difícil de obter na realidade. A equipa de análise pode pensar que conseguiu uma análise

pura, mas isso é impossível. O que se deve procurar é uma análise que funcione. As restrições de tempo evitarão a paralisia da análise. Algo que não é totalmente verdadeiro pode ser utilizável porque é suficientemente preciso para obter informações sobre as acções que devem ser tomadas. Se a análise lhe fornecer o que precisa, não há necessidade de trabalho adicional a fazer, exceto monitorizar as alterações para garantir que têm impacto.

361. ***Taxa de mudança:*** Para ser aproveitada, uma oportunidade requer uma capacidade. Um conhecimento básico do atual nível de maturidade ajudará a compreender a lacuna a colmatar. Uma organização deve atingir o nível de maturidade correto tão rapidamente quanto necessário. Mesmo que a organização esteja a atingir uma taxa de mudança elevada, pode não ser suficientemente rápida. Compreender a taxa de mudança necessária ajudará os gestores a decidir se querem aproveitar a oportunidade.

362. ***Coordenação de níveis:*** Poderá ter de se reunir com vários níveis organizacionais em simultâneo para criar uma dinâmica ou clareza. A autoridade ajuda a criar um impulso. A clareza é auxiliada pela visão e descoberta. O consenso criará um alinhamento que pode alcançar o impulso com resistência minimizada. Conseguir que várias camadas concordem simultaneamente agiliza a comunicação, a aplicação da autoridade e alcança rapidamente o consenso, resultando em alinhamento.

363. ***Visão a longo prazo:*** Desenvolver uma visão a dois anos é difícil porque uma visão exacta seria difícil de acreditar para a maioria, dado o ritmo a que o ambiente muda. Um plano relevante seria tão radical que a maioria das pessoas pensaria que é impossível de concretizar, apesar de, para ser um sobrevivente, ter de o concretizar. Este plano radical afectá-los-á de alguma forma, pelo que o temerão. Os trabalhadores preferem o status quo, mesmo que este conduza à extinção, porque pensam que o plano radical conduzirá à extinção mais rapidamente.

364. ***Jogada ousada:*** Faça uma jogada ousada e depois faça a gestão do risco até à sua conclusão. Veja a oportunidade e depois vá em frente. Leve-se a si e aos outros ao limite das suas capacidades e do seu desempenho. Assegure-se de que a sua capacidade de gerir o risco é substancial e crescente. Desenvolva e explore esta capacidade para ultrapassar os passos evolutivos que são demasiado lentos para uma vantagem competitiva sustentada . Um passo

ousado parece estar carregado de riscos. Isso pode ser verdade, daí o valor potencial geração. É possível fazer progressos rápidos se o risco associado à mudança puder ser gerido de forma eficaz.

365. ***Influência amigável:*** As pessoas que trabalham para si e consigo podem gostar de si, mas não vale a pena se não conseguir fazer nada. Não se trata de saber se gostam de si; trata-se de saber se as ajudou a serem significativas e influentes. Saberá que são grandes porque conseguem realizar coisas difíceis. Saberá que são influentes porque conseguem levar os outros a pensar de forma diferente. A influência é fundamental no que diz respeito à cultura . A cultura deve merecer a sua atenção porque tem de ser adequada e evoluir continuamente. A oportunidade que ela tem de evoluir pode envolver tarefas difíceis.

366. ***Adaptação contínua:*** É essencial saber se as pessoas pelas quais é responsável garantem que se enquadram no ambiente de trabalho em constante evolução onde criam valor . Para ajudar a compreender isto, avalie continuamente os seus subordinados diretos. Poderão precisar de alguma formação para os ajudar com as novas competências de que necessitam. Certifique-se de que recebem o que precisam para criar o máximo de valor possível.

367. ***Reflexão sobre os objectivos:*** Os objectivos são estabelecidos por uma razão. Destinam-se a ajudar o indivíduo a ter sucesso, explicando o que deve ser alcançado. Incentivar e participar numa reflexão periódica sobre os objectivos. Determinar se o ritmo de realização é adequado ou se precisa de ser acelerado. Pode haver um obstáculo que esteja a impedir a pessoa de avançar. A reflexão pessoal pode ajudar a pessoa com os objectivos a compreender os obstáculos e a forma de os contornar.

368. ***Mitigar as vulnerabilidades:*** Algumas pessoas tendem a reagir aos problemas. Outras pessoas tentam evitar os problemas ou tomar precauções para que as vulnerabilidades não produzam problemas. Esta última opção é menos destrutiva. Para evitar problemas destrutivos, tenha um nível profundo de compreensão das vulnerabilidades que podem ocorrer. Tome medidas para mitigar as vulnerabilidades que conhece. Um post-mortem lida com as causas profundas de um problema. Um pré-mortem antecipa os problemas e evita que eles aconteçam.

369. ***Cuidadosamente curioso:*** Quando se trata de ser curioso, não seja tímido. A sua razão para sondar é evitar surpresas. A curiosidade é um atributo saudável que produz resultados positivos. As surpresas podem ser perturbadoras. Devem ser vistas assim que surgem. Devem ser antecipadas e preparadas. O fim do ciclo de vida de uma surpresa é quando ela é descoberta. Prepare-se para elas para que não sejam destrutivas. Superar o impacto negativo de uma surpresa mantê-lo-á saudável a nível profissional e pessoal.

370. ***Gestão do caos:*** Compreender o estado de caos numa situação. Se o caos estiver a aumentar a um ritmo difícil de recuperar, faça planos para o escalar e obtenha algum apoio. É crucial escalar a situação antes que esta fique fora de controlo. O controlo perde-se quando o caos está a gerir a resolução do problema em vez de si. Se não tiver a certeza de onde está, a sua situação pode não ser recuperável. Em vez disso, faça planos de recuperação para que possa recuperar o controlo.

371. ***Rigor no planeamento:*** O rigor durante a fase de planeamento de um projeto, que inclui a exploração das capacidades existentes e uma implementação sequenciada, reduzirá o esforço e o tempo necessário para executar o plano. O investimento de esforço antes da execução tem um retorno positivo sobre o investimento porque é menor do que o esforço removido do plano. Aproveitar as capacidades existentes significa eliminar a procura de talentos, e há menos desperdício de pessoas que não conseguem executar bem as tarefas que lhes são atribuídas. Quando as tarefas são bem executadas, também podem ser sequenciadas para aproveitar as dependências. A sequência pode ser paralelizada para minimizar o comprimento do caminho crítico.

372. ***Organização de transição:*** Uma visão holística do desenho organizacional detalhado construído para alcançar os requisitos encoraja uma transição focada. Uma medida proactiva antes de uma mudança é migrar para o desenho organizacional que irá operar o novo estado de equilíbrio após a mudança. Esta mudança organizacional ajudará a puxar a organização para um novo equilíbrio e ajudará a eliminar alguma da resistência. Um pequeno período de tempo deve permitir que as pessoas que ocupam as suas novas posições se instalem. Este tempo deve ser limitado, uma vez que haverá uma tendência para regressar ao estado anterior. Os novos gestores não serão bem sucedidos no

estado anterior porque não possuem as capacidades necessárias para serem bem sucedidos nesse ambiente.

373. ***Mitigação do esforço:*** Uma consciência aguda dos comportamentos produtores de inércia dá ao gestor da mudança a oportunidade imediata de mitigar um esforço excessivo requisito. A inércia impede a aceleração da mudança. Muitas vezes, o gestor da mudança precisa de acelerar a mudança devido a contratempos inesperados. A negatividade e outros comportamentos tendem a criar inércia, resultando em energia extra alocada para superar os desafios da aceleração. A consciência dos comportamentos que contribuem para a inércia ajudará o gestor a gerir e a ultrapassar os factores que a influenciam e outros factores.

374. ***Ideação da visão:*** Execução da transição O desempenho depende significativamente da convicção e da participação das partes interessadas no processo de conceção da visão da mudança. Um processo criativo vibrante pode produzir atributos de design para alcançar um estado visionado. As ideias serão atractivas se tiverem valor para os participantes e para a organização. Ideias convincentes envolverão os participantes para tornar possível o avanço com o mínimo de esforço necessário . Para que isso aconteça, os participantes devem acreditar que o novo estado e todas as partes interessadas serão melhores para eles.

375. ***Crescimento rápido:*** Gaste trinta por cento do seu tempo a desenvolver um negócio maduro com um potencial de crescimento significativo. Gaste cinquenta por cento do seu tempo a gerir o negócio. Gaste vinte por cento da sua capacidade de pensar, planear, treinar, administrar, implementar estruturas, etc., para fazer crescer o seu negócio . Embora as percentagens não sejam exactas, não pode dedicar todo o seu tempo à gestão da empresa, porque os concorrentes passarão por si e ganharão vantagem à medida que o ambiente muda. É necessário dedicar muito tempo ao crescimento da empresa e à sua evolução para uma posição competitiva. Uma afetação de tempo adequada pode contribuir significativamente para a realização pessoal e organizacional.

376. ***Execução furtiva:*** Se o que sugerir não se enquadrar na agenda atual ou no conjunto de preocupações, espere que o ignorem, especialmente se a visão do futuro for relativamente breve. Todos podem não partilhar a sua visão das ameaças e vulnerabilidades futuras. Para ser bem sucedido, cumpra os seus

objectivos com o apoio necessário, gerindo simultaneamente o risco de fracasso associado a cada iniciativa. Se o fracasso acontecer, prove que a iniciativa não é viável. Esteja preparado para avançar rapidamente antes da exposição, o que pode exigir recursos para solucionar problemas e gerir as consequências. Se a iniciativa for bem sucedida, planear uma revelação para mitigar a resistência antes da operacionalização.

377. ***Utilização de inquéritos:*** Utilizar inquéritos para recolher informações de várias fontes sobre uma questão de interesse. Faça o acompanhamento dos que não responderem e dê-lhes uma última oportunidade de serem ouvidos. Os participantes que cumprem o prazo são as pessoas que têm algo relevante a dizer e que o dirão bem. Por exemplo, os inquéritos podem recolher informações sobre os riscos de determinadas funções ou sensibilizar para as definições dos indicadores-chave do processo. Os inquéritos podem ajudar a registar tarefas ou a obter consensos. As fontes destas informações devem ser direcionadas. Obter informações das pessoas com mais conhecimentos ou influência no que respeita ao aspeto do sistema em questão é uma boa prática.

378. ***Dependência de heróis***: O alívio temporário é apenas o que se consegue com uma mudança insustentável. Temos de pensar sempre no futuro e fazer com que essas melhorias aconteçam rapidamente. No modo reativo, depende-se de heróis que podem ou não ser bem sucedidos ou empenhados. Eles podem faltar por doença quando mais se precisa deles. A execução pró-ativa torna-o dependente de um bom planeamento e de um bom processo, que o fará cumprir de forma consistente. É melhor não trabalhar de pânico em pânico. É preferível trabalhar de forma mais inteligente e não com mais afinco. Uma mudança insustentável depende de heróis pouco fiáveis. Uma mudança insustentável depende da disponibilização de recursos emprestados . Os heróis inteligentes vão explorar o sistema, receber bónus pelos seus esforços e depois ameaçam sair. Eles não são fiáveis a longo prazo e não devem fazer parte dos futuros planos .

379. ***Hora certa***: Há uma hora certa para fazer algo. Se for cedo, será mais difícil de realizar e não terá eco junto dos participantes. Crie as condições para que os participantes sintam que é a altura certa para fazer algo. Se eles estiverem a bordo, a energia será gasta de forma mais eficiente. Se se atrasar

numa iniciativa, está em modo de triagem ou de crise para recuperar o atraso. O risco de atingir a paridade com as expectativas é mais elevado e existe o perigo de stress na capacidade da organização para fazer uma mudança rápida.

380. ***Meses à frente***: Se os gestores se queixam continuamente de estarem três meses atrasados em relação às iniciativas, comece a concentrar-se em actividades que deverão estar concluídas daqui a três meses. Altere o prazo de acordo com as necessidades. Estabeleça prioridades com base no que é necessário a tempo e depois trabalhe nas prioridades mais baixas para reduzir o atraso. Acelere a taxa de realização, concentrando-se na sequenciação e na execução de um caminho crítico simplificado. Talvez seja melhor fazer uma coisa de cada vez em vez de cinco. Pelo menos, essa única coisa vai chegar à meta.

381. ***Código de construção***: Estabelecer as regras de modo a construir o que é necessário. Construir um fluxo de trabalho ou processo sem compreender as restrições e requisitos leva a retrabalho e esforço desperdiçado . Construir apenas uma vez. A capacidade de planear antecipadamente cada parte do esforço de construção permite que a eficiência seja inerente à criação de algo.

382. ***Panorama geral***: Pode estar a tratar de questões micro relacionadas com uma atividade. Mas como é que se está a sair globalmente? Está a fazer progressos? Como é que sabe que está a fazer progressos? O seu sistema de medição fornece informações que indicam que estão a ser feitos progressos? Estas perguntas devem ser respondidas rapidamente. Além disso, uma visão global indicará se a direção geral está alinhada com os objectivos da empresa. O chefe pode dizer: "Pensei que não íamos ter aquela função a desempenhar aquelas tarefas." A visão global, se for compreendida, pode evitar que se dedique energia a iniciativas que não interessam ou que não fazem parte da visão global.

383. ***Recolha de informações***: Fornecer um quadro para a recolha de informações e fazer com que o perito em gestão de assuntos preencha os dados. A informação deve apontar para acções que precisam de ser tomadas. Assegurar que todos os dados são recolhidos em vez de informação selecionada que se enquadre na narrativa. Uma abordagem não tendenciosa produzirá o melhor resultado, uma vez que se baseia na verdade.

384. ***Ideia marginal***: Por vezes, os chefes têm ideias que simplesmente não são práticas. Reúna informações para apontar esse facto. Avance na direção e fique aquém das expectativas. Mostre vontade de avançar nessa direção e apresente alternativas. Quando o chefe vê que há uma forma de escapar, é provável que escolha uma das suas alternativas porque sabe que está a fazer a diferença.

385. ***Factos de desempenho***: Quando os factos relativos ao desempenho são mal comunicados, certifique-se de que os corrige. O conhecimento do desempenho é fundamental para as acções e tácticas. Se a informação sobre o desempenho for incorrecta, as acções podem ser inadequadas e causar danos ao processo. Antes de considerar as tácticas, é necessário conhecer o desempenho exato. Considere se os aspectos do desempenho não são considerados (por exemplo, variáveis corretas, fórmulas precisas, etc.). Suponha que existem factores críticos e que estes devem ser incluídos. Ignore-os por sua conta e risco.

386. ***Atribuição de tarefas:*** Um diretor não deve ter de atribuir tarefas a um gestor. O destinatário do objetivo deve ser capaz de determinar a sequência adequada de passos para atingir o objetivo a tempo. A realização dos objectivos deve ser atribuída e incluir marcos, restrições e resultados. Poderá ser necessário dar formação para ajudar o destinatário a compreender os métodos que podem ser utilizados para realizar a sequência de tarefas para atingir o objetivo. A otimização da sequência de tarefas é uma competência que pode ser transferida para todas as tarefas. A oportunidade deve ser aproveitada quando as tarefas podem ser realizadas simultaneamente sem custos. Quaisquer implicações de custos associadas à aceleração de tarefas devem ser determinadas tendo em conta o retorno do investimento.

387. ***Uma equipa forte:*** As metas e os objectivos serão constantemente renovados. As pessoas da sua equipa devem ser capazes de atingir os objectivos sem grande alarido. Devem saber a que distância estão do próximo marco e ajustar o ritmo para completar os seus objectivos a tempo. Gerir e conceber uma equipa que cumpra facilmente os objectivos, assegurando a disponibilidade de vários talentos profundos. Esta equipa deve também ter os atributos certos para o envolvimento para produzir resultados.

388. ***Realização difícil:*** Os gestores tendem a evitar desafios complexos, mesmo que estes possam produzir um sucesso significativo. São a coisa certa a fazer no momento certo, mas "atiram-nos para o fundo da rua" para que outra pessoa os resolva mais tarde. Os gestores fracos não sabem como ultrapassar os obstáculos ao sucesso, pelo que deixam a oportunidade passar. Faça da resolução de desafios complexos uma rotina. À medida que se concentra e ultrapassa os principais obstáculos ao sucesso, gere o risco de fracasso. Não se deixe distrair do seu objetivo. Uma gestão de risco bem-sucedida levará à realização do que antes era considerado impossível.

389. ***Realização Extraordinária:*** Gerir é saber o que você e os outros que o acompanham conseguem fazer; no entanto, o que alguém consegue fazer é mais do que pensa. Proporcione as circunstâncias certas para que você e aqueles que trabalham consigo possam ser extraordinários, com frequência e consistência. Aproveite o potencial não utilizado e a energia emocional não aproveitada que o pode impulsionar para realizações nunca antes imaginadas.

390. ***Ponto central:*** Os trabalhadores locais vêem o seu gestor como o ponto central da comunicação interna e externa. A visão dos trabalhadores locais sobre o que está a acontecer no ambiente empresarial externo à localização é gerida pelo gestor da localização. É essencial informar os trabalhadores locais sobre o seu sucesso na satisfação da procura, as tendências dos produtos e serviços e os desafios futuros, pois é importante comunicar para que os trabalhadores locais possam participar nas estratégias para se manterem competitivos e relevantes. As funções dentro da instalação precisam de colaborar. O gestor local deve incentivar e facilitar a transferência de informações entre funções, se necessário.

391. ***Compromisso com o roteiro:*** Um roteiro executável baseia-se em dados de desempenho e é rapidamente realizado em coordenação com gestores eficazes e empenhados. O roteiro é um documento que é constantemente revisto e atualizado. Representa um consenso por parte das partes interessadas sobre o aspeto que o processo terá à medida que evolui. Os dados históricos influenciam a conceção; no entanto, os dados devem ser relevantes. Pode ser utilizado um conjunto de dados de X meses para suavizar a linha de tendência. O número de meses (X) representa um âmbito de tempo limitado por um limite no passado em que os dados a partir desse ponto já não representam o estado atual

do processo. O conjunto de dados deve representar as vulnerabilidades e deficiências do processo, considerando as expectativas actuais e do futuro próximo . Quando os dados relevantes são aproveitados, apenas as mudanças influentes são operacionalizadas , limitando o âmbito do trabalho.

392. ***Comunicação estruturada:*** A comunicação deve ser orientada e estruturada de forma a incluir vias de escalonamento, um momento ótimo e um âmbito específico. O ritmo do escalonamento deve ser adequado. Se for demasiado rápido, a perceção é de que não tem paciência ou compreensão. Não tem interesse em ouvir a razão; a resistência aumentará e será mais difícil atingir os seus objectivos. O âmbito da audiência e a descrição do tópico devem ser optimizados para que toda a energia seja concentrada na área certa.

393. ***Velocidade de progresso***: Use um gráfico de burndown para mostrar a taxa de progresso de um backlog. Estabeleça um tempo para que o backlog seja concluído. Trace uma linha que mostre o tamanho do atraso, o ponto de partida e a taxa de conclusão para que ele seja concluído a tempo, antes do tempo final. A taxa a que desaparece pode ser usada para determinar a hora de chegada projectada. Se a taxa não for suficientemente rápida para cumprir o prazo, podem ser tomadas medidas para aumentar a taxa de redução da acumulação (por exemplo, adicionar alguns freelancers). A taxa de progresso é especialmente crítica quando o prazo não pode ser ultrapassado. Se a taxa não for mais rápida do que a taxa de conclusão projectada, devem ser feitos ajustes para acelerar o progresso. Quando a taxa de conclusão é mais lenta do que o previsto, é bom saber o mais cedo possível.

394. ***Resolventes de*** bloqueios: Se disser às pessoas para o contactarem se tiverem bloqueios, elas podem querer resolver os problemas sozinhas sem o incomodar. A auto-gestão é um bom resultado porque ajuda as pessoas a serem auto-suficientes na resolução de problemas. Pode passar o seu tempo a resolver os seus problemas em vez dos deles. Investir na criação de uma capacidade para lidar com os problemas paga-se muitas vezes a si próprio. Eles são provavelmente os que estão mais próximos do problema. Sabem mais sobre o problema do que qualquer outra pessoa. Quem melhor para o resolver do que aqueles que sabem mais sobre ele? Serão eles os que mais beneficiarão dos seus esforços.

395. ***Não pode acontecer:*** Se alguém disser: "Não pode ser feito", não se esqueça de o fazer, porque tudo pode ser feito, pelo menos em parte, eventualmente. Antes de avançar, pergunte porque é que a pessoa acha que não pode ser feito. É possível que a pessoa tenha alguma informação relevante para a situação. O escalonamento pode não ser a melhor resposta neste momento. É possível avançar na direção da solução? O problema pode ser resolvido por fases, em que só temos de resolver uma questão de cada vez? O problema pode ser reformulado de modo a que os obstáculos sejam diferentes e mais fáceis de gerir? O esforço deve ser mais no sentido de encontrar uma solução do que de identificar porque é que algo necessário não funciona. Fazer alguma coisa é melhor do que não fazer nada.

396. ***Acompanhamento persistente***: O acompanhamento é uma capacidade simples mas profunda que muitas pessoas que precisam dela não têm. Muitos gestores dizem-no ou fazem uma reunião e pensam que está feito. Muitas acções não foram realizadas e o acompanhamento não o revelou. Os resistentes podem pensar que a ação recomendada não é crucial, a não ser que volte a surgir. Se isso não acontecer, então não precisam de usar o seu tempo para seguir uma diretiva. Provavelmente, foi um capricho em vez de uma diretiva. "Pensei que tínhamos feito isto há seis meses. Porque é que ainda não está feito?" A falta de transparência é a admissão de uma falta de acompanhamento. Não deixe que iniciativas essenciais desapareçam do radar por não ter persistido. Se já foi vital numa determinada altura, provavelmente ainda o é. Certifique-se de que a realiza se ainda for esse o caso.

397. ***Definir prazos***: Estabeleça sempre prazos para os itens de ação e certifique-se de que dá seguimento a cada um deles. Os prazos devem ser agressivos e as partes envolvidas devem concordar em cumprir o prazo. Por vezes, as pessoas estabelecem prazos agressivos para si próprias. Se forem demasiado extremos, porque estão apenas a tentar agradar ao patrão, apoie-os para que sejam realistas. A maioria das pessoas estabelece prazos demasiado distantes no futuro . Não as deixe fazer isso. Não há nenhuma razão para que uma tarefa de 30 minutos esteja programada para ser feita no final da próxima semana. Execução rápida é o foco . Certifique-se de que faz o acompanhamento de tudo. Se a tarefa não estiver a progredir a um ritmo que permita cumprir o prazo ou a etapa seguinte, pergunte se precisa de se envolver ou se eles

conseguem recuperar o atraso sozinhos. Se não o conseguirem fazer, intervirá e ajudará. O prazo tem de ser cumprido. Se o facto de se ter intrometido o magoar, ajude-o a melhorar as suas capacidades de execução para que não tenha de o fazer da próxima vez. Não se esqueça de lhes dar crédito pela realização da tarefa.

398. ***Manutenção da reputação***: Se alguém não reagir com rapidez suficiente a um problema, isso pode arruinar a sua reputação de gestão. Se o está a ajudar a recuperar, mostre-lhe que vai deixar que ele arruíne a sua reputação se não der prioridade aos seus pedidos. Eles querem recuperar ou não? Se não se importa, então não tratará da sua recuperação sem a sua participação ativa. Algumas pessoas reagem à perspetiva de dor no horizonte e outras deixam que ela as atinja. Não se apercebem do que está para vir, apesar de já o ter descrito. Decida se quer estar lá para apanhar os incorrigíveis. A sua presença depende do facto de achar que eles vão acordar a dada altura.

399. ***Ação de crise***: Utilizar uma crise (fabricada ou não) para fazer com que as pessoas que não se mexem se mexam. Tal como um trenó puxado por cães cujos carris estão congelados no chão, as pessoas precisam ocasionalmente de um empurrão para se mexerem. O facto de estarem imóveis não significa que não se queiram mexer; estão apenas presas. As rotinas influenciam a memória muscular. A transição envolverá a substituição da memória muscular quando as rotinas precisarem de ser alteradas. As prioridades mudaram e estamos a caminhar numa direção diferente. Todos terão de se desenraizar e ser plantados num ambiente diferente. Terão de executar uma curva de aprendizagem e instalar-se. Uma crise fornecerá a energia para recalibrar significativamente as rotinas de trabalho de cada pessoa.

400. ***Tempo de reflexão***: Tire algum tempo para refletir e recalibrar. Faça uma autópsia de qualquer atividade que exija alguma reflexão. "Como é que me saí durante a apresentação ao cliente?" "Fui suficientemente inspirador durante aquela conversa individual ou tirei-lhe o fôlego?" Trabalhe continuamente no seu desempenho para o melhorar. Tente não cometer erros, mas quando aprender com eles, certifique-se de que não comete o mesmo erro duas vezes. Não se coloque numa posição em que tenha de recuperar. E se recuperar, certifique-se de que a recuperação é suficientemente boa para não necessitar de mais atenção. Uma recuperação que não se verifique ou que seja

inadequada deixará cicatrizes em todas as pessoas envolvidas. Todos se lembrarão da dor causada pela lesão.

401. ***Perguntas inteligentes***: O que importa é a pergunta. Pode ter a melhor resposta. Não é esse o objetivo, porque não se trata de si, e a resposta pode não ser suficientemente boa. Se for esse o caso, a busca de uma resposta suficientemente boa deve ser o foco . As perguntas de seguimento podem ajudar a descobrir os conhecimentos necessários para compreender a pergunta. Utilize perguntas mais específicas para provocar o pensamento, de modo a que a compreensão se possa transformar numa ação valiosa, eliminando um problema ou explorando uma oportunidade. Quando as pessoas respondem à pergunta, estão a indicar os seus pontos de vista. As suas perspectivas incluem informações úteis, mas consistem apenas numa parte do quadro. A visão colectiva é uma melhor representação do que está realmente a acontecer. Certifique-se de que a voz de todos é ouvida. A pessoa que está no canto e que não diz nada tem muitas vezes a melhor opinião. Certifique-se de que ela participa na conversa.

402. ***Processo frágil***: Alguns gestores não sabem como criar um processo robusto que lhes permita alargar e aceitar novos desafios. O processo frágil tende a ser sensível aos requisitos de excesso de capacidade porque é rígido. Parte-se facilmente e de forma significativa quando é aplicada uma pequena quantidade de pressão. Alguns gestores têm unidades de negócio rentáveis que são frágeis. Têm um desempenho rentável, mas uma ligeira perturbação fá-los-á entrar em modo de recuperação, tornando-os pouco fiáveis. A falta de potencial de escalabilidade impede o crescimento destes processos. Se estes processos fizerem parte de uma cadeia de abastecimento, impedirão a cadeia de abastecimento de crescer . Quando se percebe isto, devem ser tomadas medidas para aumentar a elasticidade da organização. Qual é o plano se for assinado um novo contrato e o volume de trabalho aumentar em cinquenta por cento? Se houver uma resposta aceitável, então o risco de crescimento está a ser atenuado.

403. ***Impulso forte***: Os gestores devem empurrar vigorosamente as suas organizações para a frente, apesar dos obstáculos. O interesse pelo movimento significa, em primeiro lugar, que precisam de saber onde estão. Como podem levar as suas equipas para o nível seguinte se não souberem onde estão ou para onde devem ir? Para compreender isto, comece por obter

feedback dos seus colegas. O que é que eles pensam sobre o desempenho da sua função ? Tem de interpretar e filtrar as respostas, pois podem não ser do seu interesse. Se concebesse a sua organização em função do que deve ser daqui a três anos para ser relevante, como seria? Saiba a resposta e siga nessa direção. O objetivo é crescer e criar rentabilidade ao longo do caminho. O crescimento pode significar um pivot , e isso é aceitável.

404. ***Retirar o risco do fracasso***: O facto de se correr o risco de falhar não implica que se tenha sucesso. Significa apenas que se pode falhar sem consequências. Não falhar é também não ganhar ou evoluir. Não se está a fazer nada. A redução do risco consiste em passar a situação de mais arriscada para menos arriscada. Não aprender é não fazer nada num ambiente em que são necessários riscos elevados para progredir. Os gestores avessos ao risco tendem a não fazer nada porque não querem perder ou fazer má figura. Em última análise, falham porque todos os outros assumem riscos enquanto avançam num ambiente em mudança. Deixam de ser adequados, pois perderam a sua vantagem competitiva .

405. ***Acredite neles***: Por vezes, uma chefia não acredita em si quando discorda. Encontre alguém de quem ele goste e que esteja abaixo de si e peça-lhe que lhe escreva uma resposta que possa enviar ao chefe indicando que a ideia apresentada não era boa. "Se não me der ouvidos, talvez dê a alguém de quem goste e que esteja mais perto da ação." Se o chefe continuar a passar por cima de ambos, correrá o risco de ser avisado. Para evitar uma situação difícil, o chefe terá de ser gerido. Determine como fazer passar a mensagem se não a conseguir transmitir pessoalmente.

406. ***Cultura em evolução***: Os ingredientes da cultura organizacional precisam de mudar ao longo do tempo e a uma velocidade adequada. Esta mudança é aleatória, mas evolutiva, para manter a relevância num ambiente em mudança. A cultura que é eficaz hoje não o será amanhã. Os elementos culturais que já não são relevantes devem ser eliminados. Os novos elementos culturais necessários terão de ser acrescentados como novos componentes. Consegue evoluir com rapidez suficiente para se manter à frente do ambiente em mudança? Atualmente, existem expectativas de desempenho para as equipas que não teriam sido pensadas há alguns anos. Dentro de alguns anos, as expectativas voltarão a ser diferentes. Não contrate alguém que se enquadre na

sua cultura atual, porque essa pessoa começará a perder a sua adequação logo no primeiro dia. Contrate pessoas que se enquadrem na cultura do futuro próximo para aumentar a sua adequação à medida que o ajudam a alcançar o futuro.

407. Fazer Alcançar: Há o "fazer coisas" e há o "conseguir coisas"; são coisas diferentes. Muitas pessoas fazem coisas que não são realmente importantes. Saber o que é importante é fundamental quando se trata de ação. Alcançar implica que houve uma meta ou um objetivo significativo. A linha de chegada é clara e toda a gente compreende como vai ser chegar lá. Alcançar não é uma ideia isolada. É a perseverança contínua numa direção. Como é que se sabe se se mexeu na agulha ou se se atenuou uma calamidade? Poderá ser necessário discutir uma medida. Portanto, "Onde estamos em relação à meta". A realização não pode ser atribuída a quem a fez, a menos que haja uma linha de chegada, e cada tarefa deve ser concluída a um ritmo específico. Para testar o ritmo, utilize uma ferramenta de medição ou um elemento visual para garantir a responsabilização. Um gráfico de burn-down é um bom exemplo. "Estamos a alcançar os resultados desejados ao ritmo necessário para atingir o nosso objetivo global?" "Se não estivermos, o que estamos a fazer?" Algumas pessoas são muito boas a esquivarem-se à responsabilidade pelos resultados. As desculpas sucedem-se. Vamos fazer algo que "mexa a agulha".

408. ***Melhores construtores:*** Algumas pessoas são boas a arranjar e a construir. Talvez construam coisas na sua casa. Talvez tenham construído a casa onde vivem. Elas sabem como fazer "coisas" complexas. Os empregados com estas capacidades podem ser muito valiosos para uma organização em crescimento. O dom deve ser reconhecido e aplicado nos sítios certos. Os construtores compreendem a sequência de actividades necessárias para atingir marcos ao longo de um roteiro para alcançar uma visão. Um marco pode ser a instalação do trem de força na reconstrução de um carro personalizado. Pode ser a conclusão da estrutura de uma casa. Os marcos devem ser alcançados de forma completa, exacta e atempada. Estas questões têm de ser tratadas mais tarde, quando uma fase é realizada de forma incorrecta. Isto é inconveniente para as pessoas que trabalham nessa parte do calendário de construção. Se a fase anterior estiver incompleta, alguém numa fase posterior reconhecerá a omissão e terá de parar para a resolver. E, se uma etapa não for concluída na

data prevista, fará com que o resto da cadeia de abastecimento fique à espera. No contexto de um edifício, estas equipas podem deslocar-se para outro local e devem ser programadas para regressar. O impacto do atraso é também significativo para as pessoas a montante que estão à espera de mais trabalho. Os construtores vêem oportunidades para resolver os problemas da cadeia de abastecimento com tecnologia, competências e conceção do fluxo de trabalho. Compreendem as datas de vencimento e a forma de criar um caminho crítico para concluir o seu esforço de melhoria a tempo.

409. ***Pessoas melhores:*** Encontre as pessoas que querem que as coisas sejam melhores e recompense-as. Algumas pessoas estão satisfeitas com a situação atual. Não as recompense e perpetue o status quo. Essas pessoas são necessárias para fazer o trabalho, mas as coisas vão mudar. O ciclo de vida de um trabalhador do status quo é muito mais curto do que o de um trabalhador ágil que quer fazer a mudança de forma proactiva. Encontre e recrute pessoas que queiram melhorar a organização, contrate-as e recompense-as, porque elas têm um valor inestimável. Elas valem mesmo a pena. A recompensa, se for significativa para eles, será a motivação de que precisam para fazer ainda melhor. É preciso acelerar com mudanças significativas de modo a ter uma posição vantajosa em relação aos seus concorrentes. O reconhecimento demonstrou ser mais valioso do que o dinheiro numa série de estudos. O reconhecimento é um grande motivador, mas precisa de ser significativo e não vazio. Toda a gente sabe quem está a fazer o trabalho para que a mudança aconteça. Se o reconhecimento não for dado às pessoas certas, começará a soar a vazio. Pode dizer-se que o reconhecimento, quando é bem feito, não tem preço. Evite que as melhores pessoas se vão embora, fazendo-as sentir que estão a contribuir e a ser reconhecidas pelos seus pares e pelos gestores para quem trabalham.

410. ***Conhecer-se a si próprio:*** A auto-consciência é fundamental para enfrentar os desafios de cada dia. Até que ponto está confiante de que a sua autoavaliação é correta? Faça disto uma prioridade para poder tirar partido dos seus pontos fortes e obter a ajuda necessária para compensar os seus pontos fracos. Se não compreender com exatidão os seus pontos fortes e fracos, terá dificuldade em avançar a um ritmo aceitável. Terá uma retrospetiva pessoal e dirá: "Quem me dera ter sabido que tinha aquela fraqueza antes de tentar..." Em

vez de tropeçar e cair, utilize as ferramentas existentes para se avaliar. Utilize várias delas e veja onde coincidem. Pergunte a outras pessoas próximas de si se concordam com os resultados, especialmente se discordar. Provavelmente está enganado e esta perceção incorrecta tem de ser corrigida.

411. ***Percurso educativo:*** Aprender é adquirir conhecimentos através da transferência, das experiências, da descoberta, da observação e da criação de sentidos. Baseia-se na memória e tem provavelmente um ciclo de vida. O processo educativo a que alguém está exposto pode não ser propício à sua capacidade ou necessidade de aprender. Responsabilidade pessoal pela aprendizagem sugere que os aprendentes devem determinar a melhor forma de conhecer aquilo em que têm interesse. A busca do conhecimento é uma viagem pessoal que exige responsabilidade individual. Ser autodidata.

412. ***Obsolescência das competências:*** As competências tornam-se obsoletas rapidamente porque rapidamente se tornam irrelevantes num ambiente em mudança. As capacidades estão relacionadas com a adequação a um ambiente empresarial em mudança. A adequação segue um ciclo de vida durante o qual as capacidades se tornam cada vez mais relevantes e, depois de um ponto de inflexão, tornam-se menos relevantes. Em contrapartida, os valores são intemporais, mas evoluem à medida que são aplicados a situações diferentes e novas. Por exemplo, o valor da honestidade é intemporal. A forma como a honestidade se manifesta em várias situações é exclusiva do cenário. A aplicação da honestidade em diferentes situações também pode ser única para o cenário. Por exemplo, a revelação total das finanças de uma empresa pode não ser apropriada porque pode criar preocupações sobre a segurança do salário.

413. ***Planeamento emocional:*** Muitas conversas incluem uma componente emocional. Este aspeto do discurso é especialmente verdadeiro se houver uma paixão pelas ideias apresentadas ou uma perceção de uma necessidade crítica não satisfeita que deve ser remediada rapidamente. A emoção pode ser enganadora, uma vez que podem estar envolvidas preferências e preconceitos. O tópico da conversa é o que deve ser o foco e não a emoção. Reserve algum tempo para ouvir ativamente e aprender mais sobre o assunto, para que a parte emocional da apresentação possa ser filtrada conforme necessário. Uma abordagem analítica que não seja guiada pela emoção ajudá-lo-

á a chegar à melhor conclusão relativamente às acções que devem ser planeadas.

414. ***Afetação do tempo:*** Gaste 60% do seu tempo a lidar com os problemas do departamento e os restantes 40% do seu tempo em iniciativas de melhoria proactivas. Muitos gestores são consumidos pelo caos. Passam todo o tempo a tentar manter a cabeça à tona da água. Obtenha a vitória sobre o caos criando a capacidade de gerir surpresas, enquanto passa o tempo a tomar medidas para manter o caos sob controlo. Depois, logo que possível, inverta os valores para que 40% do tempo seja reativo e 60% seja proactivo. As surpresas vão sempre acontecer e pode não ser possível eliminar a percentagem do seu tempo que é reactiva. Mesmo assim, quando estiver preparado para as surpresas e conseguir lidar com elas, terá muito mais controlo sobre o seu ambiente de trabalho.

415. ***Descanso reflexivo:*** Tire algum tempo para descansar e refletir. É rejuvenescedor e inspirador, e ajuda-o a mitigar os bloqueadores e a redefinir a sua direção. A lista que é demasiado grande ou a culpa por se ter afastado das responsabilidades vão desafiá-lo; no entanto, a lista continuará a ser demasiado grande e a culpa terá de ser resolvida depois de ter tido tempo para recalibrar os seus esforços. Refletir sobre as ineficiências e as más escolhas irá acelerá-lo, alinhá-lo e concentrá-lo, resultando num retorno do investimento na reflexão.

416. ***Construtor e reparador:*** Se tiver um construtor e um reparador, facilite-lhes a tarefa em que são bons. Remova os obstáculos para que possam avançar rapidamente. Colaborar partilhando talentos. A partilha é útil porque este talento estará intimamente a par do processo. A construção pode ser feita em fases. O valor pode ser produzido após as primeiras fases. O mesmo se aplica à reparação, que é feita por fases. É necessário um conhecimento profundo do que deve ser construído ou corrigido para determinar, otimizar e implementar soluções.

417. ***Consenso iterativo:*** O consenso é uma imagem instantânea do acordo entre as partes num determinado momento. Deve ter um tempo de vida muito curto porque o ambiente está em constante mudança. À medida que avança, certifique-se de que está em sincronia com os outros que o acompanham. O movimento alinhado é fundamental, porque estará continuamente a obter consenso. A mudança é a parte vertical do passo, e o

consenso é a parte horizontal. O ciclo terá de ser constantemente repetido para ascender a novas alturas.

418. ***Capacidade de sucesso:*** O sucesso está ligado à clareza no que respeita ao aproveitamento das suas capacidades. Quando as capacidades são adaptadas às oportunidades, o sucesso é provável com o empenhamento . Será bem sucedido no trabalho que requer aquilo que faz bem. Pelo contrário, se o seu papel não for claro e exigir capacidades que não possui, o sucesso será ilusório e exigirá uma energia considerável para o alcançar. É necessária uma responsabilização mútua pela utilização das capacidades para alcançar o sucesso.

419. ***Navegar na realidade:*** O que é a realidade no seu ambiente? Saiba o que é e seja capaz de lidar com ela de forma eficaz. Ela apresentará desafios e oportunidades. A sua posição competitiva depende da sua capacidade de conhecer a realidade e de agir eficazmente no seu seio. Houve um barco famoso que não se virou a tempo de evitar um icebergue. A realidade do ambiente consumiu o navio, e muitos dos seus ocupantes pereceram. Se conhece o seu ambiente, deve assegurar-se de que consegue navegar com sucesso dentro dele e chegar ao seu destino a tempo.

420. ***Decisões mais rápidas:*** Não decidir terá uma consequência negativa maior do que uma decisão atempada que é tomada sem considerar todos os factores ou detalhes. A influência imediata é valiosa; no entanto, uma vez operacionalizada a decisão inicial , a situação deve ser revisitada para ver se é possível outra iteração de melhoria, considerando os factores não envolvidos na conceção da decisão inicial.

421. ***Retrospetiva de execução:*** As retrospectivas pessoais ajudá-lo-ão a saber porque é que fez o que fez. Reserve um momento para verificar o seu raciocínio. A sua intuição pode ter ditado as suas acções. A sua intuição foi uma ferramenta eficaz? Se não, precisa de ser recalibrada? Ao considerar o que aconteceu, examine a forma como a sua intuição determinou os passos seguintes com base nas informações disponíveis. A informação foi suficiente para tomar a decisão? Deveria ter recolhido mais informações ou ter tomado a decisão mais cedo com menos informações? Os resultados da retrospetiva podem ajudá-lo a orientar-se na situação seguinte em que é necessário tomar decisões. Se a execução foi perfeita, então é bom reconhecer que as decisões foram bem executadas, encorajando a repetição de um desempenho superior.

422. ***Educar melhor:*** A educação é desafiada a ensinar o senso comum, a visão, a criatividade, a criação do caminho crítico ou a tomada de decisões. Não dependa de professores ou formadores para que isto aconteça por si. É responsável por alcançar cada um destes objectivos, aplicando o que aprendeu e, em seguida, concretizando o resultado. Reserve algum tempo para refletir sobre estes factores que influenciam o seu sucesso, para que possam amadurecer e ser mais fiáveis. Eles devem ser ainda mais robustos para o ajudar a progredir em direção e para além de cada marco que tem pela frente. Aprender a aprender.

423. ***Progresso do discernimento:*** Compreender a atitude correta a tomar. Pode mudar à medida que se torna mais consciente do que está a acontecer ou das opções disponíveis. Quando as suas decisões são corretas e as dos outros participantes são erradas, irá ultrapassá-las e criar mais valor para si e para a sua organização. A diferença entre uma boa decisão e uma má decisão tornar-se-á evidente e as pessoas à sua volta aperceber-se-ão de que fez a coisa certa.

424. ***Aprendizagem acelerada:*** A capacidade de aprender é um requisito para o sucesso. O ritmo de aprendizagem deve continuar a acelerar. O ritmo de aprendizagem corresponde às exigências do ambiente em que vivemos e trabalhamos. Para acelerar a aprendizagem, aprenda sobre as coisas que são interessantes para si. Não dê prioridade à aprendizagem que não é interessante porque não absorverá a informação tão rapidamente nem estará interessado em aplicá-la. Se estudar porque gosta, a taxa de absorção será mais elevada, tornando a utilização do seu tempo mais eficiente.

425. ***Libertar as percepções:*** Muitos influenciadores estão interessados em alterar as suas percepções. Aprenda a pensar por si próprio. Pensar por si próprio é libertador porque lhe permite formar as suas opiniões sem estar dependente das influências à sua volta. Decida por si próprio o que acha que é a verdade, aceitando apenas influências que tenham em mente o seu melhor interesse. Alterar as suas percepções para beneficiar o interesse próprio de outra pessoa não o ajuda.

426. ***Experiência do professor:*** As suas realizações ensinar-lhe-ão o que é correto fazer, porque receberá uma recompensa valiosa pelo seu esforço corretamente aplicado . A compreensão do que cria valor e do que é destrutivo

pode ser útil. A experiência dos outros também pode ser benéfica e estar rapidamente disponível. Deixe que o sucesso seja um professor sobre o que é correto fazer. Aproveite as tácticas de sucesso, mas não se esqueça de ter em conta o aspeto situacional da sua aplicação. Uma tática pode precisar de ser personalizada antes de ser utilizada.

427. ***Evolução guiada:*** O coaching é uma evolução pessoal guiada. Coaching é aprendizado pessoal específico para as necessidades da pessoa que está sendo treinada. O coaching é uma valiosa experiência de aprendizagem personalizada que pode produzir resultados significativos. Os resultados podem ser medidos comparando onde você está com onde você estava. A sua capacidade de absorver conhecimento está relacionada com a qualidade da sua experiência de coaching. Sua experiência de coaching deve levá-lo a um nível maior de capacidade. Os aprendizados devem ser implantados e validados como sendo pessoalmente valiosos.

428. ***Causas do sucesso:*** Compreender bem as causas do sucesso e do fracasso. O benefício da aprendizagem incremental deve ser equilibrado com os danos potenciais de um erro. Esta análise informa e descreve a aprendizagem baseada no risco. Ver as capacidades de alguém, decidir o que fazer com elas e atribuir-lhe uma ação com base na probabilidade de ser bem sucedido. Criaram sucesso ou fracasso? Compreender os resultados e a forma como foram alcançados. Quando utilizaram as suas capacidades para resolver problemas, experimentaram oportunidades de aprendizagem e de evolução.

429. ***Resultados do desempenho:*** Os resultados do desempenho são influenciados pela abordagem utilizada, pela oportunidade dos controlos comportamentais e pela obtenção de um nível adequado de supervisão. Os participantes podem não apreciar a abordagem utilizada para atingir os objectivos. Podem compreender melhor como atingir esses objectivos sem incorrer em risco de fadiga ou frustração. Os comportamentos destrutivos devem ser antecipados para que possam ser implementadas medidas para lidar com eles à medida que forem surgindo. A estratégia para o plano, incluindo as capacidades e os comportamentos necessários, exigirá um nível significativo de supervisão para que os progressos sejam efectuados a um ritmo adequado.

430. ***Escolhas de batalha:*** Escolhe as tuas batalhas. Existe uma sequência de batalhas que ganharão a guerra. Quando se ganha uma, deve

considerar-se a batalha certa para ganhar a seguir, e o momento deve ser determinado com precisão. A forma mais eficiente de fazer cair as peças de dominó é fazer com que as peças certas influenciem as peças certas no momento certo. Não te envolvas em guerras intermináveis ou triviais. Não vale a pena. Entre, ganhe, saia, ou não se envolva de todo. Se foste arrastado para a guerra, procura rapidamente a paz, um reinício ou a vitória. Quando as guerras se prolongam, esgotam a energia de todas as partes envolvidas. Uma resolução positiva é o melhor resultado.

431. ***Ideias maduras:*** Não se limite a aceitar as ideias dos outros. Quando estiver pronto para as pôr em prática, avalie-as e aperfeiçoe-as para que tenham o máximo valor. As ideias prometedoras estão sempre parcialmente maduras. É necessário determinar o seu grau de maturidade e colmatar a lacuna entre o ponto em que se encontram e o que precisam de ser. Se elas foram concebidas a partir de uma necessidade, então pode haver alguma verdade na sua validade, dependendo da influência de preconceitos no processo de pensamento. Aumente o valor da solução compreendendo bem o problema a resolver e abordando as soluções que pretende com uma mente aberta.

432. ***Momento de falar:*** Saiba quando deve falar com alguém e quando isso é desnecessário. Enviar um e-mail ou um canal de chat pode ser complicado. A comunicação falha a dada altura e o tópico é abandonado, aguardando uma recuperação quando todos tiverem arrefecido. Saiba quando o meio de comunicação deve mudar e actue em conformidade. Passe para uma chamada telefónica, uma videochamada com a câmara ligada ou uma visita pessoal. A linguagem corporal pode fornecer a medida extra necessária para resolver um problema.

433. ***Compreender os desafios:*** Uma tarefa assustadora não é assim tão má quando a compreendemos, a dividimos em componentes, a medimos e avançamos. Não é fácil quando não se sabe o que fazer com ela. Descobrir como começar pode levar mais tempo do que fazer o trabalho em si. Um caminho crítico para a conclusão é possível se o desafio for bem compreendido. O caminho pode não ser perfeito, mas pode ser aperfeiçoado ao longo do percurso. A descoberta acontece àqueles que estão envolvidos num desafio. À medida que se sabe mais sobre o desafio após a realização de marcos, é possível ajustar o caminho crítico que foi definido. Mantenha-se empenhado e atinja um

ritmo que seja encorajador. A falta de movimento é uma fonte de energia - drenante e desencorajadora.

434. ***Amar os*** inimigos: Os seus inimigos são desprezíveis para si, mas deve manter-se próximo deles porque o que eles fazem afecta-o a si. Eles podem até ter boas ideias. Existe a possibilidade de concordar com eles em alguma coisa. Dê-lhes a conhecer o seu apoio. Separe a pessoa pelo que ela faz. Ela também pode, inadvertidamente, salvá-lo de uma ameaça ou descobrir uma oportunidade que não viu. É bom saber o que ela está a pensar para poder antecipar as suas acções. Se se separar deles, aumenta as suas hipóteses de perder. Pergunte-lhes como está e filtre a sua resposta pelos factos. A sua resposta e o efeito que a pergunta tem sobre eles pode ser fascinante.

435. ***Objetivo da organização***: Pergunte: "Porque é que esta organização existe?" Veja o que lhe respondem. Se quiser mudar o motivo, defina-o e trace um caminho para uma melhor explicação. Todas as pessoas envolvidas na organização devem saber porque é que ela existe, o que faz e como o faz. Saber isso é fundamental para o alinhamento . Se um membro da organização não concordar com algum destes pontos, haverá fricção e inércia. A resistência não vale a pena, pois ser bem sucedido já é suficientemente difícil sem ela. Deve-se saber se alguém não concorda com o objetivo da organização. Por outro lado, se os membros concordarem, a energia será aplicada de acordo com o objetivo.

436. ***Eficiência energética:*** A energia é gasta em áreas que não interessam. Esta energia seria mais bem gasta em áreas onde o retorno da energia consumida é maior. Em última análise, os objectivos do projeto devem ser alcançados com o mínimo de esforço e tempo possível. Por vezes, é possível acrescentar uma pequena quantidade incremental de energia ao esforço que resultará num aumento significativo do impacto. Se uma área puder ser incluída no âmbito de uma aplicação incremental de energia que produza resultados substanciais, considere a possibilidade de a adicionar. A declaração final do âmbito deve ser concisa e clara. As prioridades devem ser apresentadas quando é feito um pedido à equipa do projeto para trabalhar em algo fora do âmbito. Se necessário, este pedido pode ser escalado, uma vez que pode ter impacto no calendário do projeto.

437. ***Listas de controlo de prestações:*** A lista de controlo diz respeito a vários produtos ou configurações únicos. As verificações são de aprovação ou reprovação e são atribuídas a uma pessoa num determinado momento, sendo ambas registadas. Certifique-se de que a pessoa que verifica a qualidade é, pelo menos, tão capaz como o utilizador final ou o distribuidor. Se não for esse o caso, o utilizador final encontrará um problema que o técnico não detectou. Os casos de utilização devem ser antecipados. Os factores que levam ao fim da vida útil também devem ser documentados.

438. ***Orquestrar resultados:*** Descobrir uma forma de fazer as coisas acontecerem. Encontrar uma forma. Existem várias jogadas que podem ser executadas para alcançar o resultado. Algumas jogadas resultarão num ataque. Outras jogadas produzirão alguns resultados (jardas). Continue a executar as jogadas até atingir o objetivo. Existe uma sequência de jogadas que o levarão até lá. Tem de descobrir quais são e minimizar o esforço enquanto atinge os seus objectivos.

Ser gentil

A reputação de ser amável terá impacto na perceção que as pessoas têm de si (Wuthnow, 2012). Um pouco de cortesia vai longe. A bondade significa que vê uma necessidade ou dor não satisfeita (Biro, 2011). Também significa conhecer o potencial de alegria da realização ou do sucesso. A promoção da felicidade e de uma qualidade de vida superior irá cativar os empregados (Bakke, 2010). Eles segui-lo-ão e estarão mais interessados nas suas ideias para o seu futuro porque sabem que isso os beneficiará. A bondade implica uma certa dose de empatia porque vê oportunidades para actos de compaixão ; no entanto, a sua empatia não deve ser abusada (Figley & Figley, 2017). Quando se tira partido da bondade, esta deixa de ser eficaz ou reconhecida positivamente, porque os outros vêem-na como favoritismo. Ao mesmo tempo, o gestor corre o risco de sofrer de fadiga de compaixão.

A expetativa de um excelente desempenho do serviço e as consequências de não cumprir os requisitos do cliente podem pressionar significativamente as pessoas que criam produtos e serviços (Du Gay & Salaman, 2019). Esta pressão pode ser frustrante e desencorajadora, uma vez que os empregados trabalham com sistemas complexos e pesados. Há que ter em conta os desafios dentro e fora do local de trabalho, uma vez que todas as frustrações podem afetar os resultados do trabalho. É fácil julgar o trabalho de alguém e pensar que essa pessoa não é adequada para o cargo (Buckingham & Coffman, 2014); no entanto, um pouco de gentileza num ambiente stressante pode ser muito útil. Os funcionários responderão positivamente quando virem que tem um pouco de empatia (Pavey, Greitemeyer, & Sparks, 2012). A substituição contínua de pessoas que trabalham num ambiente exigente pode ser destrutiva. A gentileza inclui ouvir e entender como é executar as tarefas que os funcionários são solicitados a fazer. A execução de uma tarefa é muito mais difícil quando os funcionários não têm as ferramentas necessárias. Ou quando a ferramenta que estão a utilizar é difícil de utilizar. A culpa não é do trabalhador. A culpa é do seu diretor. Se formos gentis, podemos descobrir o que está errado no ambiente de trabalho e melhorá-lo (Morgan & Liker, 2020). Isto é construtivo e amável.

Existe uma relação direta entre ser gentil com o talento e a satisfação no trabalho. Os empregados lembrar-se-ão dos actos de bondade durante muito tempo. Isto faz-me lembrar uma altura em que o meu chefe foi simpático para mim. Eu tinha trabalhado num projeto no estrangeiro durante cerca de seis meses e não tinha tido muito tempo para ver a minha família durante o projeto. Os meus filhos sentiram a minha falta e o meu chefe foi compreensivo. Disse-me para ir à Toys R Us (lembram-se deles) e gastar o que fosse preciso com os meus filhos. Não exagerei, mas podia tê-lo feito. Lembro-me desse gesto até hoje e já contei a história muitas vezes. Ser gentil causa uma boa impressão. Algumas empresas têm um historial de nunca despedir ninguém, nem nos bons nem nos maus momentos. Os empregados lembram-se deste gesto como sendo de bondade. O retorno destas acções é significativamente subestimado.

Figura21 . A bondade inclui saber o que o destinatário quer e dar-lho no momento certo.

As seguintes tácticas de engenharia de serendipidade, sem ordem específica, podem ajudar a ser amável:

439. ***Encargos administrativos:*** A política de interesse próprio de uma unidade empresarial é influenciada negativamente e pode ser comprometida pela administração necessária para a gerir. As recompensas pelo esforço extra devem ser significativas; no entanto, a capacidade de medir o esforço e determinar a recompensa deve ser simplificada para minimizar a carga administrativa necessária para calcular e acompanhar os desembolsos. O significado pode também estar relacionado com a frequência dos pagamentos. Uma maior frequência pode aumentar a carga administrativa. Poderá ser necessária uma maior simplificação.

440. ***Gestão do desempenho:*** Ter um sistema de gestão do desempenho que ajude os líderes a todos os níveis a incentivar um desempenho inspirador em toda a estrutura organizacional. A gestão do desempenho deve ser retrospetiva; no entanto, também deve ser prospetiva. Se os comportamentos corretos já estiverem presentes, isso é benéfico para o desempenho. Se não estiverem presentes, a construção da equipa poderá ter de mudar

441. ***Mitigar as vulnerabilidades:*** Utilizar novas informações sobre vulnerabilidades (por exemplo, relatórios de CQ) para garantir que as vulnerabilidades estão a ser tratadas de forma construtiva durante a aceleração do projeto. Quando ocorre um defeito, tudo deve parar para que a questão

possa ser considerada. Quando as pessoas que fazem o trabalho sugerem que existe um problema, este deve ser levado a sério. Caso contrário, os participantes no processo esquecer-se-ão de que o problema ocorreu ou poderão não se lembrar da origem da vulnerabilidade. Se uma vulnerabilidade for tratada de forma construtiva, é de esperar que ocorram mudanças positivas, que se reflectirão nos números. À medida que um projeto acelera, as vulnerabilidades tornam-se evidentes. Se não forem mitigadas, atrasarão o progresso.

442. ***Operadores rebeldes:*** Alguns empregados podem não gostar das tarefas que lhes são atribuídas. Podem pensar que as tarefas atribuídas devem ser feitas por outra pessoa. Estas tarefas podem indicar que a empresa está a avançar numa nova direção ou que tem novas oportunidades. Se o trabalhador não gostar do trabalho, pode não ser adequado para o cargo na sua forma evolutiva. Esta pode ser uma boa oportunidade para o trabalhador descobrir o que gosta e para a empresa encontrar alguém que se adapte à nova direção. A mudança pode ser positiva para todos os intervenientes; alguns não se adaptarão e outros encontrarão a posição desejada.

443. ***Sentir-se bem:*** Uma pessoa que evita a verdade para o fazer sentir-se bem está a desperdiçar o seu tempo. Não aceite a informação superficial; investigue os factos. Investigue profundamente e certifique-se de que as respostas que obtém são fundamentadas em dados e lógica. Compare as respostas com outros factos ou cenários comparáveis. "Como é que podemos ter tido estes custos elevados quando as receitas são inferiores às previstas?" Quando a informação é comparada com outras variáveis que deveriam estar correlacionadas mas não estão, é uma oportunidade para aprofundar os pormenores. Certifique-se de que a pessoa que está a tentar fazê-lo sentir-se bem compreende que não vai tolerar respostas que não sejam baseadas na realidade.

444. ***Insultos públicos:*** Se alguém o insultar publicamente, ignore o sermão inapropriado e traga-o de volta ao caminho certo. "Precisa de comunicar melhor com os seus empregados", o que pode resultar num "Obrigado pela sua colaboração neste assunto". Um colega pode reparar na pessoa que está a insultar e aconselhá-la a ser uma pessoa melhor do que aparenta ser. Pode também encontrar-se com ela em privado ou com outra pessoa mais madura e

encorajá-la a ser mais construtiva no interesse dos resultados. Se a pessoa continuar a ser infantil e imatura, provavelmente acabará por dizer ou fazer algo que resultará na sua substituição. Talvez tenha de esperar que esse dia chegue.

445. ***Política de "Mushy":*** Para algumas pessoas, é difícil elaborar uma política clara. As descrições da política são pouco claras e indefinidas. Determinar acções ou eventos programados é um desafio se as regras forem vagas. Para garantir o cumprimento da política, esta deve ser redigida de forma a que as pessoas que a devem cumprir saibam facilmente se a estão a cumprir ou não. Se a política não for clara, é de esperar que não esteja a ser cumprida e que a política continue a ser trabalhada. É preferível criar clareza no início do ciclo de vida da política para evitar ser apanhado fora da política devido à interpretação ou à "margem de manobra" incorporada na descrição da política.

446. ***Seleção de talentos:*** Dar às pessoas a oportunidade de tomarem decisões sobre a contratação de talentos; caso contrário, podem não se preocupar com o desenvolvimento do talento que escolheram ou se o seu talento falhar. "Não fui eu que os escolhi." "Eles não são problema meu". Se recomendarem um colaborador que não resulta, sentir-se-ão embaraçados quando este falhar. As suas referências podem não ser valorizadas no futuro porque a sua credibilidade foi arruinada. O benefício adicional pode ser o facto de as pessoas que indicaram o empregado se esforçarem para garantir o sucesso do novo empregado.

447. ***Excesso de generosidade:*** Não permita que as pessoas sejam generosas ao ponto de se magoarem a si próprias. Algumas pessoas darão até que isso as magoe. Não deixe que diminuam a sua capacidade de funcionar porque ajudaram outra pessoa. Elas precisam de se controlar. Sugira-lhes que apoiem alguém uma vez por semana em vez de uma vez por dia. Diminuir a frequência reduzirá o stress. Se não tiver a sua própria saúde mental ou física, não pode ajudar outra pessoa que esteja a ter dificuldades nessa área.

448. ***Visibilidade do sucesso:*** Não espere que um sucesso significativo seja notado. Os milagres são muitas vezes tomados como garantidos. Resolvem uma crise influenciada por uma agenda ou uma perspetiva incompatível com o objetivo da organização. Com a recuperação, esta perspetiva pode manter-se ou desaparecer. Se a organização está habituada a uma crise atrás da outra, espere que a curta capacidade de atenção dos executivos passe para outra coisa

considerada necessária. Implemente a sua contribuição, valide os resultados, assegure-se de que cumprem os requisitos e depois siga em frente. Os executivos raramente apreciam estas transformações significativas, mesmo que as tenham realizado para além das suas responsabilidades quotidianas. Se o reconhecerem, é porque trabalhou bem para eles e tem sorte.

449. ***Capacidade de propagação:*** É necessária uma metodologia adequada para propagar as melhores práticas ao ritmo da capacidade de absorção. Sabe com que rapidez a organização pode aprender e adaptar-se? Depois de saber, o que é que fez para aumentar a capacidade de aprendizagem e de mudança? Deixar as coisas como estão não vai funcionar no futuro. As melhores práticas devem evoluir continuamente e ser operacionalizadas. Podem ser criadas e absorvidas tão rapidamente quanto necessário com base nas mudanças no ambiente de trabalho? O ambiente empresarial exige mudanças a um ritmo competitivo. Este ritmo deve ser compreendido e ultrapassado.

450. ***Seguro de si próprio:*** Ajudar as pessoas a sentirem-se bem consigo próprias. Assegure-lhes que estão na posição que ocupam devido aos seus atributos desejáveis. Se não for crítico, as pessoas serão mais abertas consigo. A confiança aumenta quando as pessoas sabem que não as vai julgar, mas sim aceitá-las tal como são e estar interessado em saber mais se lhes for oferecido.

451. ***Melhorar a grandeza:*** Não diga às pessoas que elas têm um ótimo desempenho ou que são as melhores, porque elas deixarão de melhorar o seu pensamento; elas já alcançaram tudo o que era possível. Diga-lhes que são melhores do que eram, que obtiveram resultados significativos e que têm de melhorar sempre. As exigências do ambiente mudarão continuamente, exigindo um desempenho cada vez mais rigoroso. Aprecie e reconheça sempre o que eles conseguiram e, em seguida, estabeleça objectivos para o próximo marco no seu desenvolvimento.

452. ***Registar os pensamentos:*** Seja paciente ao registar os pensamentos dos participantes numa reunião. Mantenha a discussão significativa centrada na ordem de trabalhos, ao mesmo tempo que apresenta uma imagem das conclusões em notas, tabelas, imagens, etc. Só insista na conversa quando esta estiver a estagnar ou a sair dos carris. Mantenha a dinâmica da discussão utilizando documentação que represente a nova linha de

base para o atual estado de consenso. "Até agora, concordamos que o fluxo de trabalho deve ser assim: Agora vamos considerar..."

453. ***Reconhecimento de colaboradores:*** Apoie os membros da equipa ajudando-os a organizar um evento de formação de equipas. O evento é e continua a ser deles; no entanto, têm de criar valor com um custo mínimo. O evento deve ser eficaz na consecução dos seus objectivos. O líder da equipa deve ser responsável por atingir os objectivos do evento. Dar poder ao líder da equipa, colocando-o no centro das atenções perante os seus colaboradores. Apresentar a sua autoridade posicional para que tenha o máximo de influência. Quando o evento estiver concluído, podem falar sobre a forma como o evento melhorou a coesão, o alinhamento e a inspiração da equipa.

454. ***Confusão nos relatórios:*** Quando os talentos reportam a demasiadas pessoas, têm a possibilidade de obter mais apoio, mas perdem a concentração e o acompanhamento porque estão continuamente à espera de respostas. O consenso torna-se um requisito devido às múltiplas partes que têm de deliberar. As pessoas que trabalham numa estrutura matricial podem ter dificuldade em saber a quem recorrer para obter aprovação ou aconselhamento. Pode haver conflitos de agenda e de interesses entre as duas partes. Um dos gestores a quem a pessoa reporta pode querer ir depressa enquanto o outro está a travar. O consenso não é apenas sobre o que fazer. Trata-se também de saber quando e porque é que deve ser feito. Se ambos os chefes discordarem do "porquê" devido a perspectivas diferentes, será difícil compreender o objetivo do caminho a seguir.

455. ***Pergunta sobre cultura:*** Conheça alguém perguntando-lhe qual a sua cultura organizacional preferida. Em que ambiente é que essa pessoa teria mais sucesso? Veja quais dos elementos do ambiente podem ser fornecidos. Os que não podem ser fornecidos podem ser tratados com recurso a adaptações ou substitutos. Pode ser determinada uma sequência de mudanças na carreira para satisfazer os desejos do empregado, não imediatamente, mas em breve. O facto de saber que está a ir na direção que deseja pode influenciar o seu trabalho, mesmo com a gratificação tardia de atingir os seus objectivos pessoais.

456. ***Oportunidade de brilhar:*** Dê às pessoas a oportunidade de brilhar, preparando-as para o sucesso. O sucesso pode ser atribuído a uma realização que seja significativa e oportuna. Depois, deixe-as mostrar a todos o

que conseguiram e quem as ajudou. Coloque-as no palco e deixe-as gostar de ser ouvidas. Não tem de ficar com os louros das suas acções, mesmo que esteja faminto de atenção. Deixe-os ficar com tudo. Quando os seus colaboradores brilham, isso é um reflexo de si. Eles podem explicar o que foi feito melhor do que você.

457. ***Sentir-se grato:*** Fazer com que as pessoas se sintam gratas pelo que têm, porque têm muito. É fácil tomar como garantidas as suas acomodações. Podem ser mais do que a maioria das empresas tem. Se os alojamentos fornecidos forem o que os empregados valorizam, eles são afortunados. Por vezes, os ambientes de trabalho são excelentes em países com alojamentos muito menos confortáveis. Os grupos de apoio no trabalho podem fornecer equipamento e mobiliário atractivos e úteis. Se estivermos gratos por isso, desfrutaremos mais.

458. ***Feedback a jusante:*** Utilize as informações de CQ a jusante para informar os trabalhadores a montante sobre os pontos em que estão a falhar. Não os informar garante um fracasso contínuo, gerando caos e frustração. Os trabalhadores devem criar produtos ou serviços que satisfaçam as expectativas dos clientes. Isto aplica-se a clientes internos e externos. Um produto ou serviço pode ser entregue a um cliente interno ou externo. Se for detectado um produto ou serviço defeituoso a jusante, as funções a montante devem ser informadas para evitar o envio de produtos defeituosos. Se não forem informadas, continuarão a desperdiçar o tempo dos inspectores a jusante. O tempo também será desperdiçado, uma vez que terão de reparar o produto ou serviço defeituoso.

459. ***Responsabilidade pela tarefa:*** Se pedir a alguém para fazer algo, certifique-se de que essa pessoa sabe o que é e quando tem de o fazer. Faça com que a pessoa aceite e se comprometa a concluí-la corretamente num determinado prazo. Se a tarefa for feita corretamente e a tempo, pode aumentar a sua confiança nela. Esta confiança pode traduzir-se em mais tarefas. Se não o fizerem corretamente e a tempo, retire-lhes o trabalho e explique-lhes porquê. Diga-lhes que não pode confiar neles para o fazerem. Dê-lhes uma oportunidade para recuperarem, se quiserem. Caso contrário, retire-lhes as tarefas e dê-as a outra pessoa.

460. ***Quebrar barreiras:*** As barreiras impostas podem ser facilmente derrubadas com gentileza, cortesia e coragem. Por exemplo, não há problema se lhe disserem que não pode falar com alguém. Para ajudar a eliminar barreiras, faça pedidos específicos às pessoas que incluam um valor significativo para todas as partes interessadas. Quebrarão algumas barreiras se colaborarem com outros num projeto. Não podem avaliar a situação isoladamente. Em vez disso, devem contactar outras pessoas que possam fornecer os conhecimentos que lhes faltam.

461. ***Consciência empresarial:*** Para que a empresa possa dar apoio, é necessário que tenha um conhecimento mínimo da função, capacidade, cultura, sistemas das unidades empresariais e da sua relação com outras unidades/divisões empresariais. A empresa pode estar física ou organizacionalmente isolada daquilo que a unidade de negócio faz e da forma como o faz. Os colaboradores da empresa devem dedicar algum tempo a estar nas unidades empresariais para compreenderem as razões do sucesso e do fracasso. Com este conhecimento, podem explicar melhor a situação.

462. ***Inquérito estruturado:*** Para recolher as necessidades de uma população, utilize um inquérito estruturado que inclua perguntas específicas e focalizadas. Analise as respostas e tenha sempre itens de ação para melhorar a situação. Os inquéritos são frequentemente ignorados. Se forem obrigatórios, quando aplicável, as hipóteses de os receber quando os participantes estiverem a caminho desaparecem. Receber um inquérito demasiado tarde criará imprecisões, porque a pessoa que responde ao inquérito não se lembrará do que experimentou ou da sua opinião.

463. ***Esforço extraordinário:*** Não se esqueça de reconhecer as pessoas pelos seus esforços extraordinários. Descubra que recompensa é significativa para elas e dê-lhes isso, não algo que elas não queiram. Se lhes der algo que não querem, pensarão que não se importa. Não lhes dê algo muito tempo depois de terem alcançado o objetivo, porque esse objetivo não será recordado com tanto carinho. Comemore dando às pessoas que demonstraram esforços extraordinários algo significativo para elas, não para si. Dedique algum tempo a perceber isto.

464. ***Dinheiro extra:*** As pessoas ficarão dependentes do seu salário, incluindo os pagamentos adicionais como bónus e horas extraordinárias. O seu

salário total tornar-se-á uma expetativa porque o seu orçamento se baseia no que têm vindo a receber. Não receber um bónus ou horas extraordinárias será uma luta, pelo que fazer com que aceitem a situação voluntariamente será um sacrifício indesejado. Poderão ter de ser forçados a aceitar uma mudança. O ciclo de aquisição de horas extraordinárias terá de ser quebrado se alguma parte da compensação for injustificada. Neste caso, não tem uma posição defensável para manter a situação atual.

465. ***Coaching sucessivo:*** Certifique-se de que os seus subordinados diretos estão a treinar os seus subordinados diretos. Monitorize os seus subordinados diretos para ver a influência do coaching que estão a receber. Peça feedback sobre como está a correr o coaching e se está a fazer a diferença. Traços positivos e negativos requerem feedback, incluindo reforço e substituição, ou contingências se não puderem ser evitados. O objetivo do coaching é aumentar o desempenho, o que pode ser alcançado através de um trabalho mais eficiente e eficaz.

466. ***Conflito ligeiro:*** Quando existe um conflito entre duas partes, este pode não ser tão mau como parece. Reúna-as e tenha uma conversa construtiva. Os problemas serão provavelmente resolvidos com uma boa facilitação que mantenha a conversa no caminho certo. "Não fazia ideia do ponto de vista. Obrigado por partilhar isso comigo." O conflito é uma oportunidade para alguém partilhar a sua opinião. Sem o conflito, não saberia o que a pessoa pensa. A pessoa pode ter um argumento melhor do que o seu e não o ouvirá se não houver confronto. Compreender o seu ponto de vista pode influenciar as acções que está a planear.

467. ***Programação de talentos:*** O talento deve ser programado com base no padrão de conclusão do seu trabalho. Se forem apressados, farão batota, saltando os passos necessários. Isto resultará em erros. Um operador nunca deve ser pressionado a fazer o seu trabalho mais rápido do que pode ser feito. Acelere o processo eliminando o desperdício e, em seguida, torne-o a nova norma. Por exemplo, os operadores nunca devem ter de ir à procura da sua próxima tarefa. Em vez disso, a tarefa deve ser-lhes atribuída imediatamente antes de a poderem executar. O trabalho em excesso consumirá o tempo valioso necessário para avaliar o trabalho atual que está a atravessar o fluxo de trabalho.

468. ***Ambição libertada:*** Deixar que os empregados "se arrisquem" se quiserem. Se o fizerem bem, terão contribuído significativamente para o esforço. Se não conseguirem, ajude-os a manter a dinâmica. Veja a que velocidade conseguem ir e quanta responsabilidade conseguem assumir. Dê-lhes feedback para que não se desviem do caminho ou se esgotem. Dê-lhes formação sobre o caminho crítico que escolheram, a estratégia global e a sua clara "definição de feito". Certifique-se de que eles sabem que a expetativa é atingir os objectivos a tempo.

469. ***Atualização da área:*** Dê a cada gestor a oportunidade de apresentar os progressos realizados na sua área. Uma agenda seria útil para aqueles que têm dificuldade em lidar com a ambiguidade. Isto obriga os gestores de área a melhorar porque, caso contrário, não teriam nada para discutir. Isto também permite que os gestores que estão a progredir rapidamente estabeleçam o ritmo para os outros. Coloque estes gestores em destaque. Dê-lhes o reconhecimento que merecem e considere a possibilidade de lhes oferecer uma recompensa significativa para mostrar o seu apreço.

470. ***Transmissão de conhecimentos:*** A transferência efectiva de conhecimentos sobre o plano promove a adesão, que seria ainda mais reforçada se as partes interessadas estivessem envolvidas nas decisões relativas ao plano. A compreensão dos dados que orientam as oportunidades deve ser partilhada com todos os participantes, para que saibam o que está a orientar as acções. A análise de dados pode ser utilizada para melhorar a compreensão. Com este conhecimento, todos os participantes podem criar e estabelecer prioridades para a sequência de acções.

471. ***Encaminhamento da informação***: Certifique-se de que o encaminhamento da informação é planeado e adequado. Quando os dados são encaminhados para a pessoa errada, ficam em "terra de ninguém" e não serão aproveitados ou respondidos. O desvio de informação ocorre especialmente quando os sistemas estão a encaminhar automaticamente a informação. Normalmente, se não forem actualizadas, algumas tabelas conduzem a esta situação, o que dificulta a comunicação. As tabelas têm de ser exactas e actualizadas com frequência. As mensagens de correio eletrónico geradas automaticamente serão frequentemente ignoradas por rotina. Para contrariar esta situação, assegure-se de que as pessoas que recebem as mensagens de

correio eletrónico são acompanhadas. Os lembretes automáticos podem ter o mesmo tratamento. São ignorados até que alguém se aperceba de que são importantes. As notificações devem ser enviadas para as pessoas a montante e a jusante na hierarquia. Se for importante, devem ter conhecimento do assunto e se os seus colaboradores não estiverem a tratar da questão.

472. ***Comida de presente:*** Fume um pouco de queijo, faça um bolo, leve-o para o trabalho e use-o para conseguir que as pessoas o ajudem a atingir os seus objectivos. Dê-o apenas às pessoas de quem precisa de ajuda. Não o dê a toda a gente. Eles não lhe darão nada. Coloque-o num tabuleiro e leve-o ao departamento que pretende influenciar. Se eles gostarem, o que acontecerá, pode consultá-lo frequentemente para os lembrar da sua obrigação de o ajudar a atingir os seus objectivos. Também pode deixá-lo na sua secretária e pedir às pessoas que se dirijam à sua secretária para o receberem. Isto dá-lhe a oportunidade de conversar com elas no seu território. Aproveite esta oportunidade específica para ser positivo e espalhar a boa disposição.

473. ***Má promoção:*** Não promova alguém que não responde perante si para um cargo de que não gosta. Pode querer que ela esteja lá, mas não é isso que é melhor. O melhor é que a pessoa esteja num cargo de que goste. Quando isso acontece, eles trabalharão incansavelmente para serem bem sucedidos. Quando não estão nessa posição, serão subutilizados porque detestam vir trabalhar todos os dias e desejam estar noutro lugar (que é para onde irão em breve).

474. ***Politicagem pelas traseiras:*** Alguém se dirige ao chefe e fornece informações que promovem um interesse sem o seu contributo ou que diminuem a sua reputação sem a possibilidade de reparação. A pessoa deve contactá-lo se precisar de alguma coisa de si ou se quiser resolver um problema. Se não o fizerem, o envolvimento entre si e eles é reduzido. Em vez disso, não os envolveria porque não se deram ao trabalho de entrar em contacto consigo quando tiveram uma necessidade ou uma observação que consideraram relevante. Se houver envolvimento neste ambiente, é superficial porque a confiança está diminuída.

475. ***Contratações externas:*** Quando uma empresa contrata pessoas de fora da empresa para ocupar cargos de direção, as pessoas da empresa sentem que o seu movimento ascendente é interrompido. As consequências

podem ser a desmotivação ou a ida para outra empresa onde assumirão a posição que aspiram ocupar. Os gestores de contratação devem compreender que os trabalhadores podem atingir os seus objectivos de promoção com uma mudança de emprego.

476. ***Integração sem falhas:*** A integração de novos funcionários deve energizar os recrutas para se envolverem e contribuírem rapidamente para a organização. Isto significa que devem ter tudo o que precisam para fazer o seu trabalho. Significa também que devem ter acesso imediato a um currículo de materiais de formação que lhes permita compreender as tarefas que devem executar. O currículo também deve fornecer uma visão geral adequada da empresa para que saibam onde se encontram na cadeia de abastecimento. O processo de integração e formação deve permitir a participação no trabalho efetivo o mais rapidamente possível. Deve também minimizar os encargos administrativos e de despesas gerais, que retiram capacidade à operação.

477. ***Concentração de conhecimentos:*** A concentração de conhecimentos pode ser útil quando se tomam decisões complicadas. A concentração torna-se perigosa se a informação descoberta não for partilhada com outros. O tempo de espera para preencher uma posição que deve encontrar o conhecimento perdido quando alguém sai pode ser de 6 a 12 meses, dependendo da extensão e natureza da base de conhecimento.

478. ***Direção da empresa:*** Os trabalhadores precisam de um certo nível de transparência relativamente à direção da empresa e ao processo de tomada de decisões. A transparência tem um efeito significativo na moral. Os empregados querem fazer parte da estratégia de crescimento. Verificam que os principais colaboradores saíram devido à falta de comunicação sobre a visão da empresa. Não sabem o que a empresa faz. Precisam de saber quem está encarregado de quê e o âmbito das actividades pelas quais são responsáveis.

479. ***Histórico de encomendas:*** Se uma pessoa sair da empresa, todas as informações relacionadas com as suas encomendas geridas irão com ela. Se existirem questões sobre a encomenda, determinar as respostas será muito mais difícil quando o conhecimento tiver partido. Este cenário pode ser crítico para resolver problemas de clientes ou para tomar decisões sobre encomendas futuras. Para encorajar registos precisos e completos, mantenha-os organizados, arquivados e completos.

480. ***As tarefas fáceis ganham:*** Se as tarefas de um projeto forem priorizadas com base na dificuldade, com as mais fáceis agendadas em primeiro lugar, então essas tarefas serão realizadas com pouco esforço. O problema surge quando o próximo conjunto de tarefas tem de ser feito. Agora são mais difíceis, e a organização habituou-se a vitórias fáceis. O esforço necessário para ganhar é agora muito maior, pelo que os participantes se tornaram mimados. Sentem-se frustrados pelo facto de a vitória não ser tão fácil como era antes. O risco que está agora a ganhar força é a decisão de desistir. Esta tendência aumenta à medida que as tarefas se tornam mais complexas. Ao dar prioridade às tarefas mais fáceis em primeiro lugar, os participantes passaram a esperar uma vitória com um esforço mínimo. Esta sequência tem mais probabilidades de arruinar o projeto do que ordenar aleatoriamente as funções e definir a expetativa de esforço desde o início.

481. ***Bónus de esforço:*** Quando uma empresa precisa de um empregado para a ajudar a crescer, o empregado faz sacrifícios para que isso aconteça. Se o bónus se baseia nos lucros e o crescimento da empresa prejudica os lucros, então o empregado não recebe um bónus pelo seu esforço, apesar de ser extremamente necessário. Por este motivo, o trabalhador deve ser bonificado com base na sua contribuição e não nos lucros, sobre os quais não tem qualquer controlo. Se ele se sacrificar para fazer crescer a empresa e não vir um bónus pelo seu esforço, não acreditará no sistema de bónus, mesmo que este tenha sido comunicado na carta de emprego. A pergunta crítica que um potencial empregado deve fazer é: "Alguma vez pagou um bónus e, em caso afirmativo, como foi?" Em caso afirmativo, o sistema funcionará e o sacrifício poderá valer a pena. Se a resposta for negativa, é provável que os bónus futuros não sejam pagos e o sacrifício não valerá a pena. Não diga que tem um sistema de bónus se nunca pagou um bónus aos trabalhadores.

482. ***Planeador de intimidação:*** Não elaborar um plano e depois dá-lo a alguém com a expetativa de que o executará com sucesso. A pessoa pode discordar do plano. Pode não ter sido consultado. O plano pode estar mal orientado e incompleto. Pode ser a abordagem errada. Por que razão devem eles assumir a responsabilidade pelo êxito do seu plano?

483. ***Rough & Tumble:*** Será um desafio, mas acabarás por ser respeitado pelo que fizeres. Envolva-se, lute e faça a diferença. Persevere nos

desafios. Se fosse fácil, alguém já o teria feito . Os desafios são difíceis. Esses desafios serão gratificantes quando forem bem sucedidos. Por vezes, o desafio está quase concluído, mas os participantes desistem mesmo antes de atingirem os seus objectivos. Continuem a trabalhar para ultrapassar os obstáculos e avancem em direção ao objetivo, um marco de cada vez. Não desistam porque o sucesso está mesmo ao virar da esquina.

484. ***Atrito tecnológico:*** A tecnologia que está disponível para o talento pode conduzir ao desgaste. O talento pode não ser capaz de absorver mais volume porque os sistemas são tediosos de usar. Os talentos atingirão o seu máximo no esforço que estão dispostos a despender. Depois disso, é necessário afetar mais talentos, porque se tornam inelásticos ao aumento do volume. Quando o talento é pressionado, fica frustrado e pode procurar trabalho noutro lugar; pode tirar férias ou pedir para mudar para uma posição diferente, onde ficará menos frustrado com os sistemas com que tem de trabalhar.

485. ***Clareza da ordem:*** Certifique-se de que as pessoas que estão a realizar o trabalho sabem claramente o que têm de fazer. Requisitos ambíguos num ciclo de tempo apertado podem levar a problemas de qualidade e a retrabalho. Uma ordem que não atinja o limiar de clareza não deve ser transmitida à pessoa que vai efetuar o trabalho. O excesso de clareza pode resultar em informações redundantes que podem ser confusas. A densidade da informação deve ser optimizada.

486. ***Roubar talentos:*** Tenha cuidado ao dar demasiado tempo de palco às suas melhores pessoas, porque podem ser roubadas para fazerem um trabalho de que não gostam. Eles estão a sair-se bem porque gostam do trabalho e têm boas relações com as pessoas com quem trabalham. Não estrague isso porque o cabelo de outra pessoa está a arder. Se eles forem coagidos a ir lá, isso piora a sua experiência. Eles procuraram-no para os avisar ou proteger, mas você não o fez. Cuidado com a técnica de "agarrar e apanhar" em todos os níveis da organização.

487. ***Atualização dos*** clientes***:*** É difícil atualizar os clientes atempadamente se não souber o que lhes dizer. Deve ser-lhes dito que recebeu o seu pedido e que o está a analisar. No entanto, é possível que os seus sistemas não forneçam as informações que eles procuram, ou que não lhes queira dizer porque faz parte do seu "molho secreto" e sabe que eles as darão ao seu

concorrente. Se o sistema for inadequado para fornecer a informação, então uma tentativa de adivinhação pode ser a melhor opção. Se for o molho secreto, pode utilizar "proprietário.

488. ***Transferência de tarefas:*** Os gestores que não conseguem lidar com o seu próprio trabalho devido a desorganização ou incompetência procuram transferir para outros fora da sua organização tarefas que eles próprios não conseguem realizar. Quando as pessoas que receberam as tarefas não conseguem executá-las, a culpa recai sobre elas. A culpabilização é uma transferência de risco de falha e retira a luz da função que era suposto realizar o trabalho e que está equipada para cada tarefa.

489. ***Comunicações sobre-audição:*** Reduzir a necessidade de comunicação. Existem formas rápidas e diretas de comunicar que são eficientes. Reduzir o ruído. Comunicar apenas o que precisa de ser mencionado. Não comunicar em excesso nem em falta. Conheça o nível ótimo de comunicação e faça-o atempadamente, utilizando o tempo de entrega e a periodicidade. De quantos relatórios precisa para tomar uma decisão? Alguns bons relatórios são muito melhores do que demasiados relatórios medíocres.

490. ***Apreciar com moderação:*** Elogie as pessoas pelo seu trabalho, mas não exagere, pois elas começarão a não acreditar em si ou a pensar que o que fizeram foi importante. Especialmente, não agradeça a alguém quando não o deveria ter feito porque essa pessoa não "mexeu com a agulha" de todo. Isso não é apenas superficial; é uma aplicação incorrecta da gratidão e anula a sua capacidade de apreciar as pessoas que fazem a diferença. Equilibre a gratidão com um desafio. A gratidão deve inspirar os destinatários a atingir níveis de desempenho ou objectivos ainda mais elevados. Não lhes diga que o são se a equipa não estiver a fazer um bom trabalho. Incentive-os a atingir marcos importantes.

491. ***Zero defeitos:*** Esperar zero defeitos é irrealista; no entanto, é uma excelente mentalidade para reduzir significativamente os modos de falha e o número de defeitos dentro de cada categoria. Esta mentalidade tomará decisões diferentes em relação à robustez dos controlos do processo do que a mentalidade que pensa que 99% é suficientemente bom. A promoção desta mentalidade reduzirá significativamente o número de defeitos quando as pessoas envolvidas a levarem a sério. Aproveite para celebrar um período

durante o qual zero defeitos descrevem o desempenho da área funcional. A perfeição é uma viagem, não um destino.

492. ***Trabalho entediante:*** O trabalho fastidioso frustra os trabalhadores e pode ser uma fonte de fracasso quando o volume é elevado. Por exemplo, cortar e colar de uma lista para outra pode resultar no facto de alguém escolher a coisa errada para cortar. Os fluxos de trabalho devem identificar as tarefas entediantes para que possam ser criadas ferramentas que executem a tarefa ou ajudem o operador a executá-la mais rapidamente e de forma mais fiável. Os seres humanos preferem ser inovadores e resolver problemas. Se puderem ser chamados pelo processo quando há uma exceção, isso será melhor do que tê-los a monitorizar continuamente o fluxo do processo.

493. ***Mudança:*** Se alguém quiser mudar para outro cargo, faça-o imediatamente. A pessoa não terá um bom desempenho se não quiser estar onde está. Terão um melhor desempenho se puderem estar numa posição que os entusiasme. Faça com que isso aconteça o mais rapidamente possível para que possam realizar o seu potencial. Se decidirem que não é tão bom como pensavam, não os aceite de volta porque já mostraram que não são adequados.

494. ***Coerção de posição:*** Se alguém não quer estar numa posição, não o convença a ficar. Não lhe dê mais dinheiro para ficar. Se a pessoa não quer estar no lugar, não fará um bom trabalho. A coerção leva à frustração de todos. Enquanto aceitarem o cargo, não gostarão dele todos os dias e cada vez gostarão menos de si por os ter colocado lá.

495. ***Teste de posição:*** Se alguém quiser uma posição, deixe-o experimentar brevemente para ver se gosta. A pessoa pode "experimentar" e receber o seu feedback sobre o seu trabalho. Pode também dar formação sobre o seu desempenho, dando-lhe a melhor hipótese de ser bem sucedido. Uma vez que são um novo par de olhos, podem também observar como as coisas são "lá", com os benefícios subsequentes.

496. ***Comunicar em todo o lado:*** O momento da comunicação é fundamental. Não se pode dizer a um grupo e depois dizer a outro mais tarde. Os rumores correrão e a comunicação será distorcida. Agora é preciso desprogramar os que ouviram e reprogramá-los com a história verdadeira. Pense em como pode comunicar com todos ao mesmo tempo. Isto mantém a fábrica de boatos fora de cena.

497. ***Duração da reunião:*** As reuniões devem ser tão longas quanto necessário. As pessoas têm outras coisas para fazer com o seu tempo e, a dada altura, deixarão de o ouvir. Mantenha a reunião significativa e depois termine-a. Se uma reunião puder ser cancelada ou encurtada, pense em fazê-lo. Mais uma vez, todos ficarão agradecidos.

498. ***Planeamento ligeiro:*** Isto acontece quando apenas os primeiros passos de um plano são considerados para execução. O plano deve ser criado com o fim em mente. A situação no final deve ser bem compreendida. Planear para realizar a "Fase 1" não significa que o problema esteja resolvido. Por vezes, quando há falta de consenso, a profundidade do plano é comprometida e o início do roteiro é considerado. Isto é feito e o resto do plano é esquecido.

499. ***Planeamento do destino:*** Descobrir onde é que as pessoas que estão no seu emprego há cerca de seis meses querem chegar na sua carreira. Como é que é o seu próximo emprego? Onde é que trabalhariam para se sentirem mais realizadas e felizes no seu trabalho? Faça esta pergunta frequentemente e ajude-as a chegar lá. "Se quiseres mudar para esse emprego, eu ajudo-te, mas primeiro temos de nos preparar para a mudança." Isto permite-lhe encontrar ou criar um nº 2 que assuma a função desocupada. Escolha um nº 2 que levará o departamento para o próximo nível. Isto é uma vitória para o empregado que quer sair e para a pessoa que não está no comando, que está preparada para o futuro. Ao tornar isto possível, o empregado irá muito provavelmente apreciá-lo e ter um bom desempenho durante a transição.

500. ***Boomerang de talentos:*** Tenha em atenção que, se despedir alguém ou se sair em condições não muito boas, essa pessoa aparecerá noutro lugar, num cliente ou fornecedor. Muitos sectores têm participantes que se deslocam de uma empresa para outra. A pessoa que pode ser o representante com quem o seu cliente lhe pede para trabalhar. Se as condições em torno da sua separação não foram boas, isso deve ser considerado parte do plano.

501. ***Comunicação vibrante:*** Criar um ambiente em que a comunicação seja tão clara e viva quanto possível. A clareza está relacionada com a brevidade, o público, a frequência e a escolha de palavras. Vibrante sugere que a comunicação é inspiradora, estimulante e desafiante. A comunicação deve guiar a ação e definir a direção, tal como representado por um roteiro para um estado idealizado.

502. ***Desequilíbrio de utilização:*** Pode haver um técnico que tenha sido transferido para um cargo de gestão. Agora, passa o seu tempo a fazer tarefas administrativas em vez de seguir os seus interesses técnicos. Pode não estar apto para o trabalho administrativo. Em alternativa, pode haver um equilíbrio ótimo entre o trabalho técnico e o administrativo, o que seria mais agradável para essa pessoa e melhor para a organização. Chegar lá o mais rapidamente possível.

503. ***Escolha errada:*** Se uma posição estiver em aberto, não escolha alguém que pareça ter a capacidade de a preencher. Essa pessoa pode não ter hipóteses de sucesso. A pessoa aceitará o lugar porque o tem estado a vender a toda a gente e, depois, tornar-se-á parte da mediocridade existente porque não consegue lidar com o trabalho. Piorar a situação é apaziguar toda a gente e sugerir que a pessoa mantenha o seu emprego atual e aceite o novo. Se ela não consegue fazer o novo, porque é que a deixaria aceitar o novo e manteria o antigo? Faça um favor à pessoa e não a empurre para um trabalho em que não será bem sucedida porque não é o que é necessário.

504. ***Configuração para o sucesso:*** Prepare o seu pessoal para o sucesso. Diga-lhes o que devem dizer nas reuniões com os executivos. Ensine-os a fazer uma boa figura quando tiverem oportunidade. Se falarem demasiado tempo, diga-lhes. Sabe o que é que parece bem? A sua função é garantir que eles têm bom aspeto, especialmente quando os está a exibir. Ter uma boa aparência é uma forma de ajudar as pessoas a chamar a atenção e a serem promovidas. Proteja-os de cometerem erros, treinando-os e disponibilizando-lhes avisos. Certifique-se de que eles têm em conta os avisos e, em seguida, reforce o comportamento elogiando-os.

505. ***Esquecimento das reuniões:*** Não deixe que o calendário de reuniões se acumule, de modo a que não haja tempo para trabalhar ou acompanhar os pontos de ação. Reserve um tempo no calendário para pensar ou produzir algo de valor para a empresa. As outras pessoas não devem poder agendar algo durante o seu tempo bloqueado. Se o tempo estiver bloqueado, é provável que as pessoas que marcam reuniões o evitem. Se não o fizerem, pode exercer a opção de recusar a reunião devido a uma sobreposição. Se ceder, as pessoas não respeitarão o seu tempo bloqueado. Encontrarão outra altura se recusar, mas não o envolverão em discussões frívolas.

506. ***Organização confusa:*** É possível reorganizar a estrutura organizacional para reduzir a frustração enquanto se aumenta a frustração com a mudança proposta? É possível. A forma como uma mudança estrutural é concebida é essencial, tal como a forma como é comunicada é importante. Há quem pense que é bom transmiti-la verbalmente e não através de comunicação escrita. Isto significa que todas as pessoas com quem não se falou estão a perguntar-se o que está a acontecer. Acrescente-se a isto o facto de as pessoas comunicarem a pessoas a quem preferem não comunicar. As mensagens de texto estão a chegar a toda a estrutura. As pessoas estão aborrecidas. Alguém foi promovido. Devíamos estar felizes por essa pessoa. Em vez disso, as pessoas estão aborrecidas e a pensar em abandonar a organização. Os que saem precisam de ser substituídos. Levaram muita informação com eles. Agora, o novo diretor tem de lidar com a responsabilidade extra que lhe foi atribuída e limpar a confusão criada pela mudança. As relações precisam de ser reconstruídas. O tempo de transição é agora uma parte mais significativa da mudança. A pessoa que foi promovida tem um desafio pela frente. Há melhores formas de lidar com estas transições. Seria possível incluir mais pessoas na decisão? Seria uma boa ideia anunciar a decisão a todos em simultâneo para acelerar a transição? As mudanças organizacionais podem resultar em danos colaterais significativos para a organização. Em alguns casos, podem afundar uma organização. Quando se atribui à pessoa errada uma responsabilidade que ela não pode assumir, é difícil e injusto para ela o facto de ter sido colocada nessa posição.

507. ***Egos frágeis:*** Algumas pessoas são "sensíveis" a certas coisas. Infelizmente, não é possível saber antecipadamente quais são todas elas. Faça o seu melhor para ser cortês, mas saiba que haverá alturas em que cometerá um erro. Não dê muita importância ao erro se não foi um erro. Provavelmente, o destinatário perdoar-lhe-á. Se o erro for imperdoável, peça desculpa e tente não o repetir. Certifique-se de que a pessoa sabe que não estava a ser malicioso; apenas teve um lapso num mundo complicado em que isso é possível.

508. ***Visita atenciosa:*** Por vezes, é bom passar por cá e perguntar como está alguém. Mostra que se preocupa. Não precisa de ter um tema de interesse em mente. Basta perguntar como está a pessoa e se pode ajudá-la de alguma forma. Se não houver nada que possa fazer para a ajudar, pode partilhar

um acontecimento ou uma história interessante e atual. Anime o dia da pessoa com uma conversa rápida enquanto vai para outro sítio.

509. ***Compaixão e carinho:*** Mostre que se preocupa sendo empático. "Reparaste que a Sue tinha um gesso no braço?" Quando estamos ocupados, as coisas óbvias não são notadas e perdemos a oportunidade de sermos empáticos. Mostrar que se preocupa com um dos seus empregados pode ser uma grande ajuda. Eles lembrar-se-ão das suas acções de carinho durante muito tempo, talvez mesmo depois de as ter esquecido. Em alguns casos, não é necessário estar presente. Pode enviar um cartão ou algumas flores com uma nota pessoal de felicitações ou simpatia. Ignorar a celebração de um feito importante ou de um acontecimento triste demonstra falta de interesse pelos seus empregados. Eles notam que não o fez e perguntam-se porquê. Se mostrar aos seus empregados que se preocupa com eles, eles preocupar-se-ão com a empresa e os seus clientes.

510. ***Reacções emocionais:*** Cuidado com as reacções demasiado emocionais. Estas reacções são muitas vezes despropositadas e não são bem recebidas por ninguém, seja a que nível for. O drama é uma técnica de distração. Permite a alguém obter o controlo da atenção que deseja, desviando-o do que realmente precisa de atenção. Alguém pode queixar-se em voz alta de uma falha operacional que não é sua, para evitar que as pessoas se apercebam das falhas operacionais que ocorrem regularmente na sua área. Alguns líderes permitem que outros líderes se safem desta situação. Quando a pessoa excessivamente dramática continua a ganhar, todos os outros sentem que não estão a ser ouvidos. Ficam espantados com o poder dado às pessoas que, antes de mais, fazem barulho.

511. ***Descrição das funções:*** É útil quando as pessoas sabem quais são as suas responsabilidades e por quem são responsáveis. A responsabilidade inclui tarefas, objectivos e a quem recorrer para obter ajuda. Uma descrição de funções inclui o que tem de fazer e o que não é da sua responsabilidade. A sua energia tem de ser priorizada em função dos itens da sua descrição de funções. Pode acontecer que não seja adequado para a sua descrição de funções. Deveria estar noutro lugar para poder prosperar. As suas competências são necessárias porque a descrição de funções foi mencionada durante a entrevista. Pensou-se que seria uma boa opção. E assim, foi contratado. Faça um favor a cada

empregado e assegure-se de que ele conhece a descrição das suas funções antes de começar a trabalhar. Certifique-se de que sabem onde estão localizados no organigrama e quem é o seu chefe.

512. ***Tight Turn:*** A Hannah foi procurada pelo diretor do departamento. Ela é excelente e devemos recrutá-la imediatamente para a nossa empresa. Todos se uniram em torno da oportunidade de a trazer para a empresa. Vários diretores-chave entrevistaram-na e, de um modo geral, gostaram dela. Vários gestores-chave foram jantar com ela para a convencer a vir do concorrente. Finalmente, ela concordou e foi contratada. O prazo de pré-aviso expirou e ela foi trabalhar no seu primeiro dia. Participou em reuniões e começou a aprender os nomes das pessoas da empresa e as suas funções. Passaram três dias e ela apresentou a sua demissão. Ficámos todos estupefactos. O que é que aconteceu? Ela decidiu que o trabalho não se adequava à sua agenda pessoal. Os gestores de contratação olharam uns para os outros e disseram: "Porque é que não percebemos isto antes de a contratarmos?" A equipa teve agora de trabalhar para preencher novamente a vaga. Esta foi uma má execução que poderia ter sido evitada. Os diretores de contratação ficam obcecados com a contratação de uma pessoa e são tendenciosos ao ponto de evitarem as questões essenciais. O objetivo é vender a empresa ao candidato em vez de determinar se o candidato se adequa ao posto de trabalho. É da responsabilidade de ambas as partes avaliar a adequação; no entanto, a equipa de recrutamento pode ser muito persuasiva ao ponto de até o candidato cometer um erro.

513. ***Quebrar o esgotamento:*** Os trabalhadores tentam encontrar formas de lidar com as pressões do trabalho para reduzir a exaustão emocional. Isto tem aspectos relacionados com a saúde e as atitudes; no entanto, o trabalho é stressante para todos. As pausas no trabalho podem ser benéficas para restaurar o capital humano. Não algumas pausas longas, mas pausas curtas mais frequentes. Estas são úteis para a recuperação emocional e para uma concentração renovada. O rejuvenescimento frequente resulta num trabalho de maior qualidade e em melhores atitudes dos trabalhadores.

514. ***Elogio de análise:*** Elogiar os funcionários por uma análise eficaz. A análise conduz a decisões eficazes, mas considera simultaneamente o efeito de cascata das decisões (efeito regressivo). Se não souberem como fazer análises,

ensine-lhes algumas ferramentas que podem utilizar. Trata-se de uma competência fundamental, uma vez que os dados devem apoiar as decisões. A descoberta é uma parte essencial da análise. O motivo do elogio é o facto de, através da descoberta, se terem obtido alguns conhecimentos valiosos que irão influenciar o processo de tomada de decisão.

515. ***Significado secundário:*** Quando fizer uma pergunta a um empregado, tenha em conta o que ele vai pensar sobre a mesma. Quando lhe pergunta se estaria disposto a trabalhar a partir de casa, ele pode perguntar-se se está a tentar tirar-lhe o emprego da costa. Quando a confiança não existe, os empregados consideram as filas de espera, que podem incluir uma série de eventos, e chegam a uma conclusão. "Estou em sarilhos?" Um acontecimento que eles pensam estar relacionado com a sua preocupação existe, mesmo que não exista ou não faça sentido na sua mente. Eles não sentem o que tu sentes. Vêem coisas que você não vê. Suponha que eles tiraram uma conclusão precipitada; trate disso imediatamente. Perguntar-lhes se há alguma preocupação pode ajudar a informá-lo sobre algo que não sabia que existia.

516. ***Criação de políticas:*** Dê a grandes funcionários a oportunidade de criar uma política para a empresa. Eles que a levem a toda a cadeia de fornecimento global. Se lhe perguntarem se quer participar, diga-lhes apenas: "A política é sua" e deixe-os trabalhar com ela. Dê-lhes visibilidade e apoio à medida que o levam a cabo a nível global em toda a cadeia de abastecimento. Está a garantir-lhes que podem elaborar políticas eficazes. A participação deles torna-os mais propensos a apoiar a política e a aplicá-la conforme se aplica a eles e às suas equipas. Não tem de elaborar todas as políticas. Eles podem fazer um trabalho melhor criando uma política porque estão mais perto da ação do que você. Por último, certifique-se de que eles recebem todo o crédito pela iniciativa e pelos resultados da mesma.

517. ***Jogo da culpa:*** Os bodes expiatórios não são permitidos. Culpar os outros é uma forma de coação de que ninguém gosta. Qualquer pessoa que não seja um bode expiatório pode ser um nesta cultura. Ninguém está a salvo. O bode expiatório sente-se maltratado e não se sente motivado a recuperar ou a atuar. Trata-se de uma má prática de gestão em geral. O gestor deve dizer que a situação é culpa sua, uma vez que não permitiu que a pessoa (bode expiatório)

fosse bem sucedida. Se a culpa for do chefe, devem ser tomadas as medidas necessárias para corrigir o problema.

518. ***Gostar do trabalho:*** Participar na alegria de um empregado quando ele a tem. Certifique-se de que ela é abundante. Diga-lhes que eles são "fantásticos". Qual é a desvantagem disto? A maioria das pessoas adora ser reconhecida pelo que faz. Algumas pessoas preferem trabalhar nos bastidores e não querem publicidade. Mesmo assim, pode dizer-lhes que fizeram um trabalho fantástico e obter o efeito associado. Quando os empregados vêem que você valorizou o que eles fazem, ficam motivados para continuar a fazê-lo. As suas expectativas vão aumentar, mas tem de começar por algum lado.

519. ***Sobrecarga de projectos:*** Não acrescente algo ao trabalho de uma pessoa se ela não conseguir fazer bem o que já está a fazer. Quando isto acontece, o que lhes dá nunca será feito corretamente ou a tempo. As pessoas ficam com falsas esperanças quando dizemos: "Sim, o Bob dedica-se a essa tarefa." O problema é que o Bob está dedicado a três outras tarefas. O que é que acha que vai acontecer? O problema é que o Bob é dedicado a três outras tarefas.

520. ***Primeira impressão:*** A execução do onboarding deixa uma grande primeira impressão nos novos empregados. Um recém-contratado está normalmente entusiasmado com o seu novo emprego. Se não estivessem interessados, não o teriam escolhido nem se teriam candidatado. Não esmague a sua boa vontade fazendo um mau trabalho de integração. Se ele for para a sua secretária e não houver uma cadeira, ou se tentar aceder a um sistema e não tiver autorização para o fazer, ou se o seu computador não estiver disponível durante mais uma semana, a sua impressão da empresa e do seu trabalho irá mudar. "Pensei que esta empresa parecia organizada, mas não estou a sentir a minha primeira impressão." O objetivo é acelerar a entrada de novos funcionários, assegurando que eles se empenham e aplicam a sua energia na criação de valor logo após terem um lugar de estacionamento e saberem onde ficam as casas de banho.

521. ***Estrutura flutuante:*** Não deixar as pessoas no limbo (a flutuar) enquanto se espera pela clareza da estrutura organizacional. "Não sei quem é o meu chefe." "Não sei se estou a fazer um bom trabalho." Normalmente, o trabalho que os empregados têm à sua frente é crucial para a empresa. Pode ter

uma responsabilidade associada se não estiver a ser feito corretamente. Um empregado capaz pode ser capaz de determinar por si próprio o que fazer. Pode acelerar o seu historial de sucesso garantindo que ele sabe o que fazer. Se fornecer os pormenores à primeira vez, pode esperar que ele o faça corretamente e não precise de uma segunda tentativa.

522. ***Local seguro:*** As pessoas devem sentir-se seguras no local de trabalho. Não obrigue as pessoas a trabalhar numa altura em que seja assustador chegar ao trabalho ou regressar a casa. Seja responsável pela segurança das pessoas e mostre que se preocupa com elas, não permitindo que trabalhem em condições inseguras. Por vezes, não devem ser os únicos empregados a estar no local à noite. Pode pedir a um segurança que o acompanhe até ao carro de manhã cedo. Eles podem dizer: "Está tudo bem; eu vou conseguir", mas mostrar que se preocupa causa uma boa impressão.

523. ***Conhecimento humano:*** Conhecer as pessoas que trabalham consigo ou à sua volta. Não se trata do que elas fazem. Trata-se de quem elas são. Este último é o que impulsiona o que elas fazem. Conhecer esta última ajuda-o a compreender porque é que elas fazem o que fazem. Permitir-lhe-á também ajudá-la a gostar do seu trabalho e a pôr em prática os seus talentos para enfrentar desafios complexos. Poderá dar-lhes projectos que lhes sejam adequados. Poderão mudar para posições que lhes sejam mais adequadas. Pode ajudá-los a sentirem-se mais realizados no seu trabalho.

524. ***Cuidados com o talento:*** Traga e cuide do seu talento porque, se não o fizer, pode dar por si a trabalhar para o seu cliente e a custar-lhe milhões em perda de receitas. "Eles não são assim tão valiosos", diz o gestor ignorante. Pense no trabalho que eles estavam a fazer bem e nas implicações desse trabalho quando saírem. Quanto é que isso vale? Considere as receitas que estão a produzir para a empresa durante o seu emprego. Quanto é que isso vale? Considere a sua capacidade de melhorar a estrutura de custos da empresa com as suas excelentes ideias. Quanto é que isso vale? Não subestime o valor de um bom empregado interessado em vingança ou a capacidade maliciosa de um mau empregado com acesso às instalações físicas e aos sistemas. Se os talentos se sentirem acarinhados, também eles acarinharão as necessidades dos clientes. Qual é o seu valor?

525. ***Conversa de Talentos:*** Deixe o talento falar. Eles precisam de brilhar na luz, não tu. Se eles são fortes, então você também o é. Dê-lhes a oportunidade de apresentarem o seu sucesso. Celebre o sucesso das pessoas que trabalham arduamente para atingir um objetivo. Celebre o sucesso de alguém que reduziu significativamente o custo das operações. Dê-lhes a oportunidade de falarem sobre as suas acções para inspirar outros a fazerem o mesmo. A pessoa deve descrever a sua experiência de uma forma convincente. O objetivo final é que sejam uma fonte de inspiração para os outros e que atinjam o próximo marco significativo que têm pela frente.

526. ***Boa presença:*** Se estiver a realizar um debate, certifique-se de que todas as pessoas que têm de estar presentes no fórum estão presentes e envolvidas. Algumas pessoas estarão a responder a mensagens de texto. Outras estarão a ter conversas paralelas. Chame a atenção dessas pessoas para que se possam envolver e participar. Desta forma, têm a oportunidade de se exprimirem e são parcialmente responsáveis pelo conteúdo e pelos resultados. Não os deixe dizer: "Não me lembro de ter concordado com isso na reunião". Eles deviam ter estado a prestar atenção.

527. ***Gestão da perceção:*** Gerir as percepções que as pessoas têm umas das outras. As percepções mudam com o tempo. Alguém que é tóxico pode ser apreciado pelos seus comportamentos quando estes são considerados dentro de um contexto. "Tem sido desagradável em relação a isso porque quando o fez na última empresa, falhou redondamente." Com este entendimento, a gestão da perceção é feita porque a situação pode ser diferente. A pessoa está a ser desagradável quando não precisa de o ser. Para que a gestão das percepções possa ser feita, é necessário ter uma compreensão exacta e completa das percepções actuais. É preciso saber o que precisa de ser corrigido.

528. ***Acomodar o talento:*** Quando faz adaptações para as pessoas boas, elas apreciam-no e ficam consigo. Foi assim tão difícil fazer a adaptação? Foi assim tão dispendioso, tendo em conta o retorno do investimento? Está a ser demasiado rígido? O custo de um alojamento pode ter um retorno de investimento significativo. Não deixe que a rigidez teimosa o impeça. Ao mesmo tempo, não deixe que empregados mimados tirem partido da sua empatia.

529. ***Gestão de reuniões:*** Dê às pessoas que trabalham para si a oportunidade de organizar e dirigir reuniões. Passe o seu tempo a ouvir. Certifique-se de que está presente para apoiar os seus esforços e de que eles recebem os louros. Organize uma reunião "depois da reunião" para lhes dar feedback sobre o seu desempenho. Os vão adorar esta reunião, pois vão querer saber como se saíram. O tempo necessário para a reunião é variável. Desde que cada minuto seja muito significativo, não importa a duração da reunião. Uma sessão de brainstorming pode prolongar-se pela noite dentro e produzir um consenso significativo em torno de iniciativas importantes. Podem obter-se mais resultados numa reunião intensa e concentrada de duas horas do que num mês de conversas mal executadas. A eficácia da reunião pode ser melhorada através de uma facilitação adequada, do estabelecimento de normas de conduta e da preparação antes da reunião. O organizador/gestor da reunião pode enviar informações para análise antes da reunião, na expetativa de que as pessoas presentes as tenham estudado. Organizar a ordem de trabalhos de modo a que uma preparação inadequada resulte em embaraço durante a reunião. Se a reunião não começar a horas, as pessoas que chegaram a tempo considerarão a possibilidade de se atrasarem na próxima vez. O valor da pontualidade não será respeitado. Se alguém chegar atrasado, deve ver uma reunião em pleno andamento. Será desafiado a recuperar o atraso e a ser relevante. Será desencorajada a chegar atrasada da próxima vez. Se esperar pelos participantes em vez de ter quórum para começar, a reunião começará mais tarde de cada vez que se reunir. Todos devem saber que a reunião começa a horas e que devem chegar preparados alguns minutos antes. O diálogo deve ser aberto e franco. A obrigação de discordar deve ser levada a sério. Algumas decisões são fatais e poderiam ter sido evitadas se alguém tivesse discordado. Um dissidente deve ser respeitado pela sua coragem; no entanto, terá de fundamentar as suas razões para se opor e poderá ser rejeitado se os outros não estiverem convencidos da posição tomada. O facilitador deve permitir que o dissidente apresente o seu caso. Quando o diálogo estiver concluído, é necessário tomar decisões. Estas têm de ser registadas como acções, calendarizadas para serem concluídas e monitorizadas quanto ao cumprimento das expectativas.

530. ***Compromisso de gestão:*** Se marcar uma reunião para discutir um assunto com o chefe do seu chefe, não se esqueça de explicar que o seu chefe foi

envolvido. Da mesma forma, se o seu chefe marcar uma reunião que inclua os seus subordinados, indique que eles foram envolvidos nos tópicos. A mensagem é: "A equipa está a funcionar". A partilha de informação torna-se difícil se as conclusões forem tiradas dentro de uma função a diferentes níveis. A função fica então confusa e desalinhada. Se a direção tiver de mudar, a função pode fazê-lo em conjunto, para que a energia se concentre na direção certa e não seja desperdiçada a tentar alcançar o alinhamento.

531. ***Apreciação de líderes:*** Apreciar os seus subordinados diretos quando estes lideram esforços. A liderança é uma competência muito valiosa e complexa. A capacidade de navegar pelos aspectos políticos e culturais de uma organização revela capacidades valiosas. Não as desperdice. Em vez disso, utilize-as e faça-as crescer. Assegure-se de que eles compreendem que foram bem sucedidos, que se apercebeu disso e que valoriza a sua contribuição. Para alguns, o reconhecimento de um bom trabalho é mais importante do que um bónus. Os trabalhadores querem saber que estão a ter um impacto positivo através do que fazem.

532. ***Transição emocional:*** Saiba quando a discussão por correio eletrónico está a aquecer e, em seguida, reúna as pessoas cara a cara para resolver o problema. O correio eletrónico não é a melhor forma de resolver problemas difíceis. Uma discussão muito longa começará a desviar-se do caminho porque é difícil seguir as conversas. Se o correio eletrónico puder resolver o problema, aproveite-o. Se não for possível chegar a um consenso com o grupo, reconheça esse facto e reúna as pessoas relevantes para debater os vários aspectos da solução. A conversa deve incluir a forma como os resultados devem ser comunicados e alcançados.

533. ***Notas de reunião:*** Após a conclusão de uma conversa, envie aos participantes as notas sobre as acções que podem ser revistas mais tarde. Os participantes podem fazer as alterações que quiserem no documento. Pode ter-se esquecido de um objetivo importante ou determinado incorretamente uma relação. Quando os participantes tiverem a oportunidade de influenciar as notas, pode ficar a saber o que pensam. Também pode obter algumas ideias valiosas que não foram mencionadas na discussão. Deixar que influenciem as notas dá-lhe a oportunidade de compreender melhor o que ouviram e pensam sobre o plano de ação e os objectivos associados. Espere surpresas.

534. ***Potencial de iniciativa:*** Dar aos trabalhadores com elevado potencial a oportunidade de vender e gerir as suas iniciativas. Um colaborador com elevado potencial deve ser libertado pelo seu chefe para pensar em formas de melhorar o seu trabalho. A auto-gestão pode estar relacionada com fluxos de trabalho, materiais ou configurações de produtos no fluxo de trabalho. Se lhes for dada a oportunidade e a responsabilidade de o fazer, desenvolverão inovações valiosas. Permita-lhes que apresentem as suas ideias e as vendam aos colegas, às pessoas que as vão utilizar e ao chefe.

535. ***Bónus de esforço:*** Os bónus não devem ser baseados nos lucros, mas sim no quanto um empregado ajuda a empresa a crescer. Quando há crescimento, o fluxo de caixa é apertado devido aos custos de infra-estruturas, custos de aquisição de talentos, custos de aquisição de clientes , custos de formação, etc. Isto prejudica os lucros. Porque é que um colaborador se empenha no crescimento se sabe que não há potencial de bónus? Além disso, os bónus devem ser pagos se a empresa passar por um período difícil (por exemplo, uma pandemia). Utilize o fundo de maneio se for necessário. Um pouco de juros não é tão mau como perder os seus melhores lutadores - recompensa pelas transições em vez de lucros.

536. ***Educação para o fracasso:*** Tratar os fracassos como oportunidades educativas. A pessoa que cometeu o erro é agora a pessoa mais competente em relação ao assunto (fora de negligência e malícia). Aprendeu a lição e, se tiver interesse, pode participar na correção da vulnerabilidade que levou ao erro. Esta correção influenciará o trabalho de todos os que executam uma tarefa com esta vulnerabilidade. A correção vai influenciar cada vez que alguém repete a ação com a vulnerabilidade. Não deixe que a educação fique apenas com a pessoa que aprendeu com o erro. Dê-lhe a oportunidade de educar toda a gente sobre o erro e sobre a forma de evitar que volte a acontecer.

537. ***Distanciamento social:*** Os insultos, mesmo os mais ligeiros, criam distância e reduzem o envolvimento. Se se referir ao trabalho de alguém como desleixado (repetidamente), as pessoas envolvidas sentem-se insultadas por isso. Pensam que não se preocupa em conhecer os pormenores da situação que originou o problema. Talvez não fossem capazes de executar a tarefa corretamente. O insulto é mal orientado porque o gestor deveria ter atenuado a

vulnerabilidade. Um gestor deve dar fôlego aos trabalhadores, não retirá-lo. Deve apontar o barco para o rumo certo. Deve apontar o barco na direção certa, mas sem vento nas velas, o barco não se move.

538. ***Empatia atempada:*** Se alguém não se estiver a sentir bem, seja compreensivo. Talvez a pessoa esteja a trabalhar até tarde e tenha perdido a festa de aniversário da filha. Mande-a para casa. Pegue no trabalho por ela. A pessoa ficará agradecida. Se a pessoa não se estiver a sentir bem, não terá um bom desempenho. Dê-lhes a oportunidade de se curarem, permitindo-lhes tirar uma folga. A saúde também se aplica ao bem-estar emocional. Saiba se existe algum problema e permita que os trabalhadores se recuperem para que possam dar o seu melhor. Uma posição rígida em relação à permanência no trabalho não vale a pena. Considere que eles podem infetar outras pessoas que estão sentadas ao seu lado. Não deixe que o problema se agrave.

539. ***Correio direcionado:*** Se tiver de escrever uma mensagem de correio eletrónico, esta deve ser clara e centrada na ação. Devem responder a perguntas de forma muito clara, com pormenores particulares e suficientemente específicos. O autor de uma mensagem de correio eletrónico não deve fazer com que o destinatário adivinhe o que está a tentar dizer. Se estiver numa posição de autoridade, considere que o seu e-mail será reencaminhado para qualquer pessoa da empresa. Não faça referência a informações inexactas que possam dar origem a um debate sobre a base das decisões tomadas. A mensagem de correio eletrónico pode ser utilizada para solicitar contributos, mas tenha em conta que alguns questionarão os participantes.

540. ***Atualização do chefe:*** Actualize o chefe sobre o estado das suas acções. Se ele não responder, não se preocupe com isso. Ele foi informado e parece estar de acordo com a situação e o curso de ação que está a tomar. Pergunte ao chefe como gostaria de ser notificado do progresso antes de começar a trabalhar. Lembre-se das suas preferências quando perguntar novamente se a comunicação corresponde às expectativas. Continue a ajustar-se, mas não abuse do inquérito. Estará a aborrecê-los. Há coisas que eles não querem ouvir ou falar. Não as mencione a menos que seja necessário. Eles têm palavras que gostam de usar para descrever algo que consideram essencial para alcançar. Utilize essas palavras para descrever o seu progresso.

541. ***Ouvir bem:*** As pessoas gostam de falar sobre o que fazem. Seja um bom ouvinte para descobrir onde estão as oportunidades de aprender ou de influenciar. Seja conhecido como alguém que ouve; as pessoas falarão consigo. Elas são atraídas por si porque não há muitas pessoas que ouvem. Há uma diferença entre ouvir e ouvir bem. Ouvir bem significa que compreende o que as pessoas estão a dizer. Tem empatia com os seus interesses e necessidades. Uma conversa com sentido leva o ouvinte a ver as coisas de forma diferente ou mais aprofundada. "Eu nunca soube disso. Agora percebo porque é que pensa..." Ouvir não significa que concorda, apenas que compreende.

542. ***Pensar sobre:*** Alguém pode perguntar-se se o seu chefe se preocupa com os seus pensamentos. Esta perceção pode acontecer porque o seu chefe não parece estar a ouvir quando se envolve. Pode fazer o que quiser se o chefe não se importar com os seus pensamentos. A falta de supervisão pode ser libertadora se estiver a produzir resultados benéficos. Pode estar preocupado porque você e o seu chefe podem não pensar nas mesmas coisas. Dê-lhe a oportunidade de exprimir os seus interesses. Estes são os itens que vão ser os destinatários dos recursos. Aproveite a oportunidade, a menos que saiba que não vai dar certo. Uma alternativa semelhante poderia ser possível para uma vitória mútua.

543. ***Designers de organizações:*** Permitir que os proprietários de empresas decidam como conceber as suas estruturas organizacionais. Podem apresentar a sua justificação e obter aprovação. Cada empresário é responsável pelos seus resultados. Devem criar uma organização que os ajude a atingir os seus objectivos. Se tiverem dificuldades em perceber isto, podem pedir ajuda. Quando estão envolvidos na conceção da organização e preenchem as posições críticas como querem, podem ser totalmente responsáveis pelos resultados. Esta responsabilidade inclui a mudança de pessoas que se revelam inadequadas.

544. ***Reunir ferramentas:*** Normalmente, é utilizado um conjunto de ferramentas para realizar tarefas. Muitas vezes, estas ferramentas não estão disponíveis para todos. Reúna as ferramentas, rotule-as e coloque-as à disposição de todos. A utilização das ferramentas aumentará quando as pessoas souberem que elas existem, quando puderem ser solicitadas pelo nome e quando a sua função e benefício forem compreendidos. As ferramentas podem estar localizadas em vários sítios. Podem ou não ser utilizadas nesses locais. As

pessoas acumulam coisas que não conseguem obter rapidamente porque podem vir a precisar delas mais tarde. O facto de não terem acesso ao que precisam leva-as a acumular, para que estejam sempre disponíveis. Quando as ferramentas são centralizadas, há mais disponíveis para quem precisa delas. São necessárias menos ferramentas para satisfazer as necessidades porque são partilhadas. Se for necessária mais do que uma ferramenta semelhante, haverá redundância no inventário e a necessidade pode ser satisfeita mais facilmente.

545. ***Lista de necessidades:*** Utilizar técnicas de brainstorming para criar uma lista de necessidades que possam ser priorizadas e satisfeitas. Esta lista pode ser útil ao rever a atualização de uma área mais ampla. A definição de prioridades pode ajudar a acelerar a implementação. Um gráfico de Pareto pode listar as necessidades com base na sua importância. Dê tempo suficiente para captar o maior número possível de necessidades antes de as organizar ou avaliar. Ao ordená-las da mais significativa para a menos significativa, pode reparar que 20% das necessidades representam cerca de 80% das necessidades totais. A definição de prioridades pode ser difícil se não tiver uma lista completa.

546. ***Campeões de projectos:*** Permita que as pessoas liderem projectos que sejam significativos para elas. Depois, apoie-as para que terminem bem. A motivação é muito mais fácil quando as pessoas trabalham em projectos de que gostam. Elas podem ser apaixonadas por algo e o projeto ajuda-as a satisfazer as suas paixões. As suas capacidades podem ser precisamente o que o projeto precisa para ser bem sucedido. Sentir-se-ão mais competentes se trabalharem numa área para a qual têm talento. Dê a um campeão de a melhor hipótese de sucesso, atribuindo-lhe uma tarefa que o entusiasme e apoiando-o até ao sucesso. Todos ficam a ganhar.

547. ***Conhecer pessoas:*** Ser flexível para se encontrar com as pessoas no horário delas. Seja persistente para mostrar que a ligação é essencial. Embora possa ser um incómodo estar sempre a verificar se alguém está disponível, a persistência resultará na concretização dos seus objectivos. Se depende da sua contribuição, tem de a fazer funcionar. "O Bob nunca está no seu escritório." Não importa se não consegue entrar em contacto com alguém quando quer. O que importa é que acabe por se empenhar e atingir metas ao longo de um roteiro que depende da capacidade de trabalhar com outros.

548. ***Destaque:*** Ilumine as pessoas que responderam bem para que as que não responderam bem se tornem conhecidas. Dê a sua atenção às pessoas que estão a ter um bom desempenho, para que as que não têm vejam o que é importante para si. As pessoas repararão tanto em quem não recebe atenção como em quem a recebe. Celebre as realizações das pessoas que fazem progressos. Reconheça publicamente os empregados pelas suas grandes ideias. Não fique com os louros de nada. Não vale a pena. Quando os seus subordinados diretos recebem o crédito pelo seu trabalho, isso reflecte-se em si. Se se certificar de que eles recebem os louros, não terá de se preocupar em obter nenhum para si.

549. ***Escuta atenciosa:*** Faça com que os gestores sintam que se preocupa com eles, ouvindo-os e dando-lhes o que precisam. Não pode apoiá-los eficazmente se não os ouvir. Ouvir significa que os ouviu, que os compreende e que simpatiza com eles. Identifica-se com a necessidade, percebendo o que significa não ter o que está a ser pedido. Ouvir com atenção ajudá-lo-á a satisfazer eficazmente uma necessidade não satisfeita, reduzindo o sofrimento na situação atual. Os atrasos na obtenção do que eles precisam prolongam o sofrimento. Seja bom a navegar no caminho para a satisfação das suas necessidades.

550. ***Tarefa acionável:*** Uma tarefa torna-se acionável quando tudo o que é necessário para a executar está disponível, incluindo ferramentas, instruções e recursos. Uma tarefa que pode ser executada é acionável; no entanto, todos os componentes devem ser os elementos apropriados associados a um produto final, ser corretamente rotulados e estar aptos a serem utilizados. Estes elementos serão transformados utilizando os recursos e a tecnologia disponíveis. Os recursos utilizarão ferramentas para alcançar resultados aceitáveis de acordo com as instruções e especificações.

551. ***Passagem de sugestões:*** Entregar as sugestões às pessoas certas com o seu chefe na cópia. Eles que tratem do assunto, mas pelo menos a sugestão fica registada e datada. Se uma sugestão for apresentada, deve ser dada uma resposta ao autor da sugestão sobre o estado da mesma num curto espaço de tempo. Cada alteração de estado deve também ser comunicada. Algumas pessoas não estão interessadas em sugestões, o que as prejudica. Determine se quer dar as sugestões a outra pessoa e, em seguida, faça-o

enquanto procura feedback. O feedback resulta no envolvimento dos participantes. O destinatário já reflectiu sobre a ideia e tem uma opinião. O destinatário não pode enterrar a ideia porque o seu chefe foi informado da sua existência.

552. ***Mentee bem sucedido:*** Se alguns dos seus subordinados diretos (aqueles que liderou e orientou) tiverem algum sucesso, isso é bom. O sucesso deles é seu, independentemente de quem o vê. Eles aprenderam a vencer um desafio. Com a sua inspiração perto deles, sentem-se energizados para enfrentar os desafios que os esperam. Cada aluno terá de determinar o que é o sucesso para si próprio. Devem ter a certeza de que as suas acções continuarão a produzir resultados suficientemente positivos.

553. ***Alavancar a boa vontade:*** Seja amigável para acumular boa vontade com as pessoas de quem depende para obter os resultados esperados, se estes tiverem sido acordados. É bom ter uma acumulação de boa vontade dos seus subordinados diretos numa posição de gestão. Esta positividade ser-lhe-á útil quando tiver um favor a pedir. Acumule a boa vontade, mas certifique-se de que a utiliza de forma sensata para realizar tarefas difíceis, complexas e árduas. A boa vontade deve ser aproveitada para o ajudar a atingir os objectivos da organização. A boa vontade pode ser consumida quando os funcionários são solicitados a fazer um esforço extra, a fazer um trabalho adicional, a ajudar outra pessoa ou a ficar mais tempo do que ficariam de outra forma. A boa vontade aumenta quando os empregados são tratados com cortesia e respeito, quando são reconhecidos pela sua contribuição e quando são compensados de uma forma que é significativa para eles.

554. ***Muito à frente:*** Não avance demasiado porque as pessoas não serão capazes de o seguir. Embora possa ser capaz de imaginar o futuro, é difícil para elas, tendo em conta aquilo a que estão expostas. Alguns conceitos mais avançados podem ser difíceis de compreender devido à distância que os separa do estado atual. Dê-lhes um passo de cada vez ou um marco de cada vez. A distância para o próximo marco pode ser encurtada se isso ajudar na compreensão e visualização. A distância entre os passos evolutivos da sua organização só deve ser tão significativa quanto a organização possa absorver efetivamente e no período de tempo esperado. Só se deve morder o que se pode mastigar.

555. ***Libertar os gestores:*** Liberte os proprietários de empresas e outros gestores para "fazerem acontecer" e para o avisarem se precisarem de ajuda. Se eles são capazes de o fazer, não deve ter de o microgerir. Assegure-se de que as expectativas são claras, incluindo o tempo necessário para concluir a tarefa. Informe os líderes da iniciativa que eles podem decidir como concluir a tarefa. Eles devem saber que espera que sejam inovadores. Se tiverem uma ideia eficiente que funcione, deixe-os testá-la. Não se interponha no caminho do seu génio. Inspire confiança para fazer as coisas.

556. ***Comentários elogiosos:*** Dizer coisas positivas sobre as pessoas nas reuniões e fora delas. Não importa se elas estão lá ou não. A sua opinião sobre elas deve ser consistente. Se as pessoas estiverem presentes num fórum público e souberem que tem confiança nelas, sentir-se-ão confiantes na sua relação consigo. Eles verão que tem coisas boas a dizer sobre eles, que as dirá e que o reconhecimento os motivará a executar com um padrão elevado. Não querem estragar uma perceção positiva. Eles guardarão a sua integridade. Lembre-se que podem surpreendê-lo e estar numa chamada sem o seu conhecimento. O que quer que diga sobre eles será ouvido, e a reação associada seguir-se-á.

557. ***Retorno salarial:*** Quando alguém recebe um aumento, deve haver um retorno resultante do investimento. Um aumento de $X deve ter um retorno de $5X ou mais. Um aumento é um investimento, não uma contribuição de caridade. Os trabalhadores devem estar constantemente a crescer. Quando assumem novas responsabilidades, a sua descrição de funções deve refletir esse facto. Devem aceitar as responsabilidades da nova função, se esta for lateral ou vertical. O aumento incremental das responsabilidades deve incluir o retorno do investimento que a empresa obterá se ele aceitar a função. A chefia deve assegurar que o colaborador que assume mais responsabilidades é adequado para a função e a chefia deve assegurar que a pessoa que está a ser promovida adquire as competências necessárias para ser bem sucedida. As expectativas e uma descrição do sucesso devem ser claras para todos os envolvidos.

558. ***Correspondência de dons:*** Atribuir às pessoas tarefas que estejam de acordo com os seus dons e paixões. Os resultados serão muito melhores, em parte porque o empregado está a fazer algo em que é ou será bom. O inverso pode acontecer quando uma pessoa não se adequa à sua função porque não tem

as capacidades necessárias. Esta inadequação conduzirá a um mau desempenho. Quando os empregados podem utilizar os seus dons, sentir-se-ão energizados pela oportunidade de sucesso que têm agora. Tanto o trabalhador como o gestor devem estar atentos à sua auto-consciência. Os trabalhadores podem optar por se sentirem realizados com o seu trabalho e brilharem, ou por não estarem interessados por não se adequarem à função.

559. ***Apreciação de tarefas:*** Agradeça às pessoas quando elas concluírem uma tarefa que lhes pediu para fazer. Por vezes, é melhor fazê-lo em privado; no entanto, por vezes, fazê-lo publicamente é benéfico. O objetivo é apreciar, motivar e criar boa vontade nos colaboradores. Por outro lado, se alguém fizer algo que considera importante ou que lhe foi dito ser necessário e o seu feito não for reconhecido por ignorância, arrogância ou simplesmente esquecimento, a sua boa vontade diminui e não se sente inspirado a repetir o desempenho.

560. ***Capacidade de produtividade:*** Se conseguir aumentar a produtividade, pode aumentar a capacidade. Se tiver dez trabalhadores e aumentar a sua produtividade em 20%, terá aumentado a sua capacidade, assumindo que há trabalho para eles fazerem. Os dois efectivos adicionais foram adquiridos sem custos, sem recrutamento, sem uma curva de aprendizagem e sem o risco de não passarem o período de experiência. Os empregados existentes não terão de se habituar a novas pessoas ou consumir a sua capacidade para formar ou treinar as novas pessoas. O número de efectivos adicionais é mal visto se não houver receitas que sustentem o pedido. As receitas podem ser menores devido a concessões de preços, embora as tarefas a realizar sejam as mesmas ou maiores. Os trabalhadores executam tarefas e não controlam os preços, pelo que o número de efectivos não está relacionado com as receitas. Utilizar a tecnologia ou novos métodos para aumentar a produtividade. Tornar mais fácil para os trabalhadores fazerem mais.

561. ***Capacitar a paixão:*** Motivar os funcionários que são apaixonados por um fluxo de trabalho ou produto, dando-lhes acesso a ferramentas mais robustas. Os funcionários que pretendem melhorar um aspeto de um fluxo de trabalho devem ter acesso a informações, incluindo dados de desempenho, para verem onde estão as oportunidades. Os funcionários entusiasmados com a construção de uma ferramenta devem ter acesso a processos de construção

sólidos. Uma paixão pela excelência combinada com informações relevantes, análises e ferramentas ajudará os funcionários motivados a inovar e a implementar soluções sólidas para problemas reais.

562. ***Ligação de ajuda:*** Se alguém precisar de ajuda, ponha essa pessoa em contacto com alguém que a possa ajudar, se você não puder. Se a pessoa não for ajudada dentro de um prazo adequado, peça-lhe que a contacte para que possa ajudar. Conhecer alguém que passou pela mesma luta e foi bem sucedido pode ser muito inspirador. A pessoa com experiência pode ser qualquer pessoa. Uma referência rápida pode resolver um problema ou permitir a partilha de boas práticas. Certifique-se de que o requerente está satisfeito com a assistência recebida antes de se retirar.

563. ***Menos correio eletrónico:*** É preferível agendar uma chamada rápida do que enviar uma mensagem de correio eletrónico ou prolongar uma conversa que está a ficar desfocada ou a desfazer-se. O primeiro e-mail pode exigir muitos outros e-mails que uma conversa rápida poderia anular. Uma conversa pessoal demora muito menos tempo porque se pode explicar melhor utilizando a linguagem corporal e a entoação. O ciclo de perguntas e respostas é muito mais rápido, pelo que pode chegar a um consenso mais rapidamente e aprender mais depressa. Aproveite a capacidade de influenciar utilizando métodos de comunicação cara a cara.

564. ***Cobertura de reuniões:*** Se alguém estiver ausente numa reunião, substitua-o. É possível que a pessoa tenha de o fazer por si. Substituir alguém pode ser útil para a pessoa que não está presente. Essa pessoa pode ter informações vitais para partilhar, mas não pode estar presente devido a uma emergência noutro local. Quando o substitui, está a permitir a continuidade. A pessoa em causa pode ser responsável por uma atualização que foi efectuada porque você interveio. A informação crítica pode estar relacionada com oportunidades de aumento de custos ou de receitas. Não só está a aprender, como também está a tornar possível a realização de receitas adicionais ou a manutenção das receitas existentes.

565. ***Aprovações desnecessárias:*** Não perca tempo a aprovar algo se o aprovador designado puder efetuar a tarefa. A supervisão pode ser um insulto para eles. Uma política pode ditar que ele não pode obter aprovação. Veja se as regras podem ser alteradas se ele for capaz e se for a pessoa certa para o fazer.

Desde que sigam consistentemente regras racionais, podem brilhar sem serem controlados ou monitorizados. Podem executar mais rapidamente se não precisarem da sua aprovação. Esclareça a todos os envolvidos quais são os direitos de decisão e porque é que são assim. Pelo menos por parte do responsável pela aprovação, estará a criar alguma segurança e confiança. "Confio que aprovará isto porque conhece os pormenores e a coisa certa a fazer." Elogie-os pela sua execução e eles continuarão a fazer boas escolhas e a produzir bons resultados.

566. ***Revisão da tecnologia:*** Não há problema em investigar novas tecnologias, mas, a dada altura, é necessário tomar uma decisão para criar e implementar as decisões tomadas. Organize uma reunião com todas as partes interessadas e faça uma análise da tecnologia. Durante esta reunião, as tecnologias podem ser comparadas e pode ser tomada uma decisão sobre o que deve ser seguido. Se isto demorar muito tempo, as pessoas com necessidades irão para outro lado e as partes interessadas ficarão frustradas. A equipa de desenvolvimento queixar-se-á de não ter controlo total sobre os esforços de desenvolvimento. Em desespero de causa, os líderes operacionais tornaram-se desonestos e estão a apresentar soluções. Estas podem ajudar a curto prazo, mas podem causar problemas a longo prazo. A melhor solução é ter ciclos de desenvolvimento rápidos para que as necessidades não satisfeitas sejam resolvidas rapidamente e com bons resultados.

567. ***Reunir periodicamente:*** Os gestores que reportam ou não a si provavelmente valorizarão a oportunidade de conversar periodicamente. Organize isso. É uma óptima forma de os encorajar e descobrir o que está a acontecer na área deles. Talvez possa ajudar de alguma forma a lidar com um obstáculo que esteja a impedir o progresso. Nunca saberá o que está a impedir o progresso de alguém até ter uma conversa com essa pessoa e perceber o que ela pensa que está a impedir. Alguns bloqueadores são facilmente removidos, enquanto outros podem não existir na realidade. Uma conversa revelará as nuances do bloqueador

568. ***Capacidade da tarefa:*** Dar trabalho a alguém e avaliar a sua capacidade de o fazer corretamente. Se a pessoa tiver capacidade, pode fazer mais trabalho em paralelo. Se não conseguir cumprir o prazo, recue. Se a pessoa não conseguir produzir a um ritmo adequado em comparação com os seus pares

ou com as suas expectativas, analise a sua adequação ao cargo ou considere a possibilidade de lhe dar as ferramentas necessárias para ser bem sucedido. Se conseguirem produzir mais do que os seus pares ou do que as suas expectativas, veja cuidadosamente até onde podem ir. Poderá ter nas suas mãos uma super-estrela que pode ajudar os outros a melhorar.

569. ***Tarefas de análise:*** Separe o trabalho que é analisado pelos talentos da organização. Algum trabalho pode ser automatizado. Algum trabalho pode ser efectuado por empregados de nível inferior com menos competências. Os melhores talentos devem lidar com outros trabalhos, excepções e trabalhos que incluam ambiguidade.

570. ***Conversas periódicas:*** Realize conversas sobre o desempenho periodicamente, a um ritmo adequado à situação. Nestas conversas, pergunte em o que os empregados estão a aprender, que problemas estão a resolver e como pensam que estão a atuar. Em vez de discutir as transacções dos clientes do dia, discuta os desafios e as oportunidades, bem como a capacidade do empregado para os enfrentar. Os trabalhadores apreciarão o tempo passado com o chefe e ficará a saber mais sobre o que se passa na organização a vários níveis.

571. ***Liberte-os:*** Se der uma tarefa a alguns funcionários capazes, deixe-os trabalhar com ela. Inspire-os com uma visão de como será quando terminarem e deixe-os trabalhar em conjunto para lá chegar. É provável que tenham sido condicionados e gostariam de ter a oportunidade de se libertarem e aplicarem o que sabem ao problema. Como são provavelmente os utilizadores, o interesse próprio irá provavelmente motivá-los a implementar uma solução significativa e fácil de utilizar. Uma atualização periódica ajudará a garantir que está a par dos progressos e permitirá clarificar ou desenvolver a visão. Também pode ajudar a eliminar obstáculos. A eliminação de obstáculos mantém as pessoas motivadas para aplicar aquilo que as apaixona. Talvez alguém tenha concebido uma ferramenta que possa ser utilizada de forma mais alargada na empresa. Se essa pessoa for reconhecida e libertada para a aplicar de forma mais alargada, será a melhor formadora e implementadora, porque é a que melhor a conhece e a que mais gosta do que faz.

572. ***Recursos a caminho:*** Informe os funcionários empenhados e investidos de que a aprovação do recurso desejado está a caminho, mas apenas

se estiver. Certifique-se de que tem uma boa ideia do calendário, porque eles vão perguntar quando é que os recursos estarão disponíveis. Se disser que está a caminho e não estiver, está a fazer falsas promessas que afectarão a confiança da sua relação. Tenha cuidado com as promessas excessivas e as entregas insuficientes. O facto de não conseguir manter a confiança das pessoas que estão a fazer o trabalho pode ter consequências significativas.

573. ***Direto:*** É melhor não fazer "rodeios" com os talentos. Diga-lhes apenas o que precisam e defina as expectativas para que possam tomar decisões e avançar, sem quaisquer constrangimentos. Seria surpreendente saber o quanto eles apreciam uma resposta direta. "Posso ter um aumento ou não?" Algumas questões preocupam-nos e eles têm de decidir como se vão ajustar ou lidar com elas. Manter as esperanças de um subordinado direto e depois frustrá-las só vai destruir a sua credibilidade e quebrar a sua confiança. Não os atrase nem os deixe na expetativa de que algo possa mudar. Tem pouco controlo sobre isto; se houver uma mudança, pode dizer-lhes que houve uma. É melhor que eles fiquem satisfeitos com uma mudança a seu favor do que ficarem frustrados sem obter uma resposta.

574. ***Expectativas excelentes:*** Esperar que o produto do trabalho seja excelente. Esta expetativa é um limiar de aceitação adequado porque todos podem alinhar-se com ela. "Somos os líderes do sector nesta área. Como é que podemos ser melhores?" O produto do trabalho inclui os resultados e a informação sobre os resultados. Inclui a faturação de um trabalho excelente. A informação deve ser de qualidade excecional. Isto inclui informação escrita, oral e relacionada com relatórios. Treine o talento no trabalho escrito para garantir que a apresentação é proporcional às expectativas. Se a integridade do produto final estiver em causa, a credibilidade e a confiança estão em risco. O risco deve ser conhecido e gerido.

575. ***Erros esporádicos:*** Se alguém se esquecer de atualizar algo ou cometer um erro ocasional, informe-o e seja compreensivo. Toda a gente comete erros na sua vida pessoal e profissional. "Cheguei ao trabalho e reparei que me tinha esquecido do meu crachá." O cenário oposto é quando os erros são crónicos. Torne-os mais significativos e necessitem de atenção porque estão apenas a ser desleixados

576. ***Julgar mal.*** Antes de atribuir a culpa de um erro numa declaração generalizada, dedique algum tempo a compreender a situação. "O seu departamento cometeu muitos erros, incluindo este, e o cliente está a começar a ficar irritado connosco." Se o erro não teve origem no seu departamento, então não tem qualquer influência sobre ele, exceto o facto de poder verificá-lo para determinar se ocorreu. O melhor é perceber onde é que a situação correu mal, para que se possa analisar a génese do erro. Determinar a localização mais a montante do problema; é aqui que o processo correu mal de alguma forma. É aqui que a atenção deve ser dada para evitar que o erro surja nesta parte do fluxo de trabalho. Se quiser culpar outra pessoa, saiba que, com uma investigação adequada, a culpa pode voltar para si.

577. ***Converter os adversários:*** Algumas pessoas não gostam de si e trabalham contra si. Tenta convertê-las. Se conseguir, elas tornar-se-ão boas amigas. A reconquista da confiança pode ser feita dando-lhes crédito (sem compromisso), dando-lhes uma oportunidade, estabelecendo uma ligação com elas para atingir um objetivo ou apenas através de um ato inesperado de bondade. Se eles estiverem a investir energia e não a estabelecer ligações, pense no que aconteceria se essa energia fosse utilizada como parte de uma relação construtiva.

578. ***Suficientemente bom:*** Não tem de aplicar o seu estilo a tudo o que é publicado. Se alguém tem um plano que está suficientemente bem documentado, aprove-o e siga em frente. A organização não deve ter de esperar enquanto dá o seu toque pessoal a tudo. Volte mais tarde, se quiser, mas, por agora, certifique-se de que a comunicação acontece para que as pessoas possam fazer o que têm de fazer. Os talentos apreciarão o facto de compreender e valorizar o seu estilo, se for suficientemente bom para as explicações e se promover a execução. Considere que o estilo deles pode ser melhor do que o seu, consoante o público.

579. ***Tolerar opiniões:*** Se alguém precisa de opinar sobre uma questão, dê-lhe essa oportunidade. A exclusão de pessoas resultará em decisões de menor qualidade com base em informações limitadas. A partilha de opiniões não dá licença à pessoa que precisa de encher a sala com pensamentos que podem fazer descarrilar a discussão planeada. Quando isto acontece, a reunião nunca

termina e o objetivo da reunião não é alcançado. Certifique-se de que todos têm uma voz que podem utilizar para exprimir os seus pontos de vista.

580. A pessoa ***quieta:*** Não ignore a pessoa quieta sentada à mesa de conferência. Esta pessoa está a ouvir e a processar a informação apresentada, talvez melhor do que qualquer outra pessoa na mesa. Excluí-la da conversa pode prejudicar a empresa porque a sua ideia pode resolver o problema. As pessoas ruidosas não estão a ouvir e não estão a processar. Certifique-se de que identifica as pessoas silenciosas e faça com que elas contribuam sem serem interrompidas ou julgadas pelas pessoas barulhentas.

581. ***As melhores pessoas:*** As melhores pessoas da empresa não estão no topo do organigrama. Não espere que elas o convidem para um churrasco. Vá a um churrasco com as pessoas que estão na base. Elas fazem o melhor queijo fumado e a melhor tarte caseira. São os mais simpáticos e os mais dedicados à organização. Sacrificar-se-ão quando a empresa estiver em dificuldades. Serão leais numa altura difícil. Eles sabem mais sobre o que está a acontecer do que as pessoas no topo. Não os ignore. Valorize-os porque eles são a empresa. São eles que tocam o cliente. O risco da empresa é determinado pelo que fazem as pessoas que produzem o produto. Eles são os melhores agentes de mudança e sabem onde existem oportunidades de melhoria. Apoio e escuta-os. É provável que sejam consumidores dos produtos que fabricam, pelo que têm uma boa ideia do que o produto deve ou não realizar. Também é expetável que tenham amigos que trabalhem para os seus concorrentes. Eles podem saber mais sobre o concorrente do que você. Não subestime o que eles podem fazer pela empresa.

582. ***Transparência de confiança*** : Quando as pessoas são transparentes, podem saber o que está a acontecer no seu ambiente. Consequentemente, a transparência conduzirá à verdade. Se a transparência for um valor aplicado , haverá confiança porque a verdade será continuamente descoberta. Há um valor associado à capacidade de ser transparente, independentemente das consequências da informação. Uma informação incompleta ou inexacta conduzirá a uma má tomada de decisões. A confiança é criada com a transparência porque algumas consequências de más decisões são potencialmente evitadas.

583. ***Diferenças de capacidades:*** Cada um de nós tem um conjunto distinto de capacidades. Por que razão há relutância em discutir objetivamente

as nossas diferenças de capacidades? Será que temos vergonha de não termos aquilo de que os outros se orgulham? Será que não queremos discutir as nossas fraquezas? A incapacidade de discutir estas diferenças impede-nos de obter bons conselhos. Também nos impedirá de ocupar os papéis que nos convêm. A precisão do casting é fundamental para o sucesso e a realização no nosso trabalho. Tendo em conta as consequências, vale a pena discutir livremente os nossos pontos fortes e fracos.

584. ***Avaliar a aprendizagem:*** Algumas pessoas são naturalmente desagradáveis, não ouvem ou não conseguem compreender novas ideias. Avalie as capacidades da pessoa a ser formada antes de tentar a tarefa. O rendimento dos seus esforços dependerá da capacidade do formando de absorver e aplicar o que aprende. Se a sua capacidade de aprendizagem for elevada, então o esforço para o formar será pequeno e valerá a pena. Caso contrário, se a capacidade de aprendizagem for pequena, o formando necessitará de um esforço significativo para compreender os princípios básicos.

585. ***Recompensar os que conseguem:*** Se der a cada pessoa de um grupo várias tarefas para realizar, algumas concluirão as tarefas a tempo. Faça uma lista das pessoas que se atrasam e dê-lhes um trabalho menor ou menos crítico. Se elas perguntarem por que razão reduziu a sua carga de trabalho, diga-lhes que não pode contar com elas. Envolva-se mais com as pessoas em quem tem confiança. As pessoas que completam o trabalho devem ficar com a parte mais significativa, porque são elas que o vão fazer. Passe mais tempo com estas pessoas para compreender os seus métodos de eficiência, gestão de capacidade e . Estas práticas eficazes podem ser partilhadas com as pessoas mais lentas, permitindo-lhes recuperar a sua confiança.

586. ***Criação de utilitário:*** Criar utilidade a partir dos recursos que lhe foram atribuídos. A utilidade é a capacidade de tirar partido de algo para criar eficácia organizacional. Um grupo de pessoas inteligentes que operam com uma grande tecnologia e uma organização racionalizada criam uma eficácia organizacional óptima. A saúde da organização é melhorada se a utilidade por unidade de recurso for continuamente aumentada.

587. ***Qualidade da decisão:*** Transformar os maus decisores em bons decisores. Lembre-se que os bons decisores podem tomar más decisões, especialmente se houver uma grande margem de manobra e poucos limites. A

diferença é que os bons decisores se preocupam com as suas decisões e querem fazer a melhor escolha. Aproveite esta força e as suas paixões para tomar o maior número possível de boas decisões com aqueles que têm autoridade para o fazer.

588. ***Melhoria robusta:*** Os dados de desempenho informam decisões estratégicas e em tempo real que conduzem a melhorias robustas do processo. Os dados devem utilizar variáveis que são factores de desempenho. Os dados devem também representar a situação atual e ser tão próximos do tempo real quanto possível. Se forem imparciais, as inferências destes dados conduzirão a decisões estratégicas que resultarão em melhorias robustas. As melhorias robustas são alterações a um fluxo de trabalho que garantem que as expectativas do cliente são satisfeitas de forma consistente. Estas melhorias devem ser mensuráveis e cumprir objectivos.

589. ***A questão do elefante***: Não se esquive ao elefante na sala. Ponha-o lá fora e lide com ele. Se não o abordar, isso reflecte-se em si. "Ele é cego?" Se está preocupado com a possibilidade de ferir os sentimentos de alguém, considere que essa pessoa já está ferida e que ficará ainda mais ferida se não abordar a questão crítica do dia. Não tem de a resolver imediatamente, mas os seus colaboradores esperam que a resolva prontamente. Basta recolher mais informações sobre o assunto e dizer que reconhece o problema e que vai trabalhar nele. Haverá um suspiro de alívio. Mas faça o acompanhamento para que não tenham de voltar a perguntar. A questão deve manter-se no topo da agenda das conversas e reuniões até deixar de ser um ponto importante. Não deixe que todos fiquem frustrados por acharem que o assunto está a ser negligenciado. Um exemplo seria: "O prazo para anunciar o bónus do ano passado já passou. Quando é que vão discutir o assunto connosco para sabermos o que vai acontecer? É muito frustrante quando eles continuam a adiar. Estão apenas a empatar enquanto esperam por uma razão para o cancelar". Os funcionários percebem os atrasos. Não os frustre.

590. ***Expectativas de nível***: Incentivar a gestão a todos os níveis. Cada nível sabe o que se espera dele para que tenha a oportunidade de mostrar que é capaz de o fazer? Todos os gestores devem saber se estão a corresponder às expectativas. Por vezes, as expectativas não são realistas e é necessário discutir o assunto. Assegure-se de que todos os gestores que respondem perante si sabem

o que estão a fazer bem e o que não estão. Eles merecem ver a diferença entre o que você quer e o que eles entregam. Não os deixe definhar. Dê-lhes a ajuda de que necessitam para serem bem sucedidos. É esse o objetivo.

591. ***Motivação necessária***: Para motivar as pessoas, diga que o trabalho delas o impressiona e que aconteceu no momento certo. Eles fizeram a diferença para um cliente ou para a organização. O que fizeram é necessário e imprescindível. Quando as pessoas vêem que o seu trabalho é importante e tem significado, é mais provável que se empenhem ativamente em concluí-lo a um nível de alta qualidade e dentro do prazo. Lembrar-se-ão de que reparou nelas. O reconhecimento é um fator de motivação significativo. Normalmente, isto não acontece, por isso é especial quando alguém sente que o seu excelente trabalho é visto e reconhecido pelo seu valor .

592. ***Rápido e concentrado***: Quando falar com as pessoas, seja rápido e concentrado. Começar com um toque pessoal é bom para estabelecer uma ligação. "Como é que o seu filho se saiu na final de futebol do fim de semana passado?" Avance rapidamente para a criação de valor . A discussão deve valer o tempo de ambos. Recolha factos, mas transforme-os em objectivos a atingir. Durante a discussão, seja orientado para a ação, clarificando a finalidade das sequências e as tácticas utilizadas. Defina as acções a realizar e estabeleça prazos adequados e razoáveis. Escutar ativamente para que os dados sejam compreendidos. Não deixar passar em branco a complexidade oculta, pois é um fator que pode fazer descarrilar uma iniciativa.

593. ***Atribuição de tarefas***: Ser altamente eficaz a pedir às pessoas que cumpram as suas tarefas; as pessoas certas a fazer as coisas certas na altura certa e da forma certa. Pedir a uma pessoa incapaz que execute uma tarefa implica riscos. A tarefa tem de incluir elementos lógicos relacionados com o problema a resolver. Se a tarefa não incluir as acções certas, corre-se o risco de não atingir os objectivos. As tarefas são sensíveis ao tempo. Não devem ser realizadas demasiado cedo ou demasiado tarde. Há penalizações para este facto. A tarefa também deve ser realizada da forma correta. Os comportamentos coercivos podem realizar a tarefa, mas este método é destrutivo de formas que podem ser invisíveis. Por exemplo, insultar uma pessoa na esperança de a motivar pode fazer com que ela cumpra uma tarefa; no entanto, a sua relação com ela foi prejudicada, com as consequências que se seguirão.

594. ***Trabalho dos outros***: Se lhe pedirem para fazer o trabalho de outra pessoa, vá em frente e mostre que é capaz de o fazer, mas não lhe dê uma boleia gratuita e não deixe que o seu volume de trabalho ou a qualidade do seu trabalho sejam afectados. Se isso acontecer, o resultado será bom, não mau. Certifique-se de que eles sabem que pode pedir-lhes um favor. Devem estar preparados para o fazer e executá-lo pelo menos com o mesmo nível de desempenho. Se não conseguir executar a tarefa solicitada, adopte uma abordagem de gestão do risco. Assumir uma tarefa e falhar não é um bom resultado. Seria melhor recusar, desculpando-se, não por vontade própria, mas por capacidade e pelo risco de fracasso.

595. ***Redimir a desilusão***: Se as pessoas não cumprirem as suas promessas, certifique-se de que elas sabem que está desiludido. Concordaram em fazer algo mas não o fizeram a tempo. Falharam o objetivo, as suas expectativas. Não passe por cima disso. Dê-lhes uma oportunidade de se redimirem. Eles não veriam a necessidade de se redimirem sem serem informados da desilusão. Não há nada de errado com segundas oportunidades, mas as terceiras oportunidades devem ser raras. Nesta altura, podem não ser capazes de se redimir. Dê o trabalho a outra pessoa.

596. ***Abertura autêntica***: Ser aberto com o que pensa sobre algo. A franqueza pode ser construtiva para garantir que os outros conheçam os seus pensamentos porque o seu discurso é consistente, conciso e direto. Envolver-se em conversas significativas sobre aprendizagem , planeamento ou estratégia formulação de eventos. Seja aberto sobre os resultados da conversa. As pessoas apreciarão se puderem obter uma resposta direta da sua parte e passar à ação. A autenticidade criará confiança entre os participantes através da transparência organizacional, para que os problemas corretos sejam resolvidos atempadamente.

597. ***Feedback do desempenho***: Os operadores e gestores devem obter feedback baseado em dados sobre o desempenho nas suas áreas. Normalmente, são recolhidos dados relativos a problemas e à origem da sua introdução no fluxo de trabalho . A recolha de dados pode ser efectuada com o esforço de vendas , tal como na expedição. Todos precisam de feedback sobre o seu desempenho porque o problema pode ser descoberto a jusante na cadeia de abastecimento ou pelo cliente. O tratamento do defeito será tanto mais

dispendioso quanto maior for o seu trajeto. Além disso, será desperdiçado um tempo precioso, uma vez que o defeito tem de ser corrigido após a sua descoberta.

598. ***Densidade de comunicação***: Dar aos empregados apenas a informação de que necessitam no momento. Seja transparente; no entanto, os limiares de densidade de informação podem ser ultrapassados, altura em que a pessoa deixa de compreender e depois deixa de ouvir. A pessoa fica sobrecarregada e não consegue absorver mais informação. O armazenamento da informação é apenas uma componente. Normalmente, uma pessoa tenta dar sentido à informação ou ligar os pontos. Com demasiados inputs, pode ser difícil processar a informação. A comunicação deve ser simplificada e não fluida. Só deve ser incluído o que é necessário. Todo o ruído (informação que não é necessária para transmitir) deve ser omitido porque também ele precisa de ser absorvido. Os factores de ruído incluem o conteúdo e o número de palavras utilizadas. A ambiguidade pode causar dissonância cognitiva, especialmente para aqueles que não conseguem lidar com ela (por exemplo, a Geração Z). O ruído é indesejável. A redação não deve ser confusa, apenas concisa.

599. ***Citar nomes***: Tenha cuidado ao dizer o nome do chefe quando uma ação atrai resistência. Esta técnica não é a melhor maneira de conseguir que algo seja feito, mas pode ser um último recurso, se necessário. O hábito indica uma falta de capacidade ou frustração com os participantes. A razão para a resistência deve ser compreendida antes de se começar a falar de nomes. Uma vez compreendidas as razões, poderá ser possível desbloquear os bloqueadores e realizar a ação sem ter de dizer nomes. Se alguém não quiser mudar, certifique-se de que essa pessoa conhece as consequências do status quo num ambiente em evolução. Se não compreender, pode não ser a pessoa certa para a iniciativa. Colabore com outra pessoa para que o trabalho seja feito ou faça algo que não esteja bloqueado.

600. ***Servir a todos***: Quando "o chefe" serve os trabalhadores, estes sentem-se inspirados e energizados. "Eu precisava mesmo disso para o meu trabalho e ela arranjou-mo rapidamente." Pode obter mais 50% dos trabalhadores se eliminar os obstáculos que se lhes colocam no caminho. O sucesso deles também é o seu, por isso há uma componente de interesse próprio no serviço. O sucesso não se resume à eliminação de obstáculos, mas também à

criação de um ambiente de trabalho amigável, confortável e produtivo. Procure oportunidades para tornar o trabalho mais fácil, mais divertido e mais produtivo. Servir as pessoas que trabalham no ambiente, tornando o trabalho confortável, inspirador e motivador. A criação de um ambiente positivo irá aumentar a criatividade e a produtividade em contraste com um ambiente negativo.

601. ***Alunos respeitadores***: Um gestor deve respeitar as pessoas com quem pode aprender. Rodeie-se de pessoas mais inteligentes do que você e respeite-as para que possa haver transferência de conhecimentos entre elas e você. Juntos, são mais inteligentes e mais fortes. Respeite-os, mesmo que trabalhem para si. O respeito não diminui a sua autoridade, antes a aumenta, porque eles sabem que aprender é essencial. Espere resultados, respeitando as capacidades das pessoas que lhe foram atribuídas e que conhecem o trabalho. A transferência de conhecimentos é melhorada quando as pessoas com quem está a falar se sentem respeitadas. O fluxo é libertado porque existe confiança na relação. A confiança acelera o fluxo de informação e a velocidade com que as decisões são tomadas. Quando são necessárias sete assinaturas para obter a aprovação de algo, isso é prova de que há falta de confiança e respeito.

602. ***Não ouvir***: Um gestor assertivo pode avançar com uma decisão porque sente que esta deve ser tomada naquele momento. "Sou eu que mando e é isto que vamos fazer". A maioria das pessoas pode discordar da calendarização, da sequência de tarefas ou da lógica da decisão. O gestor vai avançar e ficar desapontado com a execução quality . Os participantes responderão dizendo: "Devia ter ouvido as nossas objecções". Agora o problema é pior e perdeu-se tempo a implementar algo destrutivo para o progresso que já estava a acontecer. O plano removeu capacidades ou progressos que poderiam ter sido aproveitados. Agora, o ímpeto foi-se. As pessoas que estão mais próximas do local onde se encontra a questão são as que mais sabem sobre o ambiente em que o problema ocorreu. Elas devem ser consultadas para entender melhor as opções e garantir que as pessoas que executam a estratégia aceitem o plano.

603. ***Contribuição dos funcionários:*** Os funcionários que trabalham com o produto ou serviço sabem mais do que ninguém sobre o processo. Utilizam-no todos os dias. Conhecem os pontos fortes e fracos do fluxo de trabalho porque conhecem todos os pormenores do seu funcionamento. Deve

ter-se em conta se um funcionário é suficientemente ousado para apresentar um ponto fraco. Os grandes empregados têm grandes ideias. Por vezes, os trabalhadores estão condicionados a não as apresentar porque pensam que não são ouvidos ou que ninguém dá seguimento ao seu contributo. Quando os operadores apontam uma vulnerabilidade e pedem uma mudança, e os gestores não apoiam a mudança necessária, não se surpreenda quando houver uma falha no processo ou no produto. É fundamental preservar o interesse e o envolvimento dos funcionários para que queiram melhorar o processo. Eles devem poder fazer perguntas e ter curiosidade sobre o seu trabalho. Nalguns casos, as suas contribuições não são tão significativas (palito de plástico na sala de descanso), mas não subestime o valor da sua contribuição. Noutros casos, o seu contributo pode estar relacionado com a segurança do emprego de uma parte significativa dos trabalhadores da instalação. Muitas instalações são vulneráveis a uma pequena tarefa com um risco substancial. A execução desta tarefa é controlada por um empregado que pode ser negligenciado. O poder de um empregado é subestimado. Não tome as suas contribuições como garantidas.

604. ***Aviso de ameaça:*** Se avisar alguém de uma ameaça emergente ou existente, faça-o por escrito para que possa ser consultado mais tarde, repetidamente em alturas oportunas, se necessário. Indicará se as pessoas certas o estão a ouvir. O risco é assumido de forma imprudente por gestores que não querem enfrentar as suas vulnerabilidades. Se forem avisados, é porque um "terceiro" fez uma observação que devem ter em conta. A abordagem "cabeça na areia" espera que a ameaça surja, na esperança de que não se manifeste, pelo menos enquanto eles forem responsáveis. Afinal de contas, podem entregar o problema ao seu substituto ou culpar alguém.

605. ***Méritos do conceito:*** Convencer alguém dos méritos de um conceito, fazer com que o inclua numa apresentação pública de uma forma credível e, em seguida, voltar a falar sobre ele para que não se perca o ímpeto de completar todas as tarefas. A ideia será esquecida com um atraso e o interesse em operacionalizá-la desvanecer-se-á. Além disso, as mudanças no ambiente e a perspetiva da visão mudarão, deixando o equipamento alocado para melhorar os fluxos de trabalho em vez de os criar. Se os participantes acreditarem nisso, fá-lo-ão por si. Momentum é preservado quando a ação está alinhada com as paixões e as crenças.

606. ***Dia de folga:*** Se alguém estiver a ficar para trás no seu trabalho, peça-lhe que tire um dia de folga a fingir para o pôr em dia. Durante esse dia, a pessoa só trabalhará nos seus trabalhos em atraso. Estabeleça expectativas sobre o que pode ser feito e o que será feito. Apoie a redução do atraso obtendo os recursos necessários ou disponibilizando-os. A unidade de negócio sobreviveu da última vez que tirou um dia de folga, mas a unidade de negócio pode não sobreviver se não completar o backlog de acções pendentes. Refactorize a unidade de negócio, eliminando tudo o que precisa de estar fora do caminho do progresso.

607. ***Aprendizagem dolorosa:*** Aprender com a dor em vez de deixar que os erros repetidos bloqueiem o seu progresso. Compreender e contornar ou eliminar as barreiras no seu caminho. Para ter sucesso, tem de enfrentar realidades difíceis e lidar com elas. Uma visão incompleta ou inexacta da realidade conduzirá a más escolhas. Não esconda as suas fraquezas, pois elas impedi-lo-ão de enfrentar a realidade. Conheça-as e aprenda a lidar com elas para que não sejam um obstáculo para si. Compensa aquilo em que és mau, para que não te prejudiquem.

608. ***Alavancar a realização:*** As invenções que têm valor satisfazem uma necessidade não satisfeita. As invenções influentes provêm de pessoas que se baseiam na realidade e sentem empatia por outros que estão a sofrer de alguma forma. A verdade é uma compreensão exacta das regras que regem o universo. As regras incluem as perspectivas das pessoas que devem ser compreendidas. As necessidades são relativas às experiências da pessoa que tem a necessidade. As necessidades podem estar relacionadas com a inadequação de um processo existente. Um hiper-realista terá uma forte compreensão do que as pessoas com necessidades enfrentam e de como as coisas realmente funcionam. Esta compreensão profunda é fundamental para inventar soluções que criem um valor significativo.

609. ***Julgamento informado:*** Quantas vezes já decidiu algo sobre alguém para depois descobrir que estava completamente errado? É melhor não julgar alguém se não compreender a sua perspetiva. Seja curioso e aprecie profundamente a sua posição antes de tirar conclusões sobre ela. Toda a gente tem uma história. As suas experiências moldam e aperfeiçoam as suas perspectivas e crenças. Se o que diz é aquilo em que acredita na altura, então

essa é a definição de integridade; no entanto, pode ter integridade e estar errado sobre alguém. Para conhecer alguém, é preciso compreendê-lo primeiro.

610. ***Consciência de valor:*** A procura de valor é fundamental para as organizações e os seus clientes. Saiba o que é valioso para si e o que é benéfico para eles. As suposições sobre o valor são frequentemente erradas. Um gestor pode pensar que uma recompensa é um bónus quando o empregado apenas quer tirar algum tempo de férias. Atribuir o pressuposto de valor não produzirá o efeito desejado e poderá causar frustração. A aplicação incorrecta do valor aplica-se tanto aos clientes internos como aos externos.

611. ***Coaching de Capacidades:*** A formação orienta o nosso desenvolvimento pessoal. O formando decide o que vai fazer em relação ao seu desenvolvimento. Pense na situação como uma aprendizagem em que o formando ganha experiência na criação de músculos operacionais. O formador terá de ver estes músculos a serem utilizados em várias situações. O feedback sobre o desempenho ajudará o formando a aperfeiçoar ainda mais as suas capacidades. O objetivo da formação é compreender e melhorar. Os formadores devem ajudar, não prejudicar.

612. ***Contacto pessoal:*** Ter contacto pessoal com pessoas que estão a passar por dificuldades ou celebrações pessoais. Para ter relações fortes com as pessoas de quem depende, tem de perceber que a realidade inclui empatia. Tenha cuidado para não deixar que as emoções toldem o seu julgamento. Quando se liga emocionalmente às pessoas, elas estarão mais dispostas a falar se não estiverem a ultrapassar os seus desafios e terá mais probabilidades de cumprir os prazos que dependem do seu desempenho.

613. ***Integridade da comunicação:*** A integridade da estratégia de comunicação , incluindo a natureza do conteúdo e o âmbito temporal, pode reduzir a inércia da mudança. A preocupação e a frustração consomem energia . A confiança está em risco se os gestores não comunicarem de forma autêntica e transparente quando necessário. As pessoas envolvidas estão a ver e a ouvir. Quando há vazios de informação, eles preenchem as lacunas. A informação acrescentada por aqueles que desconhecem os factos não será exacta e encorajará a resistência e mais preocupação ou frustração. Quanto maior for o atraso na comunicação, mais difícil será para a comunicação oferecida cumprir a sua missão de dissipar o medo e a frustração.

614. ***Revisor obrigatório:*** Se fizer um relatório ou uma apresentação, certifique-se de que outra pessoa o revê, para o caso de haver erros ou questões que não tenha visto. Não deve haver orgulho na autoria de um documento. O facto de alguém ter conhecimento do erro antes de toda a gente é muito melhor. Disponibilize o documento para ser revisto por alguém que discorde de si. Essa pessoa ajudá-lo-á a ter uma apresentação mais equilibrada, identificando conteúdos que não teria considerado.

615. ***Rótulos descuidados:*** Ter cuidado com a linguagem e os rótulos. Rotular mal alguém ou interpretar mal as suas acções pode ser doloroso e desmoralizante para todos quando a verdade for revelada. Por exemplo, se disser que alguém está a cometer erros desleixados, mas que os erros não foram cometidos por essa pessoa, que não os conseguiu apanhar ou que não foi responsável por eles, o rótulo pode pegar e ser desmoralizante sempre que for referido. Nalguns casos, pode não ter sido dito a alguém para fazer algo. Pode não lhe ter sido dito como o fazer ou não ter uma ferramenta necessária para executar a tarefa. Julgamentos rápidos podem transformar-se em rótulos descuidados que carecem de cortesia e empatia .

616. ***Motivação para o insulto:*** Há quem pense que os insultos são motivadores. Se conseguirem captar a sua atenção e o fizerem acreditar que tem de provar que estão errados, ganham com a sua tática de motivação. Considere adotar a abordagem oposta. Diga-lhes que insultá-lo não o motiva, mas que apoiá-lo sim. Se a pessoa não perceber, o desinteresse ajuda-a a compreender. Faça outra coisa até que a pessoa esteja pronta para ouvir. Tenha em mente que algumas pessoas não vão mudar. Evite-as. Certifique-se de que não estão no seu círculo de influência porque são tóxicas. Elas precisam de ser construtivas se quiserem colaborar, influenciar ou motivar.

617. ***Mudança por fases:*** Às vezes, uma mudança de paradigma é impossível, e a mudança desejada deve ser realizada numa sequência de fases. Uma organização que se conforta com as suas rotinas pode não tolerar mudanças drásticas. Os participantes não entendem como o caminho os levará a um lugar que eles não entendem. Use marcos para explicar onde a próxima fase os levará. Uma vez que não se trata de uma mudança tão significativa, os participantes irão apreciá-la e empenhar-se. A fase seguinte deve ser colocada na mira deles assim que um marco for alcançado. Considerando onde acabaram

de chegar, o que vem a seguir será agora compreensível. O passo seguinte é mais fácil de compreender do que o último, uma vez que está mais próximo da próxima etapa.

618. ***Definir "feito":*** Ao mudar algo, saiba o que é "feito". Sem uma "definição de feito ", haverá um aumento do âmbito e o projeto nunca terminará. Não será possível seguir em frente. O projeto ou a tarefa continuará a existir e os observadores pensarão que não fez nada porque nunca cruzou a linha de chegada. Um pequeno sucesso sugere que o projeto continua por outras vias. Encerre-o para evitar que se ramifique noutras actividades e, em seguida, inicie um novo projeto com um âmbito definido. Caso contrário, o "feito" nunca acontecerá. Chegar a "feito" e depois fazer uma pausa. Deixe a poeira assentar. Depois, avance para outra coisa com um âmbito definido e uma "definição de feito".

619. ***Ciclo dramático:*** Esperar que o ruído e a postura se acalmem, depois inserir-se e resolver o problema. Algumas pessoas fazem barulho ou drama porque estão envergonhadas pelo facto de a sua falha ter sido exposta, porque estão surpreendidas com um resultado, porque querem desviar a atenção da negligência ou porque não sabem como proceder. Se a pessoa confia em si para a ajudar, é provável que aceite de bom grado a sua capacidade para fazer a triagem da situação e iniciar o processo de recuperação. Podem mostrar-se agradecidos durante algum tempo ou nem sequer o fazer. Lembre-se de que o nadador-salvador muitas vezes não recebe nada por salvar um nadador que se está a afogar. É apenas parte do trabalho de uma pessoa capaz e empenhada. Sinta-se bem por ter salvo uma pessoa, mesmo que ela não lhe agradeça.

620. ***Adequação às capacidades***: Nunca subestime as capacidades de um trabalhador, seja a que nível for. A questão é: "Estão no lugar certo a fazer as coisas certas de acordo com o seu talento?" A sua função é descobrir as suas capacidades e aproveitá-las para criar valor organizacional . Se não houver progressos em relação a um objetivo, pode ser que a pessoa a quem foi atribuída a tarefa não a consiga realizar. Poderá ser necessário algum treino para determinar como é que a adaptação pode ser feita. Pode ser necessária uma compensação ou a pessoa pode estar no sítio errado. Descubra onde a pessoa se encaixa e substitua-a por alguém que possa progredir. Todos se sentirão melhor com o seu trabalho.

621. ***Serviço inteligente***: As suas capacidades são afectadas ao serviço dos outros que o seguem e a quem reporta. Utilize as suas capacidades para compreender o valor que lhe foi pedido para criar - as capacidades da pessoa a quem reporta podem ser úteis de forma selectiva. Da mesma forma, sirva aqueles que estão a criar valor sob a sua responsabilidade. Ajude-os a serem capazes, empenhados e utilizados. A sincronização do serviço em toda a estrutura organizacional, de acordo com os objectivos, cria um ambiente de colaboração e realização. O objetivo de todos está a ser cumprido de forma eficiente e simultânea.

622. ***Cuidador***: Esteja pronto para mostrar que se preocupa com alguém. Ser empático em alturas críticas da vida das pessoas pode ser muito útil. A compaixão é uma componente vital para um gestor. Mostra que se preocupa mais do que apenas com os resultados organizacionais. Assistir a um evento especial, a um funeral, etc. A compaixão pode melhorar os resultados organizacionais porque as pessoas que recebem cuidados podem estar mais atentas à realização dos objectivos. Não deixe que a sua compaixão seja abusada ou seja sugestiva de favoritismo, mas isso não significa ignorá-la completamente.

623. ***Foco rápido***: Pergunte aos gestores o que podem fazer pela organização nos próximos dias. Pergunte-lhes como pode ajudá-los a atingir os seus objectivos a curto prazo. O curto espaço de tempo irá focar no problema a ser resolvido ou na oportunidade a ser aproveitada. A oportunidade ajudá-los-á a concentrarem-se no imediato e a afastarem-se da distração das iniciativas a longo prazo. Poderá impulsionar os planos actuais e melhorar o envolvimento . A inércia institucional é uma força a ter em conta. Esta tática é uma forma de lidar com ela e criar um impulso para a mudança.

624. ***Trabalho partilhado***: Quando os recursos são partilhados entre departamentos, não espere que os melhores talentos sejam oferecidos ao departamento que os recebe ou que os solicita. É mais provável que o departamento recetor receba recursos com poucas competências e motivação. Estes recursos causam o mínimo de sofrimento ao departamento que os envia. Uma afetação por conveniência pode resultar num consumo significativo de capacidade para formação e para recuperar de erros cometidos. O departamento recetor pode ter sorte e o recurso partilhado ser adequado. Este resultado tem uma probabilidade baixa. Pergunte como é medido o desempenho

de cada pessoa e peça os dados relativos a cada um. O gestor recetor pode estar a transferir a tarefa de lidar com um mau desempenho. Não seja ingénuo. Decida se é melhor ser você a escolher a pessoa ou aceitar alguém que lhe foi dado.

625. ***Bloqueio de acesso***: Será contratada uma pessoa de apoio e o seu chefe dir-lhe-á para "não intervir" porque esta nova contratação não vai "gostar da forma como gere as pessoas". Em vez disso, utilize os seus subordinados diretos para envolver esta pessoa de apoio de uma forma que se adeqúe à sua agenda e ao estilo de gestão deles, para que possa atingir os seus objectivos. Se pressionar os seus subordinados diretos, eles podem pressionar a pessoa de apoio, e você fica oficialmente "sem intervenção", e todos ficam satisfeitos.

626. ***Os que se dedicam ao crédito:*** Se precisa de crédito para se sentir bem com o seu trabalho, as operações não são para si. A organização foi concebida de modo a que as pessoas que trabalham nas operações não recebam créditos; limitam-se a fazer com que tudo aconteça sempre a tempo. Esta perceção é esperada e é a realidade em muitos locais de trabalho. Na operação, chegar atrasado não é uma opção, assim como não é uma opção não ter a capacidade de fazer um trabalho urgente para um cliente. Cumpre as promessas dos outros. Cumprem-se favores que outras pessoas pediram. Faz-se acontecer; parece mais um dia nas instalações. Olhe para o seu desempenho e para o que fez e dê crédito a si próprio. É provável que seja a única pessoa que repara no que fez. Se alguém usar as suas palavras, encare isso como um elogio. Se alguém se referir à declaração de outra pessoa que você disse anteriormente, encare isso como um elogio. "Alguém me enviou uma nota no outro dia e disse algo que me marcou muito." "O Bob das finanças referiu que..." Sim, foi você. A armadilha é estar dependente de outra pessoa para obter crédito. Não deixe que isso aconteça porque será uma desilusão. Os operacionais sabem quando conseguiram o impossível e partilham os louros com os que os rodeiam (isto pode aplicar-se a outras funções). Não são necessárias palavras. Um olhar e um sorriso podem ser tudo o que é preciso. O significado é maior para si porque sabe e sabe que conseguiu o extraordinário.

627. ***Volume tribal:*** Num ambiente de baixo volume, é possível utilizar o conhecimento tribal para criar um resultado aceitável. Um especialista pode realizar todas as tarefas necessárias no fluxo de trabalho para produzir um resultado aceitável. As suas competências especializadas e o seu vasto

conhecimento tornam-no possível. Isto é semelhante a um mecânico especializado que constrói um carro na sua garagem. Num ambiente de grande volume, é necessário um sistema que seja utilizado com disciplina por cada trabalhador. O sistema deve ter controlos incorporados para garantir que a parte da cadeia de abastecimento que gerem é consistentemente bem sucedida, uma vez que outros dependem do seu desempenho. Neste caso, há necessidade de especialistas para criar fluxos de trabalho com estes controlos. Dado o seu ambiente e circunstâncias, estes especialistas sabem o que pode correr mal e como os trabalhadores se comportam. Estes especialistas também têm uma boa noção do que o cliente pretende. O desafio será que o especialista tenha uma mentalidade de sistema. O sistema tem de fornecer a informação correta, no momento certo, à pessoa certa, para que esta possa executar sempre a sua tarefa corretamente. A informação extra que o especialista tem sobre a tarefa é apenas uma distração. Esta informação não precisa de ser disponibilizada. Uma quantidade considerável de conhecimento tribal pode não ser necessária para que os trabalhadores realizem tarefas específicas. Num cenário em que existe uma dependência do conhecimento tribal para realizar tarefas de fluxo de trabalho, existe um risco de retenção. O fluxo de trabalho pode não funcionar se uma pessoa souber como executar uma tarefa com dependências no fluxo de trabalho. Além disso, este colaborador pode ser valioso no mercado e poder sair, levando o conhecimento do processo e as receitas dos clientes que tem estado a servir. Num cenário de grande volume, o conhecimento tribal incorporado nas etapas do fluxo de trabalho é complicado e pode ser demasiado lento. Nestes casos, um conhecimento limitado de cada passo pode ser mais adequado para um fluxo rápido. O ritmo deve garantir que as entregas são efectuadas à velocidade adequada. O desafio é analisar o conhecimento tribal e dividi-lo entre as pessoas que executarão as tarefas nas diferentes partes do processo.

628. ***Recuperação de recursos:*** Se pediu recursos emprestados a outro departamento, planeie a devolução dos recursos quando o departamento precisar deles. Estes recursos não fazem parte da sua capacidade. Se está a contar tê-los, terá uma surpresa quando o proprietário os quiser de volta. Não deixe que a disponibilidade atual o leve a pensar que estarão sempre disponíveis. Se forem retirados, sentir-se-á como se lhe tivessem tirado o tapete debaixo dos pés. Planeie para evitar esta surpresa iminente, tendo um plano a longo prazo

que inclua os recursos de que necessita e que estarão sob o seu controlo. Se os recursos forem retirados mais cedo, pode ser necessário um plano de contingência. Seria bom pedir os recursos emprestados apenas temporariamente e depois planear a obtenção dos recursos necessários a curto prazo.

629. ***Desempenho do fornecedor:*** Fornecer relatórios sobre o desempenho dos fornecedores e dos seus materiais. Quando os técnicos utilizam materiais defeituosos, o trabalho torna-se mais complexo e exigente. Quando são introduzidos materiais defeituosos num fluxo de trabalho e têm de sair configurações que cumpram as especificações, o esforço necessário para o conseguir é maior do que se estiverem a ser utilizados materiais que cumpram as especificações. Normalmente, a taxa de produção não se altera quando os materiais defeituosos entram no fluxo de trabalho. O abrandamento cria stress entre os técnicos.

630. ***Validação da exatidão:*** Peça a um especialista para executar uma tarefa criada por um técnico para validar a precisão da ação e fornecer feedback em tempo real. Esta tarefa pode ser chamada de validação para confirmar que a sequência de tarefas estava correta e que cada tarefa foi bem executada. A oportunidade de formação pode ser utilizada para melhorar a exatidão do técnico. Quando a exatidão é validada, o risco na cadeia de abastecimento é reduzido.

631. ***Utilizar fases:*** Por vezes, uma mudança não precisa de acontecer rapidamente. Há muita coisa que um funcionário pode absorver em relação às mudanças de rotina e à aquisição de conhecimentos para novas mudanças. Uma mudança radical pode ter consequências negativas e causar danos colaterais inaceitáveis. Um plano faseado ajuda a acomodar os níveis de absorção porque a taxa de mudança é consistente e é esperada ao longo de um período baseado num plano. Se houver necessidade de uma correção de curso, esta pode ser realizada dentro do calendário do plano. Um plano pode ser desfeito se ocorrerem alterações nas tarefas com dependências em fases subsequentes. A sequência é importante. Se a mudança ocorrer de uma só vez, será necessário tempo para deixar a "poeira assentar". Numa abordagem faseada, este não é tanto o caso, pelo que se poupa algum tempo. Uma abordagem faseada permite que as mudanças sejam fixadas antes de avançar, e este método depende mais da dinâmica para levar o plano até à sua conclusão. Um evento de mudança

único pode não se estabelecer e os trabalhadores podem voltar às rotinas anteriores. O projeto pode nunca estar "concluído". Uma abordagem faseada permite que cada fase subsequente se baseie nas fases anteriores e as fixe. Outra vantagem é a capacidade de se adaptar, se necessário. Após uma fase, pode surgir alguma informação relevante que exija uma ligeira mudança de rumo. Além disso, pode surgir um erro de cálculo nos recursos ou outra dependência, resultando numa oportunidade para planear uma correção. O planeamento é mais fácil de gerir com fases.

Ser atrativo

As partes interessadas são atraídas por gestores eficazes (Wellens & Jegers, 2014). Em alguns casos, segui-los-iam para onde quer que fossem. Se deixarem a empresa, as pessoas segui-los-ão até à sua nova empresa. O que é que os torna atractivos? Quais são os aspectos de um gestor que o tornam digno dos seus seguidores? As pessoas não deixam as empresas, na sua maioria; deixam os seus chefes (Branham, 2012). Os gestores podem ser atractivos, mas também podem ser vis e tóxicos. Uma equipa de gestão atractiva ajudará a povoar os melhores talentos da organização. O talento é fundamental para o desempenho operacional. Grandes gestores recrutam grandes pessoas (Charan, Drotter, & Noel, 2011). Os gestores medíocres contratam pessoas medíocres. Um segue o outro. Parte desta atratividade reside na auto-orientação do gestor. O gestor está a contratá-lo para ficar bem visto ou para que cresça na sua profissão enquanto é orientado? Os grandes empregados são atraídos por grandes gestores que os ajudam a realizar o seu potencial e a atingir os seus objectivos (Stahl, Björkman, Farndale, Morris, Paauwe, Stiles & Wright, 2012).

Tornar a sua organização atractiva para que os empregados queiram trabalhar nela (Ajala, 2012). Como é que é um excelente ambiente de trabalho? Pergunte aos seus empregados. Cada funcionário tem um interesse, um dom e uma paixão (Ho, Wong, & Lee, 2011). Quais são eles? Suponha que lhes permite utilizar as suas capacidades e crescer numa posição que os leva a outra posição de interesse. Nesse caso, eles ficam para executar o seu trabalho na sua próxima missão. O que é que quer fazer a seguir? O que está a aprender agora para se preparar para o que quer fazer mais tarde? Estas são perguntas críticas. As respostas tornam a sua organização atractiva. A promessa de ser atrativo não é a cenoura que nunca é cumprida. Os empregados cansam-se disto e partem para a oportunidade que queriam, agora disponível noutra empresa (talvez um concorrente). Parte da atratividade é a capacidade de fazer avançar as pessoas a um ritmo que lhes seja confortável (Sirota & Klein, 2013). Nem toda a gente cresce ao mesmo ritmo. Os grandes funcionários querem ser desafiados e crescer (Buckingham & Coffman, 2014). Ao dar-lhes isto, a operação torna-se atractiva.

Figura22 . As organizações atractivas obtêm empregados interessados e talentosos a um custo mais baixo.

As seguintes tácticas de serendipidade na engenharia, sem qualquer ordem específica, podem ajudar a ser atraente:

632. ***Estruturas formais:*** São necessárias estruturas formais para coordenar e melhorar a colaboração entre empresas num ambiente de crescimento sinérgico em evolução. Estas estruturas permitem a separação de tarefas, o planeamento e a responsabilização pela execução. Na ausência de uma estrutura formal, existe ambiguidade em relação a quem realizará as actividades que permitirão a colaboração. As funções podem estar relacionadas com actividades de rotina ou com actividades relacionadas com o crescimento. Quando os deveres são definidos, podem ser combinados sinergicamente com actividades semelhantes noutras partes da cadeia de abastecimento. A exploração destas capacidades sinérgicas pode criar eficiências que aceleram a realização dos objectivos de crescimento.

633. ***Estrutura plana:*** Uma estrutura plana é complexa de gerir sem a capacidade de treinar e desenvolver eficazmente. Quando alguém tem demasiados subordinados diretos, não pode dar a cada um deles a atenção

necessária para garantir o sucesso do seu trabalho e desenvolvimento profissional. Numa estrutura muito vertical, a sua atenção é dada a alguns, o que resulta em oportunidades de desenvolvimento significativas. Infelizmente, com os escalões, a mensagem perde-se muitas vezes devido à filtragem efectuada por cada escalão. A comunicação é mais rápida se o nível abaixo de si for plano e amplo. Cada conceção tem os seus pontos fortes e fracos. A otimização da largura para o desenvolvimento e a comunicação dependerá do cenário, da capacidade de auto-gestão dos membros da camada e da capacidade do líder para orientar com intensidade suficiente.

634. ***Ir à boleia:*** Por vezes, os talentos ficam felizes por apenas acompanharem a viagem. Eles podem aprender muito apenas observando. Deixe-os processar enquanto percorrem a sua curva de aprendizagem. Eles adaptar-se-ão rapidamente se responder às suas perguntas. Tenha em mente que a perspetiva nova deles sobre o que vêem pode produzir informações valiosas e acionáveis. Eles podem ser capazes de trazer para a empresa ideias que funcionaram bem em situações anteriores. Pergunte-lhes: "O que viste hoje que achaste excelente?" "O que é que viu hoje que o incomodou e porquê?" Perguntas como esta podem ajudar o talento da boleia a compreender e a contribuir.

635. ***Retenção de talentos:*** A empresa pode ajudar as unidades empresariais a reter e a orientar os talentos, de modo a que estes possam ser aproveitados para obter sinergias de crescimento. Podem ser oferecidas recompensas significativas aos talentos que sejam excepcionais na produção de valor para a empresa. Nalguns casos, só a empresa tem acesso a estas recompensas, que podem não ser necessariamente monetárias. Além disso, a empresa pode saber que tipos de prémios foram eficazes noutras unidades empresariais. Estas ideias podem ser exploradas por qualquer unidade de negócio que esteja interessada. O objetivo é manter os talentos valiosos motivados e satisfeitos para que permaneçam na empresa.

636. ***Retenção da visão:*** Se os talentos virem a visão do rumo que a empresa está a tomar, é menos provável que se desloquem para outra empresa que não a tenha. Algumas empresas desenvolveram, expuseram e comunicaram a sua visão. A visão é lógica e racional. Se for relevante e operacionalizada, irá impulsionar a empresa para o futuro. Os trabalhadores gostam de saber para

onde vai a sua carreira. Podem ter algumas perguntas direcionais, como: O que é que vai mudar na empresa? Posso adaptar-me às mudanças? Posso assumir um papel diferente, melhor ou mais elevado no futuro? Se me adapto bem ao meu cargo atual, serei melhor ou pior no futuro? Se o futuro for atrativo, os talentos serão atraídos pelo futuro da empresa e quererão participar nele.

637. ***Confusão da matriz:*** Se uma pessoa reporta a um número X de pessoas, em que X é maior do que um, por vezes fica confusa quanto à ação mais crítica a tomar. Reportar a várias pessoas aumenta o stress de alguém porque tem de agradar a muitas pessoas que podem ter prioridades e interesses diferentes. Não só tem de fazer o seu trabalho, como também tem de satisfazer todos os desejos de vários chefes. As hipóteses de obter a satisfação total de todos eles podem ser um desafio quando as suas expectativas são diferentes. A satisfação com o desempenho pode ser alcançada se estiverem perfeitamente alinhados com os mesmos valores e objectivos.

638. ***Aceitação da ideia:*** Se o seu chefe recusar a sua ideia, e você sabe que tem razão, deixe-o refletir sobre ela enquanto recupera do problema que já resolveu e tentou evitar. Ele precisa de confiar mais em si. Certifique-se de que a conversa sobre a solução para o problema que foi ignorado é escrita para que ele saiba que você sabe que ele cometeu um erro ao não o ouvir. Pode haver esperança de que o seu comportamento mude. Caso contrário, as consequências de uma má tomada de decisão acabarão por os apanhar.

639. ***Pergunta interessante:*** Se fizer a alguém uma pergunta interessante sobre si próprio, dê uma resposta à sua resposta que o faça sentir que o educou. "Isso é interessante. Não me tinha apercebido do significado disso. Parece ter conhecimentos sobre o assunto, pode falar-me mais sobre isso?" Se a pessoa se sentir ouvida e compreendida, pode estar mais inclinada a abrir-se consigo novamente com uma resposta sincera. Podem estar dispostas a aprofundar um tema de interesse. Independentemente da sua opinião sobre o assunto, a perspetiva de uma pessoa é a sua verdade. Influencia a forma como ela vê o mundo e o que nele acontece.

640. ***Aquele:*** Em todos os grupos há uma pessoa que é um problema. Ninguém gosta dela. Não gosta de si. Tenha cuidado para não deixar que essa pessoa tenha controlo sobre si ou sobre o grupo. Ela puxará o grupo na direção errada. Eles não têm em mente o sucesso do grupo. Podem estar a pensar

apenas neles próprios. Tente levá-los a uma relação construtiva com os participantes. Certifique-se de que eles compreendem o que está a tentar fazer com eles. Se eles não responderem positivamente, veja se é possível retirá-los do grupo. Todos os outros participantes do grupo ficarão aliviados. Se demorar muito tempo, as pessoas vão perguntar-se porque é que esperou tanto tempo para tomar as medidas corretas.

641. ***Obter contributos:*** Certifique-se de que todos têm a sua oportunidade de contribuir para uma discussão ou sessão de brainstorming. Se foram convidados para a conversa, então a sua opinião é importante e devem ter a oportunidade de contribuir. Se não se empenharem, é importante que o façam, pois, caso contrário, podem ser ignorados ou preteridos. Sem a sua contribuição, as melhores ideias ou opiniões serão perdidas. Os participantes que falam alto tendem a receber mais atenção, enquanto as pessoas que não falam passam despercebidas.

642. ***Revisão circular:*** Se se voluntariar para uma avaliação de 360 graus, haverá pessoas que gostarão do seu desempenho e outras que talvez não gostem, porque a sua gestão de relações numa direção é melhor do que na outra. Talvez consiga impressionar o seu chefe, mas os seus subordinados diretos gostariam que fosse um gestor melhor. Algumas das relações que mantém podem contribuir para os seus problemas de desempenho, resultando numa pontuação mais baixa do que gostaria. Talvez não seja provável obter uma pontuação elevada em todas as direcções; no entanto, o feedback será esclarecedor.

643. ***Informação sobre o desempenho:*** Os gestores das organizações beneficiam da informação sobre o desempenho porque a utilizam para recalibrar, corrigir o curso, adaptar os planos e monitorizar o progresso para alcançar os resultados estratégicos desejados. Os dados de desempenho são fundamentais porque descrevem a realidade que o gestor está a viver. Com este conhecimento, podem planear a melhoria do desempenho através de vários meios. Os dados também podem revelar os métodos que funcionaram bem no passado e indicar as estratégias que devem ser consideradas. Os resultados estratégicos podem ser alcançados se os planos para os alcançar forem informados pelos dados relevantes e pelos métodos de melhoria históricos que influenciaram positivamente os dados de desempenho.

644. ***Apresentações em grupo:*** As apresentações em grupo são muito informativas e permitem a partilha das melhores práticas e o pedido de assistência. Se um departamento o faz bem, todos o devem fazer quando há partilha e colaboração. As competências de apresentação são essenciais para os gestores que são responsáveis pela partilha de conhecimentos e pela tomada de decisões. Uma apresentação em grupo requer partilha e colaboração. Estas são competências eficazes orientadas para a equipa que podem ser valiosas para uma organização em crescimento.

645. ***Início avançado:*** Quando os conhecimentos existentes são agregados e disponibilizados, podem ser utilizados como um ponto de partida avançado, ou plataforma, para novas descobertas. A acumulação de conhecimentos deve ser gerida de forma eficiente. O conhecimento pode ser acumulado num único local, de modo a permitir o acesso ao mesmo. Além disso, a quantidade de conhecimentos é relevante. O conhecimento que está em falta deve ser facilmente visível para que possa ser criado. Uma vez preenchidos os vazios de conhecimento, a descoberta de novos conhecimentos pode ser direcionada se os conhecimentos existentes forem conhecidos. Redescobrir conhecimentos que já são conhecidos é um desperdício. O conhecimento incremental deve ser adicionado à base de conhecimentos, que deve ser estruturada para facilitar a pesquisa e o acesso.

646. ***Solucionadores de problemas:*** Os seus subordinados diretos devem ser solucionadores de problemas. Ultrapassar os desafios que as pessoas que trabalham para eles têm, é o que devem passar a maior parte do seu tempo a fazer. A resolução de problemas deve ser uma segunda natureza e ser esperada. Eles sabem que culpar os outros, ficar frustrado, agravar desnecessariamente e desinteressar-se são respostas inadequadas aos desafios. Espera-se que eles sejam capazes de descobrir um problema antes que ele se agrave, determinar a causa raiz do problema e, em seguida, escolher a solução de impacto juntamente com o plano de implementação. O caminho crítico para a atenuação da vulnerabilidade deve ser conhecido e percorrido rapidamente.

647. ***Lógica do plano:*** A perspetiva de um interveniente em relação à concretização de uma nova visão é influenciada pela compreensão da lógica subjacente ao plano, pela concordância com o mesmo e pelo facto de saber por que razão deve ser concluído agora. Um plano que não faça sentido não ganhará

rapidamente seguidores ou participantes. Todos os participantes devem compreender a lógica do plano. Com essa compreensão, virá a adesão e o envolvimento. A lógica deve fazer sentido para motivar os participantes a envolverem-se no plano. Deve levar a parte da organização que está no âmbito a um novo nível de desempenho. Uma vez que as oportunidades são efémeras, as acções devem ser executadas rapidamente para explorar o ciclo de vida das receitas.

648. ***Resolução de problemas:*** A capacidade de resolver problemas reduz a frustração dos funcionários que têm de os compensar. A resolução de problemas é acelerada pela transparência do desempenho operacional e por um conhecimento claro das expectativas. A resolução de problemas é mais simples quando os dados estão disponíveis para apontar as oportunidades que resolverão a questão. Na ausência de dados, a especulação e a tendenciosidade terão o seu lugar, e o problema poderá não ser resolvido. O risco de perda nas suas diversas formas manter-se-á. A transparência garantirá que os dados estejam amplamente disponíveis para que qualquer pessoa envolvida possa aproveitá-los para compreender onde está a raiz do problema. O desempenho atual deve ser comparado com as expectativas para compreender a lacuna que deve ser colmatada durante a resolução do problema.

649. ***Execução do fluxo de trabalho:*** A excelência do desempenho do fluxo de trabalho pode levar a um aumento da quota de mercado quando os resultados da execução são consistentes com as expectativas dos clientes. O desempenho está diretamente relacionado com as receitas. É muito difícil vender um mau desempenho. Consequentemente, o desempenho do fluxo de trabalho deve ser extremamente fiável e oportuno. Quando um cliente tem uma experiência de desempenho líder na indústria por parte de um fornecedor, está mais inclinado a aumentar a quantidade de trabalho que lhe é atribuída sem negociar melhores preços. A fiabilidade facilita o trabalho dos clientes porque têm de prever o que acontece com os seus clientes. Um desempenho excelente e previsível é a chave.

650. **Partilha de conhecimentos:** Os gestores da cadeia de abastecimento beneficiam do acesso a conhecimentos tácitos significativos e relevantes e à experiência no domínio, que podem ser utilizados para acelerar a tomada de decisões orientadas para o crescimento. O conhecimento tácito pode

não estar disponível num documento ou num procedimento da mesma forma que o conhecimento do domínio. Consequentemente, para que haja crescimento, o conhecimento tácito deve ser detetável e significativo. Os novos conhecimentos são construídos com base nos conhecimentos existentes, alguns dos quais se tornam obsoletos. Um conjunto de conhecimentos actuais pode ter influência na tomada de decisões. A eficácia das decisões influenciará a taxa de crescimento da organização.

651. ***Atratividade das ferramentas:*** A ausência de ferramentas torna-se frustrante para os talentos e é uma fonte de rotatividade. Um empregado crítico pode mudar-se para outra empresa para tirar partido das suas ferramentas, que são mais poderosas e fáceis de utilizar. Uma ferramenta lenta, com uma interface de utilizador deficiente e difícil de utilizar pode incentivar os talentos a procurar uma empresa com melhores ferramentas.

652. ***Apropriação indevida de ferramentas:*** Por vezes, uma nova atividade é introduzida numa operação e é-lhes dito para "fazerem o que têm a fazer". As ferramentas de outras funções são utilizadas para o novo trabalho, mas são inadequadas porque a sua lista de caraterísticas não se adapta totalmente ao novo trabalho. Quando alguém utiliza um alicate como martelo, o seu trabalho pode não ser tão bom e há alguma probabilidade de danos ou ferimentos. Do mesmo modo, o novo trabalho deve ser atrativo para as pessoas que o procuram em a empresa. A introdução sem descontinuidades de novos trabalhos que possam ser efectuados com ferramentas adequadas garantirá o sucesso.

653. ***Actividades de colaboração:*** As actividades são eventos de colaboração . Quando uma parte culpa a outra por não ter feito a sua parte, o resultado não acontece devido às discussões em curso. A energia é mais bem gasta na aprendizagem de como ser colaborativo. Não importa quem é responsável por um problema. O que importa é que tenha acontecido e que a vulnerabilidade de um problema tenha sido mitigada. É míope pensar que um departamento pode funcionar de forma isolada. Por vezes, farão parte da cadeia de abastecimento e influenciarão consideravelmente a rentabilidade durante esse período. A organização é mais potente quando trabalha em conjunto.

654. ***Cultura da unidade:*** Uma cultura de "Unicidade" produz muitas vantagens. Há um programa de formação. Uma fila de trabalho. Um conjunto de

indicadores-chave de desempenho pelo qual todos são avaliados. Uma equipa de gestão global em todos os fusos horários e em todos os locais. Um caminho de escalonamento para todos os pedidos urgentes ou itens que devem ser transportados de qualquer lugar para qualquer lugar. A equipa de gestão é constituída por diferentes indivíduos com diferentes competências que são aproveitadas globalmente. Se um gestor for particularmente bom em formação, é-lhe atribuído um esforço de formação global. Não importa a hora, onde as pessoas estão de serviço ou quem faz uma encomenda; aplica-se o acordo de nível de serviço e a equipa é avaliada em termos de cumprimento do SLA. A cultura singular evolui de um nível de desempenho/maturidade para o seguinte em conjunto.

655. ***Postura de verdade:*** Descobrir e compreender a verdade é um desafio; no entanto, uma vez que se sabe a verdade, a próxima coisa a fazer é agir de acordo com ela. O valor não é criado quando se aprende. Só é criado quando o conhecimento adquirido é aplicado a uma necessidade não satisfeita. Uma postura empática ajudá-lo-á a ver a necessidade. As capacidades e o empenho ajudá-lo-ão a agir com base nestes conhecimentos para benefício de todas as partes interessadas .

656. ***Ouvir com atenção:*** Identificar e ouvir pessoas credíveis. Estas pessoas são repetidamente bem sucedidas. A maior parte do que elas tentam realizar acontece sem sacrifícios indevidos. Mais importante ainda, elas sabem porque é que tiveram sucesso. Podem explicar a razão do seu sucesso, e vale a pena ouvi-las porque os princípios podem ser transferíveis para si.

657. ***Aceite os desafios:*** Encoraje as outras pessoas a desafiá-lo. Um desafio não o deve deixar frustrado ou perturbado. Deve ser bem-vindo para que possa descobrir rapidamente problemas e oportunidades. Com esta informação, pode então utilizar uma abordagem sistémica para os resolver. Na ausência de um desafio, está sozinho, o que acarreta mais riscos.

658. ***Reforço imediato:*** A consciência imediata dos comportamentos construtivos permite que o gestor da mudança reforce os atributos positivos à medida que eles ocorrem. Dentro de um grupo, um subgrupo terá comportamentos construtivos. Este grupo pode ser alargado com encorajamento; no entanto, alguns participantes não mudarão. O conhecimento da composição do grupo permite que o gerente crie uma estratégia para

incentivar e aumentar o comportamento construtivo. Quando esse comportamento é exibido, ele deve ser incentivado e usado como exemplo para reforçar os atributos exibidos.

659. ***Rede de instalações:*** Os gestores operacionais apoiam a rede de instalações de produção através de uma mentalidade de cadeia de abastecimento que reduz os custos de transporte, permite a execução de grandes volumes e atenua as restrições de capacidade. A colaboração entre locais resulta em recursos partilhados que atenuam as restrições de capacidade. A capacidade é eliminada quando está em excesso e adquirida quando é necessária. As competências são transferíveis, eliminando as curvas de aprendizagem . A rede de instalações com capacidades semelhantes consome os picos de volume. Os custos de transporte são minimizados, uma vez que a utilização de talentos é mantida a um nível elevado.

660. ***Apoio sólido***: Certifique-se de que os gestores que trabalham para si sabem que tem confiança neles para resolverem os problemas com rigor. Com esta confiança, eles serão desafiados e encorajados a concluir a tarefa sem deixar nada inacabado ou ao acaso. Servir os seus gestores significa ouvir os seus desafios para ver se pode ajudar a ultrapassá-los. Manter tudo em movimento é essencial. Uma vez ultrapassado o obstáculo, a iniciativa retoma o seu curso a um ritmo adequado. Caso contrário, o apoio deve continuar até que o ritmo seja adequado.

661. ***Conhecimentos***: É benéfico para um gestor ter uma vasta gama de conhecimentos e experiências. Um conhecimento alargado dá-lhe uma maior capacidade para compreender questões e resolver vários problemas. O leque de conhecimentos ajudá-lo-á a escolher entre uma série de opções. Um gestor com experiência limitada oferecerá soluções que também são limitadas no seu âmbito. Alguns problemas exigem um leque de soluções. Este leque é limitado quando a experiência é limitada. Um problema pode ser técnico, social, ambiental, ou os três simultaneamente. As soluções para um problema podem incluir várias áreas de âmbito. Podem existir várias soluções em cada área.

662. ***Boas escolhas***: As pessoas devem pensar que sabe como formular as escolhas certas nas alturas certas. Um historial de más decisões diminuirá a confiança que os seguidores têm em si. Por outro lado, um registo de realizações atrairá outras pessoas para si. Tem de ser conhecido como alguém que consegue

fazer as coisas certas quando é necessário, da forma certa, com as pessoas certas e a tempo. As escolhas podem ser sequenciadas. Uma série de escolhas pode ter de ser feita por ordem devido a dependências e para criar eficiência de esforço . Existe eficiência se o passo seguinte puder aproveitar a maior parte do que foi feito no passo anterior.

663. ***Acções esquecidas***: Por vezes, é bom parar o que está a fazer e passar várias horas a analisar as suas listas, os e-mails enviados, os planos de projeto e as notas de reunião para se certificar de que nenhuma tarefa ficou esquecida. Escolha a frequência que mais lhe convém, mas faça-o com frequência suficiente para que as tarefas deixem de ter interesse por terem sido cumpridas. Também não devem ser esquecidas. As pessoas orientadas para a ação gostam que se interesse por elas, que as acompanhe e que lhes pergunte como está a correr uma determinada atividade. Se criar uma ação e depois a esquecer, as pessoas não o levarão a sério. Pensarão que está mais interessado no drama do que em fazer as coisas. Uma revisão periódica das decisões que foram tomadas ajudará a evitar que as tarefas importantes sejam esquecidas. Confirmará que ainda está a ir na direção certa ou permitir-lhe-á corrigir o rumo antes que seja demasiado difícil.

664. ***Trabalho de investigação***: Dedique algum tempo à pesquisa de temas. Ficará surpreendido com o que já está disponível. Coloque a pesquisa num livro branco que cubra o assunto. Utilize o conteúdo para uma conferência . Dê o documento a outras pessoas que o possam utilizar para o bem comum. Uma perspetiva de investigação imparcial pode ser útil e influenciará futuras decisões em . Este formato de documento pode ajudar na colaboração entre departamentos. Pode dar o exemplo para a empresa ao ter uma base de conhecimento com white papers sobre tópicos a partilhar com a empresa ou a comunidade. Dê-a ao chefe para fins educativos. Num ambiente rico em tecnologia , existe uma excelente oportunidade para a criação de conhecimentos. Se preferir uma apresentação, faça uma e envie-a para obter feedback.

665. ***Gestor do caos***: Saber onde existe o caos e pô-lo em ordem (por exemplo, um servidor instável, que faz com que as operações tenham uma sobrecarga significativa, reiniciando, etc.). O caos está a chegar à organização vindo de algum lado. Pode ser de um cliente, de uma função de apoio , ou de

qualquer outra função. Os gestores devem filtrar o caos antes que ele chegue às pessoas que estão a fazer o trabalho. Os operadores devem concentrar-se nas suas tarefas e não se distrair com o caos que os rodeia. Os trabalhadores devem concentrar-se em realizar o seu trabalho rapidamente, fazendo-o corretamente. Uma vez eliminada a fonte de agitação, verificam se existem outras fontes que estão a influenciar negativamente a capacidade de desempenho dos trabalhadores e planeiam eliminar essas fontes o mais rapidamente possível.

666. ***Desencaixar***: Não há problema em deixar as pessoas desconfortáveis enquanto as desbloqueia. Elogie-as quando fizerem algo significativo. Isso define a expetativa de desempenho. As pessoas podem não saber como se "descongelar" e não querem pedir ajuda a ninguém. Lide com a situação pedindo ajuda para os colocar num lugar diferente e melhor. Depois de lá chegarem, volte a pô-los no lugar do condutor. Os ajudantes podem voltar ao que estavam a fazer. Por vezes, as pessoas precisam de ajuda para ultrapassar um obstáculo. Não o conseguem fazer sozinhas. Isso reflecte mais a natureza do obstáculo do que as pessoas envolvidas.

667. ***Missão Impossível***: A confiança e o respeito são conquistados através da realização do que parece impossível. Alguns objectivos são extremamente difíceis de alcançar. As mudanças necessárias podem incluir alterações de paradigma na cultura organizacional , uma transformação do desempenho, uma recuperação significativa do cliente depois de este o ter dispensado como fornecedor, a criação rápida de uma nova unidade de negócio num país distante, etc. Os projectos grandes e exigentes têm de ser executados com delicadeza. As interrupções no roteiro podem anular a dinâmica. Além disso, a sequência correta de tarefas deve ser executada por ordem; caso contrário, o ritmo de progresso irá parar devido a uma dependência não cumprida.

668. ***Poder do significado***: Certifique-se de que as pessoas compreendem o significado por detrás do que estão a fazer. Se conseguirem compreender o objetivo da atividade e se estiverem alinhadas com ele, serão mais poderosas em conjunto. Suponhamos que alguém trabalha numa fábrica que fabrica cintos de segurança e que o seu trabalho pode parecer banal. Mas se vir o que acontece num acidente quando alguém não está a usar cinto de segurança, ou se falar com alguém cuja vida foi preservada com um cinto de

segurança, o seu trabalho pode ter um novo significado. Não estão a fabricar cintos de segurança. Estão a salvar vidas. A sua missão tem um objetivo, um significado e resultados significativos.

669. ***Aproveitar a paixão***: As pessoas são apaixonadas por certas coisas. A energia da paixão é como colocar uma ficha numa tomada que tem energia. Pegue nessa paixão (ex.: pontualidade, organização, disciplina, cálculo, administração, atenção aos detalhes, etc.) e transforme-a num esforço produtivo. Aquilo que nos entusiasma é motivador. Aproveitar os dons dos participantes é especialmente útil quando alguém tem uma capacidade que é a sua fraqueza. Essa pessoa é preciosa se a sua auto-consciência estiver em jogo porque o elogia. Parte da razão para a subutilização de talentos não é o facto de não estarem empenhados, mas sim o facto de estarem empenhados em algo que não gostam de fazer e em que não são bons. É provável que prosperem no trabalho quando estão envolvidos em algo em que são bons.

670. ***Sentir-se realizado***: Chegar ao trabalho com a sensação de que já realizou muito. O momentum já foi posto em marcha porque planeou o dia. Se não se sente realizado, deve fazer uma retrospetiva pessoal. Idealmente, seria útil se já tivesse posto em dia os e-mails da noite anterior. Deve saber quais são as suas prioridades e como as vai executar antes de chegar ao trabalho. Não chegue ao trabalho sem saber o que vai fazer desde o início do dia. Ponha as coisas em movimento assim que chegar. Você representa a energia que está a empurrar a organização numa direção. A sua vitória já está estabelecida quando entra pela porta, porque já decidiu como a batalha vai ser ganha. Terá de se ajustar durante o dia, mas se não estiver a ganhar , as suas tácticas devem ser revistas. Por exemplo, talvez não esteja a obter dados precisos e valiosos ou a análise dos dados seja incorrecta. Tenha uma fórmula para ganhar desde o início do dia.

671. ***Aura Pessoal***: Concentrar-se no poder em vez de na influência. O poder influenciará apenas com a sua presença. Trata-se de uma aura e não de uma ação. Algum poder é falso porque toda a gente sabe que a pessoa não sabe do que está a falar, é controlada por interesses próprios e tem um fraco registo de realizações. Se o oposto for verdadeiro, então o seu poder é autêntico. Utilize-o para desbloquear iniciativas paradas, obter o compromisso dos participantes, felicitar alguém por uma realização ou estabelecer uma decisão e

um caminho a seguir. A força da aura depende da autenticidade do seu poder. Sabe-se que ela está presente quando as pessoas ouvem e tomam notas durante a conversa, porque vale a pena rever o que diz.

672. ***Assassino de e-mails***: Os e-mails têm o seu lugar, mas, a dada altura, deixam de funcionar. Um tópico fica fora de controlo ou morre devido à falta de interesse ou paralisia (ninguém sabe o que dizer a seguir). Se nada acontecer, o tempo e o esforço que gastou a criar o tópico serão desperdiçados. Muitos tópicos morrem, reflectindo este desperdício. Quando as mensagens de correio eletrónico não são apropriadas ou não estão a funcionar, tenha conversas cara a cara. Esta tática pode eliminar muitos e-mails. Especificamente, a gestão por deslocação (MBWA) é uma tática recomendada que é mais valiosa do que estar sentado na secretária a escrever mensagens de correio eletrónico. Ir ao escritório de alguém para uma conversa rápida de cinco minutos pode produzir resultados significativos. A linguagem corporal ajudará a transmitir a mensagem. Muitos e-mails e atrasos são eliminados quando se anda por aí e se tem conversas rápidas e concentradas com várias pessoas envolvidas num tópico de interesse.

673. ***Seleção do trabalho***: Os gestores que se preocupam com a empresa estão mais interessados no trabalho que sabem que será bom para a empresa. O benefício para a empresa pode ser o facto de haver uma margem aceitável e de o trabalho poder levar a outros trabalhos que tenham uma margem. Assinar um contrato de trabalho em que a empresa perde dinheiro em cada entrega não é sensato, mesmo que a receita total pareça significativa ou que o contrato tenha sido retirado a um concorrente. Todos os empregados que recebem um bónus baseado nos resultados da empresa não vão querer fazer um trabalho que prejudique os seus bónus. Será necessária uma explicação sólida para convencer os trabalhadores a terem um bom desempenho se o trabalho não for rentável.

674. ***Perceção fácil***: Fazer com que o que fez pareça fácil, mesmo que não tenha sido. Tarefas complexas podem ser realizadas com muita energia , organização e estratégia execução . Os outros pensarão que a tarefa é complicada ou difícil porque precisam da sua ajuda. Ser uma fonte de ajuda aumentará o seu valor porque foi capaz de realizar a tarefa a tempo. Eles poderão voltar a procurar-te para pedir mais ajuda e poderás mostrar-lhes como

executar sozinhos se não os puderes ajudar. Em vez de utilizar os seus recursos , crie capacidade nos outros.

675. ***Desempenho dececionante***: Seja implacável com alguém que não esteja a fazer o seu trabalho. Se essa pessoa não se aperceber disso, os outros que trabalham com ela aperceber-se-ão. A equipa não está a corresponder às expectativas. O "preguiçoso" deve saber que está a desiludir, como primeiro passo para resolver o problema. Não seja rude, mas seja sincero. Eles precisam de saber de que forma ficaram aquém das expectativas. Certifique-se de que compreende a situação antes de a julgar. Pode haver uma razão pessoal legítima ou um obstáculo com o qual não se contou ou que não foi resolvido suficientemente depressa. Poderá ter-lhes sido atribuída uma tarefa que não correspondia às suas capacidades. Os bons empregados geralmente não querem desiludir; no entanto, alguns estão em posições que não lhes convêm. Pode melhorar as suas capacidades ou colocá-los numa posição que lhes seja adequada. Eles ficariam aliviados por não os desiludir.

676. ***Pressionar o Recrutamento***: Por vezes, existe uma necessidade crítica de contratar uma função vital. Outras pessoas consomem a sua tão necessária capacidade para realizar estas tarefas sem esta função. A centralização da função torna possível a normalização das melhores práticas em toda a cadeia de abastecimento. O processo de recrutamento é iniciado e as entrevistas começam. O processo é contínuo e parece não existir o candidato perfeito. Obter um consenso é impossível. Em vez de adiar o preenchimento do cargo até que o candidato ideal seja encontrado, faça um downgrade do cargo e preencha-o. Desta forma, pode começar a trabalhar enquanto recruta o candidato perfeito. O posto de trabalho de nível inferior pode ser convertido noutra coisa mais rapidamente. Se as pessoas puderem desenvolver as suas capacidades, podem tornar-se o candidato ideal. Podem juntar-se ao processo de entrevista para o cargo maior na altura certa. Os empregados existentes permitem-lhe promover a partir de dentro se tiver alguém que tenha uma paixão pelo trabalho. Essa pessoa traria consigo a cultura da empresa e o seu conhecimento da operação. A opção de esperar não é aceitável se a necessidade for urgente. Um dos candidatos que entrevistou pode não ser suficientemente sénior para ocupar o cargo mais importante, mas pode ser adequado para o cargo mais baixo. Entre em contacto com ele para ver se está interessado.

Também é possível que se tornem mais proeminentes, o que terá impacto na necessidade não satisfeita.

677. ***Linguagem corporal:*** Uma vez que a maior parte da sua comunicação está ligada à linguagem corporal, a interação cara a cara é mais eficiente do que outras formas de comunicação, mesmo que tenha de viajar para se encontrar. Essencialmente, pode dizer mais em menos tempo. Para melhorar a comunicação física, utilize dramatizações (movimentos das mãos e inflexão da voz), histórias (experiências pessoais) e analogias (ligação através de cenários semelhantes) para inspirar e estabelecer ligações. Um pouco de leviandade pode ajudar a aliviar o medo ou a insegurança. A relação que tem com os outros ajudará a realizar o trabalho. Pode afastar-se da conversa e partilhar uma nota pessoal ou recolher uma de um participante. A diversão pode estar relacionada com as suas origens ou com uma experiência memorável que tenham partilhado com a família. Torne-a significativa e ligue-a de novo ao tópico que está a ser tratado. É mais provável obter uma reação dos participantes se parecer mais humano e menos como uma máquina sem empatia. Se um ser humano tiver de comunicar com uma máquina, as suas expectativas são diferentes das de um ser humano. A parte humana da comunicação pode ser melhorada quando se utiliza a linguagem corporal para a tornar relevante e emocionalmente inteligente. As pessoas que o rodeiam apercebem-se da sua linguagem corporal e interpretam-na sem que se aperceba. Elas determinarão o seu estado de espírito e se querem interagir consigo. A sua política de porta aberta não tem qualquer significado se ninguém quiser entrar pela sua porta. Por isso, tenha cuidado com a perceção que está a dar aos outros. Pode não ser benéfico ser transparente sobre o seu estado de espírito. A auto-consciência também pode ser melhorada se pedir a outras pessoas que lhe dêem feedback sobre a sua linguagem corporal. É frequente não conhecermos a imagem que estamos a transmitir aos outros. Com o feedback, pode fazer as modificações necessárias e otimizar a utilização construtiva da sua linguagem corporal.

678. ***Tendências motivacionais:*** Embora todas as pessoas sejam diferentes, os gestores podem ser classificados entre os que são mais emocionais e os que são mais intelectuais. O gestor da unidade de negócio deve saber quem é mais de uma destas categorias. As pessoas que lideram através da emoção terão de ser motivadas pela emoção. As pessoas que são conduzidas pelo

intelecto precisam de ser motivadas intelectualmente. Motivar corretamente as pessoas conduzirá a resultados positivos com menos esforço . Saber como incentivar cada pessoa de acordo com as suas tendências.

679. ***Perseguir a verdade:*** Tratar as pessoas de acordo com a sua capacidade de chegar à verdade. Encontrar a verdade é extremamente valioso, pois ajuda na tomada de decisões e na resolução de problemas . Uma procura tendenciosa da verdade conduzirá a decisões não optimizadas. A capacidade de descobrir a verdade (por exemplo, resolver um problema) permite poupar tempo. A rápida descoberta de informações relevantes pode levar à aplicação de decisões influentes muito mais rapidamente do que seria o caso de outra forma.

680. ***Dar prioridade a quem acredita:*** As pessoas credíveis devem ser tratadas com mais prioridade do que as outras (por exemplo, as arrogantes, incompetentes ou desdenhosas). Passe mais tempo com pessoas que produzem clareza - os arrogantes produzem disfunção e caos. A complexidade do ambiente estará sempre a aumentar. A necessidade de clareza de pensamento para tomar as melhores decisões é preciosa. Deve ouvir as pessoas em quem pode confiar e que está interessado em seguir, porque elas são hábeis em revelar a verdade. A sua perspetiva e orientação podem ser influentes.

681. ***Colaboração Altitude:*** A melhor informação vem das pessoas mais próximas do trabalho. Se quiser saber o que acontece, tem de lhes perguntar. Trabalhe com pessoas que estão um nível abaixo das pessoas que trabalham para si. Desta forma, também determinará se o nível imediato sabe o que está a acontecer no chão de fábrica. Assim que alguém disser "Não sei", sabe que o nível imediatamente inferior deve ser envolvido. Quando chegar ao local onde a ação teve lugar, a pessoa saberá o que aconteceu e fornecerá as informações com facilidade se criar um ambiente propício à troca de informações.

682. ***Felicidade incompleta:*** Devem ser tomadas decisões que não farão toda a gente feliz. Esta decisão é muitas vezes impossível e não vale a pena adiar até que a felicidade colectiva esteja garantida. Deve ser planeada uma quantidade ideal de alegria. Chegar a esta decisão não deve demorar mais do que a oportunidade permite. Uma decisão que apenas faz alguns felizes é uma má decisão. É necessário refletir mais. Uma segunda fase pode ser possível para tornar mais felizes os retardatários, que são infelizes; no entanto, isso não deve

atrasar a operacionalização da decisão relacionada com a primeira fase da mudança.

683. ***Elementos interligados:*** O panorama geral da situação inclui muitos elementos que estão interligados. Alguns destes elementos estão a ser considerados, enquanto outros não. Mesmo assim, eles dependem uns dos outros em diferentes graus. Uma pessoa que é promovida num país pode desencadear uma reação de alguém na mesma empresa, mas noutro país. A consideração relativa ao âmbito da decisão pode não ter incluído as partes interessadas nos outros países. Ainda assim, deveria ter sido devido às ligações no sistema social e ao consequente efeito de cascata. Não considerar a conetividade entre os elementos da organização permite que as forças caóticas assumam o controlo. A esperança pode ser deixar a poeira assentar e depois continuar. Uma atitude desdenhosa assume incorretamente que não foram causados danos no tecido social da organização e que a ação não tem qualquer impacto duradouro. O tecido social mudou e os gestores não têm consciência disso.

684. ***Aprender a verdade:*** Afastar-se da verdade afectará a sua credibilidade junto de outras pessoas que estão a tentar obter a verdade de si. Eles irão para outro lado. Para evitar esta perda de influência, tenha o hábito e o registo de ser uma fonte de verdade muito procurada. Além disso, permite que os outros sejam verdadeiros, permitindo-lhes participar. A partilha mútua da verdade permite que todos os participantes no intercâmbio aprendam. A ignorância e o engano só estão envolvidos quando a verdade não está envolvida. Quando somos enganados, não somos tão livres para sermos nós próprios. Em vez disso, está a compensar a dissonância que está a sentir devido à diferença entre o que ouve e o que pensa ser a realidade. A hipocrisia leva-o a estar desnecessariamente em conflito.

685. ***Descoberta da verdade:*** Abordar a descoberta da verdade com cuidado. Por exemplo, se compreender bem o desempenho de alguém, pode acelerar a sua evolução para níveis de desempenho mais elevados. Sintetizar é compreender a diferença entre um desempenho não suficientemente bom e um desempenho suficientemente bom. O desacordo pode ser um fator de descoberta da verdade. Encoraje a discordância, não a perda de posição ou a retórica contenciosa. Peça a outras pessoas credíveis que avaliem o seu

raciocínio, aumentando a probabilidade de ter razão agora ou no futuro . Uma descoberta cuidadosa produzirá melhores resultados.

686. ***Expectativas excelentes:*** Não pode ter excelência sem ser sincero quanto às suas expectativas. Eles podem fornecer o que pretende? Eles sabem que a perfeição é a expetativa? Avalie continuamente as capacidades das pessoas de quem depende o seu sucesso. A verdade tem a ver com a exatidão da informação, não com o que se sente em relação a alguém. Determine o que se pode confiar a alguém e dê-lhe apenas isso. Se a pessoa conseguir satisfazer expectativas mais elevadas, deve ser-lhe permitido demonstrar as suas capacidades e vontade de ser bem sucedida. Não importa o seu aspeto. O que importa é o que ela entrega.

687. ***Estar informado:*** Procure continuamente obter informações e respostas. Não fique desinformado. Talvez não tenha sido atualizado ou exista um obstáculo à comunicação que deve ser eliminado. Descubra o bloqueador e reduza-o. "Não sabia que queria ser atualizado." "Agora já sabe. Por favor, faça isso daqui para a frente." Se estiver informado sobre um desafio, pode fornecer recursos adicionais . A capacidade de apoio é limitada quando existe uma falta de conhecimento. Além disso, espera-se que seja informado de imediato. Não saber o que aconteceu logo após o sucedido é inaceitável para os outros que dependem de si para obter informações.

688. ***Aptidão do participante:*** Assegurar a sua própria condição física e a dos que o ajudam. A saúde da organização é fundamental para o sucesso. Se a moral estiver baixa porque se esperava um bónus e não foi entregue, ou se os empregados foram mal tratados, então a saúde da empresa será baixa. Não espere que os participantes num ambiente desafiante se sacrifiquem ou tenham um desempenho para além de níveis medíocres se não estiverem motivados ou empenhados. Por outro lado, se você e os participantes estiverem saudáveis, capazes e aptos para o desafio, espere resultados significativos de forma consistente e atempada.

689. ***Orientações para os debates:*** Os debates devem ser atractivos, justos, razoáveis e abertos. A participação é encorajada sob certas condições que valorizam e interessam os participantes. As normas que orientam os debates devem ser conhecidas para que todos possam participar. Estes princípios orientadores devem ser bem compreendidos, aplicados e testados. O seu valor é

evidente para todos os que estão à mesa, encorajando a sua utilização. O líder do debate deve aplicá-los para manter um ambiente controlado e produtivo.

690. ***Envolvimento motivado:*** As partes interessadas são motivadas por um empenhamento pessoal na mudança, impulsionado pelo respeito, participação e interesse no resultado pretendido. O empenhamento é reforçado quando as relações entre os participantes se baseiam na admiração mútua. Se a representação das capacidades for inadequada, a lista de participantes deve ser selecionada. O envolvimento é motivado pela oportunidade de participar. Se o plano for concebido sem envolvimento, o envolvimento na execução do plano pode ficar comprometido. A mudança deve ser de interesse para os participantes. Se a estratégia não for de interesse, então os participantes que a conceberam podem não ter sido adequadamente selecionados.

691. ***Alinhamento das partes interessadas:*** O grau de alinhamento do gestor da mudança e das partes interessadas com o objetivo está correlacionado com o esforço necessário para executar o roteiro da mudança. Partindo do princípio de que cada parte interessada está empenhada em realizar um roteiro de mudança, a energia líquida mede a magnitude e a direção em que é aplicada. Um nível de energia semelhante na direção da iniciativa e a energia de outros participantes na direção oposta resultará em energia líquida zero. Se toda a energia for dirigida numa direção, a energia total é a soma da energia aplicada. Se mais pessoas se moverem na direção errada em comparação com a direção certa, o nível de energia líquida será negativo. A diferença entre o esforço necessário e o esforço que está a ser exercido agora é a lacuna de energia a ser preenchida. O alinhamento reduz o esforço necessário para que o progresso aconteça.

692. ***Desempenho do relacionamento:*** O desempenho das relações está ligado à mudança transformacional através de atributos como a ligação, a adaptabilidade, a proteção e a profundidade. O fluxo de informação é diferente entre as relações que estão ligadas e as que estão desligadas. Neste último caso, os factores e filtros de confiança significam que o destinatário receberá uma mensagem incompleta que requer um esforço suplementar para ser compreendida. A confiança também conduzirá à vontade de se adaptar, conforme necessário, para conseguir a mudança. Uma vez estabelecida a confiança e as ligações, o valor da relação será elevado e deve ser protegido.

Devem ser tomadas medidas para manter relações construtivas. A profundidade destas relações deve ser adequada. Por vezes, a comunicação tem de ser feita em pormenor e com uma profundidade significativa. A clareza deve ser possível com base na relação entre os participantes.

693. ***Prejuízo para os talentos:*** As partes interessadas pessoalmente investidas no sucesso da unidade de negócio podem ficar desanimadas com as suas perspectivas de emprego se não lhes for permitido participar nas actividades de mudança. Muitos empregados querem avançar na sua aprendizagem e no seu crescimento na organização. Têm interesse em participar nas actividades de mudança. Podem procurar outras oportunidades para arquitetar o seu futuro sucesso com uma organização se não lhes for pedido ou permitido. Muitos empregados trabalham para o sucesso pessoal e organizacional para benefício mútuo.

694. ***Caminho de melhoria***: Certifique-se de que todos estão a seguir um caminho de melhoria. A situação deve estar sempre a melhorar. A melhoria aplica-se tanto ao processo como ao plano de desenvolvimento da pessoa. Documente-o e acompanhe-o para garantir que as metas estão a ser atingidas a tempo. Se for possível antecipá-las, faça-o para criar uma reserva para quando houver um pequeno deslize. Verifique se o roteiro está em conformidade com as alterações ambientais do mercado. Faça os ajustamentos necessários, de preferência de forma previsional e não reactiva.

695. ***Linhas de comunicação***: Estabelecer linhas de comunicação e depois deixar que os seus relatórios continuem a trabalhar no problema. Ligue as partes relevantes de todos os lados de uma organização ou entre organizações. As ligações devem fazer sentido. Pessoas com interesses e competências semelhantes podem ser boas ligações . Interesses e capacidades semelhantes tornarão a ligação ainda melhor. Os participantes terão de decidir como deve ser o protocolo de comunicação. Quando há consenso, a execução do plano de comunicação é mais fiável.

696. ***Pessoas certas:*** Certifique-se de que as pessoas certas estão presentes e envolvidas nas conversas. Por vezes, os participantes estão a fazer outras coisas ou a pensar em actividades diferentes. Certifique-se de que estão física e mentalmente presentes. Ajude-os, assegurando-se de que existe clareza e uma progressão do pensamento. Clareza significa que está a lidar inequivocamente com a questão e que o plano para a resolver está calendarizado e sequenciado de forma adequada. Monitorize o ritmo e faça os ajustes necessários. As pessoas certas no início de um projeto podem não ser as pessoas certas no final, porque as condições mudaram.

697. ***Atribuição de capacidades:*** Atribuir as tarefas mais sensíveis aos talentos mais capazes. Algumas tarefas têm perfis de alto risco. As pessoas capazes de executar a sequência de tarefas para atingir o objetivo devem ser escolhidas cuidadosamente para gerir melhor o risco. As capacidades vão para além das competências necessárias e incluem os comportamentos utilizados para executar o plano. As sensibilidades em relação às estratégias de comunicação, à navegação de conflitos e à inspiração dos participantes são fundamentais para o sucesso da missão. A situação ditará quais as capacidades comportamentais essenciais para o sucesso da missão.

698. ***Publicidade da equipa:*** Divulgue o sucesso da sua equipa no momento certo. Se o mencionar na altura errada, não terá qualquer efeito porque não é a prioridade agora e ninguém se importará. Pode ser necessário um ligeiro atraso se houver uma crise que esteja a consumir toda a gente. Atravesse a linha de chegada quando as pessoas estiverem a ver. Organize o momento do anúncio de modo a que este tenha impacto. Quem deve saber e como deve ser informado? Por vezes, adiar o anúncio pode ser bom porque as suas notícias podem entrar em conflito com outro item crítico. Revele um sucesso quando sentir que terá o melhor impacto, não demasiado cedo ou demasiado tarde.

699. ***Decisão do chefe:*** Os patrões fazem o que fazem, decidem o que decidem e contratam quem contratam; não deixes que isso te incomode. Tudo se resolverá. Se contratarem a pessoa errada, despedem-se a si próprios. Se a decisão do chefe for incorrecta, isso tornar-se-á evidente. Eventualmente, mudarão de rumo e poderão pedir desculpa por não terem perguntado ou confiado em si. Não se estresse com isso; encontre outro local de trabalho onde possa ter sucesso se isso se tornar esmagador e contínuo. As pessoas não abandonam as empresas; abandonam os patrões. Esteja sempre satisfeito com o seu local de trabalho.

700. ***Reiniciar a ilusão***: Um gestor pode não gostar da forma como as coisas estão a correr com uma iniciativa, apesar de estar a ganhar impulso

diariamente. Pode até estar a impedir a aceleração do impulso ou ter uma capacidade de atenção curta e não estar a avançar suficientemente depressa. Eles sugerem um "Reset". Isto significa que vai parar, mudar algumas coisas e depois recomeçar, avançando novamente. Acaba de matar o progresso que fez e qualquer impulso que tenha criado. Evite esta "ilusão de melhoria" e concentre-se antes em criar o impulso necessário através de um ajustamento contínuo. Chegará mais cedo do que se "reiniciar" e começar de novo. Momentum custa muito para ser criado. Considere este custo ou um reset antes de destruir o que está a construir.

701. ***Ideia inovadora***: Leve a sua ideia criativa a algumas pessoas tecnicamente competentes para determinar a sua viabilidade. Se a apresentar num fórum oficial mais proeminente, pode ser rejeitada porque as pessoas não gostam dela ou têm outros objectivos. Depois de passar o teste de viabilidade da ideia com os especialistas, veja se consegue criar uma demonstração. Faça um estudo de tempo ou de consumo de material para determinar o impacto monetário da ideia. A ideia pode aumentar a capacidade, melhorar a qualidade ou reduzir o consumo de recursos. Apresente a ideia como uma demonstração de trabalho ao grupo mais alargado. Inclua dados de qualidade e informação sobre o custo por unidade para que haja uma base de comparação com o processo existente ou com uma alternativa que esteja a ser considerada. Perguntar se a ideia pode ser utilizada num pequeno contexto para mitigação de riscos e, em seguida, escaloná-la para ser mais generalizada. Há quem não queira utilizar uma ideia inovadora porque não é a sua ou não resolve todos os problemas de uma só vez. Suponhamos que resolve metade do problema, o que é melhor do que não fazer nada. Obtenha a primeira metade agora e tente obter a outra metade mais tarde. Não deixe que alguém o convença a não fazer nada até que a ideia inovadora esteja aperfeiçoada.

702. ***Esperar a perfeição***: Se esperar a perfeição, obtê-la-á, por vezes, muito mais do que se não o fizer. Muitas pessoas não sabem qual é a expetativa de desempenho. Quando isso não é claro, pensam que as suas acções são suficientemente boas. Assegure-se de que as suas expectativas de desempenho são claras para que as pessoas que fazem o trabalho possam cumprir os seus padrões. "Estamos no negócio de sermos perfeitos. Certifique-se de que corresponde a esta expetativa."

703. ***Base de conhecimentos:*** Com a quantidade de conhecimentos necessários para tornar uma organização eficaz, é necessária uma base de conhecimentos eficiente. As bases de conhecimentos dispersas são ineficientes. Uma base de conhecimentos consolidada permite que os utilizadores se dirijam a um único local para obterem as instruções de que necessitam nesse momento. São necessários acréscimos ao conhecimento e criação de conhecimento, de tal forma que os acréscimos incrementais de conhecimento devem ser integrados no conhecimento existente e disponibilizados imediatamente a todos os que dele necessitam. Os conhecimentos obsoletos podem ser eliminados ou arquivados. A base de conhecimentos pode ser utilizada eficazmente para orientar os empregados na melhoria da eficiência. A eficiência do conhecimento significa que a informação é concisa, está relacionada com a tarefa, é normalizada na sua formatação, tem controlo de versão, é fácil de navegar, é pesquisável e não tem redundância. Uma base de conhecimentos eficiente pode fornecer informações vitais para acelerar a execução de tarefas.

704. ***Encontros frutuosos***: Um encontro cara a cara pode eliminar muitos e-mails. Visite proactivamente as pessoas que pensa que querem ou precisam de se encontrar consigo. As mensagens de texto e os e-mails tornar-se-ão complicados após várias rondas sem uma conclusão. Os tópicos ou canais incluem uma maior comunicação, mas o problema não está a ser resolvido. Reunir-se com as partes envolvidas permite uma interação pessoal mais poderosa. A linguagem corporal pode ser utilizada para melhorar a comunicação presencial. O objetivo é ter um encontro que gere valor

705. ***Palavras preciosas:*** Diga poucas palavras, mas faça-as valer a pena. As pessoas racionais ouvi-lo-ão. Elas não gostam de conversa fiada. Só querem saber o que pensa, se as vai apoiar e se consegue simpatizar com elas. É melhor ser direto do que empatar e "andar com rodeios". As discussões serão mais eficientes se a sua posição for clara. Criar clareza é uma parte importante do trabalho de um líder.

706. ***Org:*** Uma estrutura organizacional nebulosa que muda tão rapidamente que as pessoas não se conseguem adaptar resultará em mediocridade. É difícil responsabilizar alguém se você ou essa pessoa não tiverem a certeza de quais são as suas responsabilidades. Todas as partes interessadas sofrem. Não se pode prestar um bom serviço. Não se pode liderar

bem. Os trabalhadores não conseguem realizar o seu potencial. Os chefes lutam entre si para obter recursos ou explicar problemas de serviço. A culpa será um atributo cultural dominante nesta organização. Os trabalhadores mais inteligentes e mais esforçados abandonarão a empresa porque não estão a obter o que precisam. A energia está a ser gasta noutras actividades sem valor acrescentado. Sentem que não são desejados porque as tarefas não podem ser atribuídas sem uma separação de tarefas

707. ***Pequeno e rápido:*** É possível que construa algo e que, pouco tempo depois, o veja demolido. Para combater o desânimo, construa pequenas peças rapidamente. Perceba o benefício de cada uma delas, comemore e depois passe para outra pequena e rápida vitória. A vitória rápida sucessiva pode ser completamente diferente ou um passo evolutivo de algo que construiu recentemente. Mudanças significativas exigirão mais aprovações e intervenções de pessoas que podem não ser úteis. Podem atrasar o progresso. Ao avançar de forma iterativa, o produto final será igualmente bom, mas com menos inércia organizacional. Além disso, os passos incrementais podem garantir que o produto ou serviço é melhorado de forma mais fiável do que se fosse feito de uma só vez.

708. ***Factores de estagnação:*** Conhecer os factores de estagnação. Uma vez identificados, determinar a causalidade e mediar a sua influência. Eles surgirão. Estar continuamente atento à situação. Os defensores da estagnação travam sempre quando se trata de movimento porque são anti-movimento. Só querem estar lá mais um mês ou um ano. Não querem mexer-se nem progredir. São avessos ao risco e só querem continuar a fazer o que fazem até se reformarem. Infelizmente, ao resistirem, estão a tornar-se cada vez mais irrelevantes. O seu valor continua a diminuir. Uma vez que o ambiente está a mudar, a certa altura tornar-se-ão irrelevantes para a organização, talvez mais depressa do que pensavam. A empresa já não precisa deles. Saiba quem e o que está a impedir as pessoas de avançar. Compreender estes factores para que possam ser mitigados.

709. **Eficiência relacional:** Utilize as relações que constrói para melhorar a eficiência. As relações fracas carecem de confiança ou respeito. As relações fortes podem ser aproveitadas para obter um melhor desempenho através da inovação e da aplicação de melhorias. Os participantes numa relação

podem agir ou dizer algo que prejudique a confiança. Não deixe que isso aconteça. Lide com eles. Uma melhor compreensão das razões que levaram à sua ocorrência pode ajudar a encontrar uma solução. Deve-se gastar pouco tempo com isso, para que se possa gastar mais tempo aproveitando as competências complementares dos participantes. É ineficaz dar a alguém uma tarefa para a qual não tem o dom de realizar. Essa pessoa ficará a definhar e precisará de apoio. Não é eficiente dar a alguém trabalho adicional quando essa pessoa já está a 120% da sua capacidade. Essas tarefas não serão realizadas a menos que outras tarefas sejam transferidas. Quando há confiança, a necessidade de verificar o trabalho de outras pessoas diminui, criando eficiência.

710. ***Inovações significativas:*** Dê aos pequenos grupos a oportunidade de inovar. Não os obrigue a lidar com a confusão dos grupos maiores. Depois, eles o que fizeram tanto quanto possível em toda a organização. Se for implementado e eficaz, deve ser tornado público através de uma explicação. Se for possível reproduzi-lo, mesmo que ligeiramente modificado, então mapeie todos os locais onde pode ser utilizado e planeie para conseguir uma exposição óptima na maioria dos departamentos. Os membros do pequeno grupo que criou a melhoria podem ser aproveitados para se reunirem com os responsáveis funcionais da empresa para discutir a ferramenta e informá-los de como outras implementações os irão afetar.

711. ***Stress em filas de espera:*** Os empregados não gostam do stress adicional de gerir filas de trabalho ou atrasos. A gestão do risco exigirá uma atenção adicional para a definição de prioridades. Os métodos e ferramentas podem ajudar nesta gestão. O trabalho seguinte pode ser exposto apenas para eles, em vez de toda a lista de pendências. A calendarização das tarefas pode basear-se numa lógica relacionada com vários factores. Estes factores devem ser integrados na lógica. Só devem ser atribuídas tarefas que as pessoas possam realizar. Eliminar o stress da gestão de filas de espera para que os trabalhadores se possam concentrar no seu trabalho: fiabilidade, pontualidade e escalonamento.

712. ***Desenvolvimento da gestão:*** A maioria dos trabalhadores em cargos de gestão está interessada em ser desenvolvida. Se o desenvolvimento não estiver disponível, irão para um local interno ou externo à empresa onde o possam obter. Não só o querem, como querem que ocorra a um ritmo

adequado. Se o desenvolvimento da gestão lhes fizer perder tempo, reagirão negativamente e não confiarão na empresa para lhes dar o que precisam quando precisam.

713. ***Relações de comunicação:*** Idealmente, as relações de subordinação não devem ser importantes se todos estiverem a seguir na direção certa o mais rapidamente possível. O importante é que os funcionários possam colaborar em actividades significativas. Se a atribuição de créditos é importante para si, então isto será mais difícil. O alinhamento em torno dos objectivos é mais importante do que as estruturas de informação. As relações devem ser aproveitadas para a colaboração, produzindo soluções que sejam efetivamente implementadas.

714. ***Desenvolvimento individual:*** Os diálogos de desenvolvimento individual ajudarão cada colaborador a desenvolver-se de forma a melhorar o seu desempenho e a trazer mais valor para a organização. É necessário conhecer o seu valor atual para a organização e, em seguida, o valor incremental esperado. Este encontro é um diálogo, o que significa que a conversa vai em ambas as direcções. Ouça o que eles dizem que precisam para atingir os seus objectivos.

715. ***Transferência de conhecimentos:*** Alguns empregados têm acesso a informação crítica. A acumulação de conhecimentos cria uma vulnerabilidade para a empresa. Um wiki ou uma base de conhecimentos pode ajudar a alojar e disponibilizar informações essenciais a quem delas necessita. Quando uma pessoa com conhecimentos tribais sai, a curva de aprendizagem torna-se mais acentuada porque os formadores e os materiais de formação não estão disponíveis. Os níveis de dependência de determinadas pessoas e posições devem ser compreendidos e monitorizados. O conhecimento deve ser adquirido e partilhado por uma equipa e não deve ser concentrado em indivíduos.

716. ***Soluções insustentáveis:*** Os gestores fracos promoverão soluções insustentáveis para resolver um problema porque são fáceis. Estas soluções incluem horas extraordinárias excessivas, subcontratação, aluguer de equipamento extra, etc. Não são sustentáveis e não devem ser pensadas desta forma. São curtos surtos de produtividade. As soluções sustentáveis tornam uma organização mais capaz sem prejudicar os trabalhadores. Tornar o trabalho mais

fácil de gerir para alguém ajuda-o a produzir mais. Isto é sustentável. As soluções fugazes são atractivas mas mortais a longo prazo.

717. ***Correto à primeira:*** Os funcionários gostam do rendimento correto à primeira porque não têm de se preocupar com nada se o produto for bom. O produto flui e não há resolução de problemas, investigação, ação corretiva ou retrabalho. O facto de o produto estar certo à primeira significa que o trabalho só tem de ser feito uma vez, o que leva menos tempo. Acertar à primeira também evita a negatividade dos erros e os custos e atrasos relacionados com o retrabalho.

718. ***Boa formação:*** Os módulos de formação devem ser medidos pelo valor organizacional. As perguntas do inquérito Kirkpatrick podem indicar se o valor foi criado. Talvez seja possível obter um ponto por cada pergunta afirmativa. Os funcionários terão interesse em determinadas áreas e não noutras. Talvez devessem estar interessados em algumas áreas que não estão. O momento da formação é, portanto, crítico se o valor for medido no momento da necessidade. O número de pessoas que fizeram o curso deve ser considerado à luz do número de pessoas que precisam de fazer o curso.

719. ***Confiar no Braker:*** Não ter uma conversa sobre o futuro de alguém que me reporta sem me incluir. Isso quebra a confiança. Não vou tentar dar visibilidade ao meu pessoal se o vão roubar. O planeamento orgânico da sucessão é aceitável. Não é correto retirar alguém para satisfazer uma necessidade em pânico.

720. ***Aceitar a singularidade:*** Toda a gente é diferente. Cada um é único e pode contribuir significativamente para a empresa se for adequado. Esta singularidade não é um incómodo, mas sim uma dádiva. A dádiva deve ser aceite com gratidão. Deve ser valorizada. É difícil reunir um grupo de pessoas únicas numa equipa. Por conseguinte, deve ser valorizado quando acontece. Os funcionários, especialmente os mais jovens, apreciam pontos de vista diferentes e vão querer discuti-los. Aprecie o que cada pessoa traz para a mesa e tire partido disso.

721. ***Desrespeito pelos atrasados:*** Chegar atrasado é desrespeitoso. Não está a valorizar o tempo da outra pessoa ao fazê-la esperar. O cenário refere-se a todas as outras pessoas que estão agora à espera da pessoa atrasada. Seja respeitoso respondendo ao convite, incluindo o seu estado relativamente à

reunião, quem é e por que razão deve ser incluído, e que irá procurar no resto da organização uma pessoa dedicada que assuma o controlo quando a pessoa que foi convidada não estiver disponível.

722. ***Discussão significativa:*** Há três coisas a discutir numa reunião de atualização. O que aconteceu na semana passada? O que está a acontecer agora? O que é que pensamos que vai acontecer nos próximos dois meses para que se possa preparar para isso? As respostas a estas perguntas ajudarão as pessoas envolvidas a descobrir oportunidades com base no passado, a ajustar-se ao que está a acontecer agora e a planear o sucesso no futuro. A franqueza pode ser necessária para alguns participantes que não têm tendência para julgar ou ser críticos.

723. ***Informação pública:*** Disponibilize os factos para partilha de informações num documento partilhado ou num repositório partilhado para que as partes interessadas possam aceder aos mesmos, se estiverem interessadas. Não os reveja numa reunião, mas informe-os de que estão disponíveis. Se pedirem informações, indique-lhes o repositório para que o possam consultar quando quiserem. Não desperdice o tempo das pessoas que tomaram a iniciativa de aceder à informação, revendo-a numa reunião.

724. ***Trabalho à distância:*** Alguns trabalhadores são mais produtivos quando podem trabalhar à distância. Depois do expediente, podem trabalhar sem ter de se deslocar ao escritório. O tempo que teriam utilizado para se deslocarem de e para o trabalho pode ser aproveitado para aumentar a produtividade. Trabalhar enquanto conduz pode ser perigoso, especialmente se os documentos forem referenciados, revistos ou manipulados. Trabalhar à distância pode ser inerentemente mais eficiente, uma vez que o tempo necessário para se deslocar num escritório é muito superior à distância que alguém percorreria em casa.

725. ***Formação self-service:*** Criar formação para que as pessoas a possam obter quando a quiserem ou quando a tiverem de realizar uma tarefa. Um sistema de formação que seja um repositório de informações valiosas pode ser acedido quando as pessoas têm tempo para fazer um curso. Este tempo poderia ter sido utilizado de outra forma; no entanto, um sistema pode criar valor ao facilitar qualquer atividade de formação sobre qualquer tópico, no momento em que o formando escolher. Os trabalhadores motivados realizarão a

sua formação. Será visível ver quem eles são. Há tempo desperdiçado suficiente num dia para que a formação de uma pessoa muito ocupada seja possível sem perda de tempo valioso. A formação é um investimento que permite uma utilização mais eficiente do tempo através do desenvolvimento de competências. Os formandos devem encarar qualquer atividade de formação como um investimento.

726. ***Imperfeitamente Perfeito:*** Como diz o ditado, "ninguém é perfeito". A perfeição pode ser alcançada temporariamente, mas nem sempre é alcançada. A perfeição é perseguida continuamente e deve ser alcançada o mais cedo possível e mantida o maior tempo possível num ambiente em mudança. Dizer que se é perfeito sugere arrogância e ingenuidade. Espere que isso o apanhe. E o facto de se achar perfeito não significa que todos os outros concordem consigo. Procure a perfeição com humildade, compreensão, respeito e graciosidade, porque nunca se sabe quando as suas imperfeições serão expostas.

727. ***Cultura de experimentação:*** Ter uma cultura que encoraje a experimentação. As pessoas criativas com ideias serão atraídas para uma organização que promova a criatividade. A oportunidade de obter uma solução criativa robusta é reforçada quando as pessoas que conhecem a organização podem experimentar. Os gestores precisam de tornar as pessoas conhecedoras capazes de uma experimentação eficiente. Antes de qualquer código ser escrito ou de qualquer coisa ser construída, a experimentação deve ser madura, completa e total. A frequência e a taxa de implementação devem ser elevadas para obter resultados rápidos. Um mapa de impacto pode ser utilizado para documentar uma invenção. É uma estrutura em árvore com o objetivo ou resultado da experiência (o quê) no lado esquerdo da estrutura horizontal da árvore. O primeiro conjunto de ramos inclui cada parte interessada que beneficiará da inovação (quem). As acções de cada parte interessada (o "como") irão pegar numa ideia criativa e implementá-la. A criatividade deve fluir de todos os pontos da organização. Um ciclo simples pode criar uma solução madura: experimentar, aprender e iterar. Este método simples pode ser utilizado para determinar o valor de uma iteração de conceção. As experiências também podem ser utilizadas para verificar se um resultado é provável. A recolha de dados das experiências pode ser feita a partir do ambiente de produção, se

necessário. Um breve período de recolha de dados pode resultar na utilização do conjunto de dados incompleto para determinar aproximadamente se é viável. Pode então ser efectuada uma alteração para resolver o problema com dados sujos.

728. ***Influência do sentimento de pertença:*** A intenção de um trabalhador de permanecer no seu emprego é motivada, pelo menos em parte, por um sentimento de pertença. A influência da pertença pode ser revelada quando são feitas perguntas específicas. "Tens amigos no trabalho?" "Consegues trazer tudo de ti para o trabalho?" "Há pessoas que se preocupam consigo no trabalho?" "Consegues dar o teu melhor no trabalho?" "Sente que o seu trabalho tem um objetivo?" Estas e outras perguntas podem ajudar a revelar em que medida os participantes nas tarefas profissionais têm um sentimento de pertença.

729. ***Bem-estar emocional:*** Os gestores são responsáveis por gerir a alegria que os seus empregados sentem no trabalho. Se os empregados sentirem alegria, é provável que tenham um melhor desempenho e permaneçam mais tempo. A alegria está diretamente ligada ao bem-estar emocional. A alegria que irradia afectará os outros que podem precisar de alguma positividade no seu dia para melhorar a sua perspetiva imediata. Outros benefícios relacionados com a alegria podem incluir a criatividade, o envolvimento social, a capacidade de comunicar, a motivação, a influência e o bem-estar físico.

730. ***Vínculo relacional:*** As relações acontecem quando existe uma ligação entre dois colaboradores. Estes laços podem ser reforçados e enfraquecidos, afectando a qualidade da relação. Muitos empregados vêm para o trabalho para ter relações significativas. Algumas destas relações estendem-se para além do trabalho. Quando um gestor consegue reforçar estas relações, a confiança e a colaboração resultam num melhor desempenho. É preciso tempo para conhecer as outras pessoas da sua rede. Este tempo pode ser acelerado através de técnicas de envolvimento. Um exemplo seria uma equipa de projeto. Se a equipa tiver um desafio difícil e depender uns dos outros para ser bem sucedida, desenvolverão laços fortes (especialmente se ganharem ou forem bem sucedidos).

731. ***Excepções mundanas:*** Algumas tarefas são banais e outras exigem resolução de problemas e inovação. Algumas pessoas valorizam o mundano,

enquanto outras preferem ser desafiadas a resolver problemas e a mudar o status quo melhorando o processo. As tarefas devem ser separadas entre estas duas categorias. O trabalho mundano deve ser automatizado ou atribuído a quem é bom em tarefas mundanas. Os solucionadores de problemas criativos não devem ser incumbidos de tarefas mundanas. Isso matá-los-á. Deixá-lo-ão para fazer algo interessante para eles. A maioria dos talentos de uma organização quer fazer a diferença e ter um objetivo. Estas são as melhores pessoas para descobrir como automatizar o mundano e resolver os problemas relacionados com as excepções. Não dê as excepções às pessoas que gostam do mundano. Elas ficarão frustradas e abandoná-lo-ão. Dirão que a sua organização está num caos quando está a resolver problemas para crescer e conquistar quota de mercado. O crescimento pode ser caótico se os problemas não forem resolvidos de forma rápida e eficaz. A gestão do caos deve ser liderada por bons gestores do caos. O objetivo daqueles que contribuem de forma construtiva deve ser o de pôr ordem no caos. O que era caótico torna-se mundano e, por isso, torna-se um candidato à automatização. Não deixe que as tarefas repetitivas se tornem a rotina confortável para aqueles que gostam de fazer o mundano. Os talentos familiarizados com o processo (porque o utilizam diariamente) devem ser desafiados a alterar o fluxo de trabalho. Apesar de serem bons a executar o fluxo de trabalho, vêem o desperdício e sabem onde estão os problemas. Normalmente, têm óptimas ideias sobre o que pode mudar. Estão à procura de alguém que os ouça. Seja esse gestor que os ouve e que põe em prática as suas sugestões.

732. ***Empilhar:*** Encontra-se uma pessoa com algum potencial de gestão e depois acumula-se o trabalho em cima dessa pessoa. Ela pode estar a meio do seu projeto e está a tratar das coisas. Está tão desesperado por alguém com potencial de gestão que acumula mais trabalho em cima dessa pessoa com elevado potencial até ela ceder. Agora, em vez de ter 60% do que quer, não tem nada, talvez menos. A pessoa deixá-lo-á e falará de si a outras pessoas do segmento empresarial. Agora, tornou-se pouco atrativo, tanto dentro como fora da empresa. É melhor deixar que alguém seja bem-sucedido, sem se preocupar com isso. Seja carinhoso em vez de desesperado. Deixe as pessoas serem bem sucedidas sem sacrificar elas próprias. Quando elas se esgotarem, terá perdido tudo. O sucesso com alguma capacidade de sobra ajuda os gestores com elevado

potencial a sentirem-se confiantes nas suas capacidades. Dê-lhes a oportunidade de celebrarem o seu sucesso e, em seguida, dê-lhes outro projeto que os faça esforçarem-se um pouco mais. Dê-lhes formação ao longo do percurso. Dê-lhes apoio. O sucesso deles é o seu sucesso. Queimar o grupo de gestores com elevado potencial deixa-o com empregados que estão prestes a deixá-lo. A sua força de gestão será gasta e terá de sair da empresa para encontrar gestores. O problema é que não sabe o que está a receber quando traz novos talentos. Quando uma nova pessoa entra e falha, tem o mesmo problema quando ela sai. A sua função como gestor é libertar o potencial de gestão dos outros, e não matá-lo. Se este potencial de gestão puder ser alimentado e alinhado, terá uma série de vitórias até à sua promoção, e então as vitórias serão maiores.

733. ***Atualização pessoal:*** Dê aos seus gestores funcionais a oportunidade de resumir o que fizeram ou em que ponto se encontram. Esta informação será depois enviada para a direção superior. Isto permite que a direção superior os reconheça e lhes dê feedback. Também dá à gestão superior uma melhor compreensão do que aconteceu ou está a acontecer na função. Muitas vezes, têm pouca ideia do que acontece numa área funcional.

734. ***Potencial de desempenho:*** Os grandes funcionários têm um elevado potencial de desempenho que não está a ser aproveitado. Ajude cada colaborador a realizar o seu potencial e a atingir um determinado nível de desempenho. Diga-lhes que são os "melhores do mundo" e que precisa deles para realizar esta tarefa. Redefina os padrões de desempenho à medida que as pessoas se aproximam e elevam a fasquia.

735. ***Partilhar sistemas:*** Faça com que os especialistas da organização desenvolvam novos sistemas que resultem numa mudança de paradigma para a empresa. Como parte do reconhecimento pelos seus esforços, eles apresentam à empresa o que construíram. Eles sentir-se-ão muito motivados pela oportunidade de apresentar o seu trabalho. Os outros sentir-se-ão encorajados quando virem que os seus pares estão a ser reconhecidos e provavelmente estarão interessados em fazer algo significativo para a empresa. Quando as equipas partilham o que construíram, partilham as melhores práticas que outras equipas podem aproveitar para os seus projectos. As melhores práticas são métodos ou tecnologias que são utilizados para realizar ou ajudar na execução de uma tarefa. Equipas diferentes podem aplicar estas mesmas ideias se as

conhecerem. A atividade de apresentação deve ser transversal a todas as funções para transferir as melhores práticas. Os apresentadores estarão nervosos com a apresentação e precisarão de alguma orientação. Peça a alguém que os ajude a organizarem-se para a apresentação. Essa pessoa deve ter experiência com o público e com as apresentações típicas e convincentes. Esta formação pode depois ser aplicada tanto à agenda como ao conteúdo. O aspeto do conteúdo inclui o guia de estilo que é utilizado. Cada membro da equipa pode apresentar um elemento com base no seu conhecimento da área em questão. Estas apresentações expõem o talento que os ajuda a serem impulsionados para cima na organização, uma vez que são reconhecidos pela sua contribuição.

736. ***Motivar Desmotivar:*** Numa grande reunião, pode acontecer que se elogie um grupo selecionado de pessoas pelo seu contributo. Este reconhecimento é ótimo para o grupo em questão. É motivador ser elogiado numa reunião multifuncional. Há que ter em conta os que não foram destacados. Poderão estar a trabalhar mais arduamente e de forma mais inteligente do que o grupo que foi destacado mas não foi mencionado. Isto é desmotivante. Podem ser feitas declarações durante a reunião para ajudar a resolver este problema. Por exemplo, o diretor da reunião ou na reunião pode dizer que está a destacar um grupo, mas não excluindo outros que também estão a trabalhar arduamente e de forma inteligente. O reconhecimento não deve ser barato, mas deve ser gerido para obter o melhor efeito. Se uma reunião não for um bom lugar para reconhecer um esforço, isso pode ser feito pessoalmente entre o gestor e o grupo. Se um gestor utiliza a equipa como exemplo para motivar outros que pensa não estarem a trabalhar arduamente, esta tática pode ser desmotivante para os que não são mencionados. Podem sentir que são o alvo de uma avaliação injusta. Uma reunião que começou com uma nota motivadora terminou com uma nota desmotivadora. O efeito é negativo porque as pessoas recordam o que aconteceu em último lugar. As pessoas reconhecidas não apreciam o facto de terem sido usadas como exemplo para motivar os outros. Elas só queriam um pouco de reconhecimento. Não serão olhadas favoravelmente pelos seus pares, o que não é o que querem.

737. ***Partir bem:*** Se um funcionário que era muito importante para a sua empresa sair, não o odeie; em vez disso, celebre o que ele fez por si até agora. Respeite-o quando ele se for embora, porque poderia visitar um dos seus

clientes. Não o faça sentir-se culpado por se ter ido embora, mesmo que o tenha deixado numa situação difícil. Ele pode ser o seu cliente e você o seu fornecedor. Poderá ser a pessoa com quem falará para conseguir negócios. Porquê queimar a ponte? Envie-os para o seu caminho e deseje-lhes o melhor. Certifique-se de que se sentem apreciados por terem contribuído para a sua empresa e mantenha-se em contacto com eles. A sua última impressão pode ser-lhe útil no futuro.

738. ***Trabalhar através de:*** Não trabalhe com as pessoas; trabalhe através delas. Dê-lhes poder para realizarem um trabalho que seja significativo para os objectivos da organização. Quanto mais poder elas tiverem, melhor, desde que consigam lidar com isso (cuidado com a prima-dona). Se houver várias pessoas a empurrar o carrinho, será mais fácil deslocá-lo. Inclua pessoas capazes, atribua-lhes um papel e trabalhe com elas para ultrapassar o problema ou a tarefa. Quando toda a gente está envolvida na melhor forma de fazer o trabalho, este torna-se muito mais fácil de realizar.

739. ***Influenciar a responsabilidade:*** Dê às pessoas-chave a oportunidade de assumirem total responsabilidade pelo seu âmbito de influência. Descubra o que podem fazer por si como chefe e, em última análise, pela empresa, para que possa maximizar a sua influência utilizando os seus interesses e talentos. Deixe-os ser responsáveis se o desejarem e se considerar que o risco de não atingirem os seus objectivos é pequeno. Pode acompanhá-los até ao sucesso? Se o seu apoio a eles for considerável, o risco de estar disponível para os ajudar também será significativo. Faça uma boa escolha e depois obtenha os benefícios.

740. ***Carga de valor:*** Maximize o seu valor acrescentado e minimize a carga administrativa. Uma atividade tem uma carga administrativa que é necessária mas consome recursos e tempo. Quando se liga o computador, chegar ao sítio que se pretende demora alguns segundos ou minutos. A perda de tempo é um encargo administrativo que é pago com o seu tempo. Todas as despesas gerais não têm valor acrescentado porque não fez nada enquanto esperava pelo computador, pelo que devem ser consideradas desperdício que deve ser reduzido ou eliminado. A sobrecarga é especialmente notória quando tem de fazer uma apresentação em cinco minutos e inicia o seu computador apenas para descobrir que o computador decidiu que é necessária uma atualização de dez minutos antes de poder fazer a sua apresentação. Quando o

desperdício de despesas gerais é reduzido, o tempo de valor acrescentado aumenta.

741. ***Estrutura do proprietário:*** A estrutura do proprietário da empresa apoiada pela empresa pode ser muito eficaz. O design utilizado por uma organização é importante. Esta estrutura tem o proprietário da empresa no meio. Acima dele estão o responsável pelo departamento de operações e o responsável pelo departamento de clientes. Abaixo do proprietário da empresa estão as pessoas da unidade de negócio. O proprietário da empresa é responsável pelo sucesso da unidade de negócio. Ter uma estrutura que promova a responsabilidade pelo sucesso através da sua conceção.

742. ***Gestão surpreendente:*** Dê às pessoas a oportunidade de liderar; elas podem surpreendê-lo. Não tem de ser o líder em todos os casos. Há pessoas que trabalham para si ou perto de si que têm um potencial significativo. Só precisam de ter a oportunidade de mostrar o que têm. Permita-lhes liderar uma iniciativa. Oriente-as e treine-as, mas deixe-as criar a energia e o plano. Deixe-os executar o plano. Aprenderão muito e estarão mais bem preparados para o fazer de novo se lhes for dada a oportunidade. Muitas pessoas com elevado potencial terão orgulho no seu trabalho. Dedicarão muita energia ao sucesso de um projeto. Explore a energia e o potencial para uma vitória mútua.

743. ***Material de formação:*** Os gestores devem ser autorizados a criar material de formação. Com alguma orientação, devem ser capazes de o fazer com facilidade. A formação é uma oportunidade para alguém influenciar o desempenho dos outros. Muitos empregados que são competentes numa determinada competência gostam de partilhar os seus conhecimentos com os outros. A capacidade de explicar a competência de uma forma lógica é uma mais-valia. Certifique-se de que recebem a formação necessária para que possam elaborar um programa de formação atrativo e bem planeado. Divida o material em partes se for necessário fazer uma pausa entre os módulos.

744. ***Objetivo personalizado:*** Personalize os desafios e dê às pessoas um objetivo. Se conseguir que o desafio se adeqúe à pessoa que o aceita, pode aumentar as suas hipóteses de sucesso. "Este desafio foi feito para si porque é bom naquilo que é preciso para ter sucesso." Se for necessária uma capacidade para atingir um objetivo e alguém for capaz na área requerida, essa pessoa é uma excelente opção para enfrentar o desafio. Encoraje-os, dizendo-lhes que é

provável que tenham sucesso, dadas as suas capacidades, mas ajude-os também a ver o objetivo do que estão a fazer. A importância do desafio deve ser comunicada. "Se conseguirmos resolver isto, conseguiremos obter receitas adicionais dos nossos outros clientes." Um líder inspirado e com um objetivo terá mais hipóteses de sucesso.

745. ***Opinião de especialistas:*** Faça perguntas às pessoas na área da sua especialidade. Estabelecer uma ligação desta forma fá-los sentir-se valiosos. Conhece a sua área de especialização (por ex., elaboração de instruções de trabalho)? "Você é o perito da empresa nesta área; pode ajudar-nos a descobrir como...?" O reconhecimento do domínio é motivador para o participante. Ele se sente importante e responsável por superar o problema. Assegure-se de que eles são apreciados pela sua contribuição e de que todos os envolvidos receberam formação para que o problema fique resolvido quando não estiver disponível.

746. ***Sucesso partilhado:*** Certifique-se de que as pessoas que trabalham para si sentem que o sucesso delas é o seu principal objetivo. Quando elas atingem um objetivo, isso reflecte-se em si. Entretanto, a sua utilização aumenta. Os empreendedores querem trabalhar para si por causa do que podem alcançar com a sua liderança. Você vai dar-lhes o que eles precisam e treiná-los onde eles estão presos. Muitos líderes inseguros ficam rapidamente com o crédito que deveria ir para os seus colaboradores. Roubar os louros torna a organização sob a alçada do líder menos produtiva do que poderia ser.

747. ***Disciplina nas reuniões:*** Comece as reuniões a horas e termine-as quando tiver terminado, especialmente se terminarem antes do fim da hora marcada. Os participantes apreciam uma discussão eficiente que lhes dê algum tempo para se dedicarem a actividades urgentes. Certifique-se de que tenta realizar um debate em menos de 45 minutos. Se isso for difícil, pense em formas de o fazer. Envie instruções no convite sobre o que vai ser discutido e que preparação é necessária. Envie a apresentação no convite para que os participantes possam familiarizar-se com ela antes de a verem. As acções preliminares são benéficas se normalmente ficar preso no diapositivo 3. "Felizmente, enviei a apresentação completa no convite, por isso tem toda a informação que vamos discutir." Tente não ficar preso na reunião, mas se isso acontecer, informe os participantes que eles ainda são responsáveis por rever o conteúdo e executar os itens de ação listados.

748. ***Preocupações válidas:*** Ouça as preocupações dos seus subordinados diretos. Haverá alguma validade significativa no que eles lhe dizem, que pode aplicar-se a um grupo mais vasto. Se discordar, certifique-se de que ouviu as suas preocupações e de que compreendeu bem o problema ou a oportunidade. Se der uma resposta que indique que não se preocupa com isso agora, considere o risco associado à sua falta de compreensão. Se isto lhe acontecer, guarde o e-mail de desdém e refira-o, incluindo o seu reencaminhamento, quando houver uma ocorrência para a qual tinha alertado. Treine o seu chefe para o ouvir e não seja frívolo com o que está a dizer.

749. ***Iniciativas relâmpago:*** Tenha cuidado com as iniciativas "flash in the pan". Trata-se de iniciativas que os executivos dizem ser muito importantes, mas que, de repente, deixam de ser cruciais daqui a vários meses/semanas/dias. Estas iniciativas dão ao talento a impressão de que não sabe o que está a fazer e é suscetível de desespero. Quando se apercebe de uma diminuição do valor da ideia e interrompe a iniciativa, esta é uma mancha no seu registo de realizações. Os potenciais participantes associarão o facto de a iniciativa não ter sido concluída a si. Se a iniciativa voltar a surgir, será mais uma oportunidade para o seu chefe se queixar do facto de não ter sido concluída. Estas iniciativas temporárias têm de ser geridas.

750. ***Auto-gestão:*** Maximizar as oportunidades de auto-gestão. Muitos trabalhadores querem traçar o seu percurso. Desde que estejam alinhados com os objectivos e utilizem os recursos de forma eficiente, a sua energia pode ajudar a atingir os objectivos mais rapidamente e com menos despesas. Quando realizam o seu plano, são envolvidos no mesmo e o alinhamento ou a resistência não serão um problema. Eles irão trabalhar em rede com outros participantes para ajudar a preencher as lacunas com as quais teriam dificuldades de outra forma.

751. ***Ação de promoção:*** Pense em formas de os empregados promoverem a empresa. Por exemplo, podem usar vestuário com o logótipo e o nome da iniciativa em que estão a trabalhar. O vestuário com palavras relacionadas com a iniciativa pode ser facilmente obtido e é uma excelente ferramenta promocional. É uma sinalética ambulante. Existem muitas outras formas de promover a empresa através de iniciativas externas, incluindo o serviço comunitário, feiras de emprego e formação gratuita em competências. O

recrutamento pode ser mais fácil se a empresa for conhecida pelo público de uma forma positiva. O planeamento da sucessão dentro da empresa também pode ser promovido quando as actividades são divulgadas e o reconhecimento é dado pelo excelente desempenho.

752. ***Remuneração justa:*** Se discutir sobre um pequeno montante de remuneração horária, pode perder o candidato que lhe interessa e acabar com um candidato pior pelo salário que não estava disposto a oferecer ao primeiro. Por vezes, a negociação do salário é demasiado agressiva, o que tem repercussões negativas. Um pequeno acréscimo de salário ou bónus pode ser inconsequente quando se considera o que se obterá do candidato certo. Uma política ou mentalidade pode custar à empresa uma quantia significativa de dinheiro, porque a penalização por não ter a pessoa certa ou a motivação adequada é relativa a custos, receitas e fiabilidade. Se não tiver empregados excelentes e não cuidar deles, eles não cuidarão dos seus clientes como quer e como a empresa precisa que eles cuidem.

753. ***Histórico:*** Aproveite o historial que criou para obter o que pretende de outros empresários e clientes. As pessoas com necessidades procurá-lo-ão se tiver um registo de realizações. Elas confiarão em si devido aos seus sucessos passados. Há valor na realização de objectivos. Os grandes empregados estão motivados para atingir os seus objectivos. Quando é a pessoa de que eles precisam, o seu valor aumenta significativamente.

754. ***Aposta de desempenho:*** Para inspirar a equipa, aposte com o chefe que a equipa vai conseguir o impossível e, se o conseguir, receberá algo valioso. Com uma recompensa significativa em mãos, faça tudo o que estiver ao seu alcance para os ajudar a serem bem sucedidos, de acordo com as expectativas e dentro do prazo. Certifique-se de que a definição de sucesso está documentada, uma vez que será esse o acordo associado às recompensas. Execute o plano e garanta que a equipa recebe a recompensa que mereceu e que lhe foi prometida.

755. ***Aspeto das instalações:*** O aspeto da área de trabalho pode influenciar significativamente o moral e o desempenho. A arrumação começa nas casas de banho. Dê-lhes um bom aspeto porque são espaços partilhados. Depois, passe para outros espaços partilhados e dê-lhes um aspeto profissional. O retorno do investimento nestes itens é significativo se houver uma boa gestão

para potenciar o trabalho. Os empregados têm o direito de trabalhar num showroom que, em certa medida, lhes é disponibilizado e, em certa medida, é o produto dos seus desejos de design.

756. ***Encontre o potencial:*** Encontre empregados com elevado potencial e trabalhe com eles para completarem tarefas. Peça-lhes que façam demonstrações e apresentações sobre o que realizaram. As realizações pessoais motivam-nos e dão-lhes energia para terem um desempenho ainda melhor. Estique-os e teste-os para determinar os limites das suas capacidades. Se conhecer o seu limiar de desempenho, pode decidir se este pode ser aumentado através de formação e, em seguida, aplicá-la. Os limites também ajudarão na gestão dos riscos relacionados com os projectos que lhes foram atribuídos. Avalie continuamente os seus limites de desempenho para que as suas atribuições e o coaching sejam optimizados.

757. ***Ligar os especialistas:*** Ligar os peritos na matéria aos novos desenvolvimentos, para que os utilizadores possam perguntar como funcionam e como os vão afetar. O especialista será uma boa oportunidade para os utilizadores compreenderem plenamente as caraterísticas e os comportamentos de um sistema digital ou mecânico. Dê-lhes a oportunidade de compreenderem as limitações e os níveis de desempenho. O desconhecimento de uma capacidade pode custar à empresa receitas significativas e criar um cenário de responsabilidade. Os utilizadores podem também saber como melhorar um sistema se conhecerem as suas limitações.

758. ***Boa ideia:*** Chamar a atenção para uma boa ideia, se for o caso. Não importa de quem ela vem. Não terá, nem deve ter, todas as boas ideias. As pessoas que trabalham para si não devem pensar que não podem contribuir com uma ideia porque ela não veio do "topo". Nunca chame tola a uma ideia, a não ser que a pessoa que a apresenta seja maliciosa ou distractiva. Uma ideia sincera deve ser sempre considerada. As implicações positivas podem não ser reconhecidas antes de uma prova de conceito ou de uma simulação ser utilizada para a avaliar.

759. ***Especificação da organização:*** Criar uma cultura organizada para que as pessoas tenham um local de trabalho excelente e limpo. Todos precisam de saber o que é aceitável e o que não é. A aceitabilidade pode incluir tópicos como a desarrumação e o tempo de funcionamento de uma ferramenta num

sistema. Os factores ambientais do trabalho não devem constituir um obstáculo ao sucesso. Os sistemas defeituosos devem ser corrigidos ou substituídos. A organização é fundamental para o sucesso. Perder tempo à procura de algo ou não aceder a informações essenciais para uma decisão é inaceitável num ambiente competitivo.

760. ***Sem Inimigos:*** Tenha cuidado ao fazer inimigos. É melhor não o fazer porque pode chegar uma altura em que podem ser eles a salvar a sua vida. Não os coloque numa posição em que pensem duas vezes antes de o ajudarem em algo ou de o avisarem de uma ameaça iminente. Fechar-se às pessoas de quem não gosta resulta num risco que poderia ser evitado. Não deixe que o estatuto da relação prejudique as suas hipóteses de sucesso. Considere que o seu adversário pode ter uma necessidade ou um objetivo semelhante ao seu. Um terreno comum permitir-lhe-ia combinar energias para realizar uma tarefa em conjunto mais rapidamente.

761. ***Melhor chefe:*** Ser a pessoa de referência para as pessoas que precisam de ajuda. Acompanhe-as até obterem o que precisam e assegure-se de que estão satisfeitas. Celebre essas vitórias. Seja o melhor chefe de sempre porque os empregados deixam os chefes, não as empresas. Dedique algum tempo a compreender o que alguém abaixo de si consideraria serem os atributos do melhor chefe. Um bom chefe será bem sucedido e terá pessoas bem sucedidas a trabalhar para ele.

762. ***Fraca participação:*** Se uma reunião periódica for cancelada várias vezes, pode não ser útil para os participantes. Talvez toda a série deva ser cancelada. As reuniões só devem acontecer se gerarem valor. Quando a tarefa é cumprida, quando se chega a um consenso ou quando já não vale a pena discutir o assunto, a participação deve diminuir e a reunião deve ser cancelada. Qualquer atividade que não esteja a produzir valor deve ser considerada para ser cancelada.

763. ***Higiene das instalações:*** Criar uma política de higiene das instalações que determine a limpeza do espaço de trabalho. Devem ser utilizados os materiais de limpeza corretos e a frequência da limpeza deve estar relacionada com a utilização dos artigos tocados. A higiene também se aplica à circulação e filtragem do ar. Os trabalhadores querem trabalhar num ambiente limpo. Deve ser-lhes dada essa oportunidade e contribuir para manter o que foi

disponibilizado. A política deve estar ligada às normas federais e estatais e excedê-las. Cada local único das instalações (por exemplo, sala de descanso, escritórios) deve ser descrito, incluindo o protocolo de limpeza, o equipamento utilizado, os produtos químicos utilizados e a frequência da limpeza. Os produtos químicos utilizados devem ser adequados ao objetivo. Se necessário, devem ser associados a normas industriais e governamentais. Deve ser estabelecido um inventário dos fornecimentos para garantir que os materiais estão disponíveis quando necessário. Cada fonte deve ser documentada com uma fonte de reserva. Em caso de contaminação, deve ser estabelecido um protocolo de higienização a ser rapidamente executado.

764. ***Grupo de gestão:*** Reunir periodicamente os gestores para discutir desafios e soluções inter-empresariais. Um gestor numa parte da cadeia de abastecimento tem frequentemente uma solução eficaz para um problema que outro gestor numa parte diferente da cadeia de abastecimento ainda não resolveu. Esta comunidade de prática pode partilhar estilos de gestão, políticas, oportunidades de colaboração e muitos outros tópicos que podem ajudar a cadeia de abastecimento a funcionar melhor. Sem a oportunidade de colaborar, o desperdício que poderia ter sido eliminado persiste, comprometendo as margens de lucro.

765. ***Exposição da função:*** Os grandes funcionários querem saber mais sobre outras partes da empresa. Talvez recebam artigos de partes a montante da cadeia de abastecimento. Ou talvez enviem informações a jusante para diferentes partes da cadeia de abastecimento. De qualquer forma, é provável que estejam curiosos sobre o que acontece nessas partes da empresa. Dê-lhes a oportunidade de aprender. Eles vão gostar e trazer informações significativas sobre como funciona "lá". Poderão ficar consigo mais tempo devido a estas oportunidades. Saber mais sobre o que acontece na cadeia de abastecimento também lhes dá a oportunidade de serem promovidos.

766. ***Plano do projeto:*** Ter um plano de projeto para cada equipa e cada gestor de negócio. As capacidades criativas dos empregados devem ser aproveitadas para progredir a um ritmo que sustente uma posição competitiva. A incapacidade de executar o plano está diretamente relacionada com a sua posição no mercado. Quando o plano é executado, deve levar a equipa ou o

departamento a uma posição de excelência que os seus clientes possam reconhecer.

767. ***Avaliação da formação:*** Cada curso de formação deve ter um questionário para avaliar a compreensão e um inquérito para dar feedback sobre a eficácia do curso. Se um vídeo, uma apresentação ou um documento representar o conhecimento que está a ser adquirido, pode ser estudado e o formando afirmará que completou o curso. A compreensão é necessária e deve ser esperada até um determinado limite. Por exemplo, uma pessoa pode não conseguir passar o curso se não acertar em pelo menos 80% das perguntas. Terá de repetir o curso se não passar no teste. O inquérito é essencial para compreender o impacto do curso. As perguntas que podem ser utilizadas para determinar a eficácia do curso podem incluir as seguintes: Este curso incluiu o conteúdo necessário para a compreensão dos conceitos? Será capaz de aplicar o que aprendeu? Adquiriu os conhecimentos de que necessitava com este curso? O curso foi estruturado de uma forma compreensível? Os cursos devem ser atribuídos, ter um prazo e ser acompanhados até à sua conclusão.

768. ***Currículo de conhecimentos:*** Cada função numa cadeia de abastecimento deve ser descrita utilizando um conjunto de conhecimentos. O conhecimento deve ser dividido em partes que representem um currículo que ajude o aluno a adquirir o conhecimento numa sequência de partes geríveis. O objetivo é garantir a absorção dos conhecimentos o mais rapidamente possível, tendo em conta os constrangimentos dos eventos de aquisição. Um currículo organizado pode permitir que o formando veja o que está incluído no corpo de conhecimentos antes de iniciar o processo de aquisição. O líder da função deve ser responsável pelos itens do currículo para garantir que o conjunto correto de tarefas de aprendizagem esteja adequadamente representado.

769. ***Revisão das especificações:*** Peça às pessoas para avaliarem as especificações, a análise de dados, os planos, etc., pois isso fá-los sentir confiantes e valiosos. Eles falarão com outras pessoas fora da empresa sobre como gostam de ser ouvidos. Estes documentos críticos devem ser colocados num repositório para fácil acesso. As versões antigas devem ser arquivadas. Os documentos que aí se encontram devem ser compreendidos e contestados, se necessário. As especificações devem criar clareza em vez de confusão. Fazer uma

pergunta pode ajudar a esclarecer a pessoa curiosa que a fez e todas as pessoas curiosas que possam estar interessadas.

770. ***Inclusão cultural:*** Seja culturalmente sensível, envolvendo os funcionários em conversas com pessoas de outros países. Em muitos casos, os outros países podem estar representados na sua organização. "Fui mal-educado no outro dia quando ....?" Uma simples pergunta pode ajudar-nos a compreender o que é e o que não é aceitável em determinadas culturas. O que é permitido numa cultura pode não o ser noutra. Ajude todos os participantes a considerar as implicações da falta de educação. Haverá menos colaboração, empenhamento e participação. A capacidade de funcionar será prejudicada quando estes factores não estiverem presentes.

Resumo

Nesta secção, discutimos mais de 750 tácticas que podem ser aplicadas para criar a serendipidade através da gestão do talento. A estrutura do livro sugere os seis atributos que foram discutidos e que podem ser aplicados a cada parte de uma cadeia de abastecimento . Por exemplo, no que se refere à gestão do capital humano , ser ágil é uma componente crítica que resulta em serendipidade. Estes seis segmentos são típicos em qualquer empresa, consoante a sua dimensão. As funções existem nalgumas empresas mais pequenas, mas podem ser consolidadas por um único gestor. Os seis atributos para a engenharia da serendipidade através da gestão de talentos são críticos porque estão relacionados com a execução excelência. Cada um destes atributos contribui para o desempenho, a eficiência e a rapidez.

Alguns dos elementos tácticos que foram descritos podem aplicar-se ou ter repercussões para o leitor. Não se espera que o leitor concorde com todas as tácticas. Mesmo assim, algumas delas devem ser úteis. O autor, um profissional , espera que algumas delas possam ser utilizadas para melhorar a vida profissional do leitor e a qualidade global de vida de todas as partes interessadas. A gama completa de possibilidades não pode ser coberta; no entanto, o quadro permite uma cobertura significativa dos elementos que podem ser utilizados para criar a serendipidade utilizando tácticas de gestão de talentos.

Conclusão

É possível fazer pender aspectos de uma situação a seu favor se forem utilizadas as tácticas certas no momento certo. Criar o seu sucesso é possível. Pode ser necessário tentar várias vezes antes de acertar. A perseverança é um atributo crítico das pessoas e organizações que experimentam o sucesso. Este livro apresenta mais de 750 tácticas relacionadas com o talento que podem ser utilizadas para alcançar a excelência e transformar o esforço em resultados desejados. As tácticas podem não ser todas do seu agrado; no entanto, qualquer uma delas pode selar uma vitória. Considere-as em conjunto. Utilize todas as tácticas que forem adequadas à sua situação. Utilize-as para fazer pender a situação a seu favor. Não espere para ter sorte. Crie a sua serendipidade agora.

O quadro inclui seis atributos que são fundamentais para a melhoria das realizações na gestão de talentos. Antecipar o que vai acontecer coloca-o em posição de o compreender melhor. Estar preparado para os factores de risco emergentes ajudá-lo-á a estar preparado quando tiver de se envolver em algo que, de outra forma, teria sido uma surpresa . A sua força permite-lhe ser resiliente para que possa ser uma das organizações no domínio dos concorrentes que sobrevivem às tempestades que têm de ser enfrentadas periodicamente. A sua agilidade é fundamental para que possa aproveitar as oportunidades e adaptar-se às mudanças no ambiente. Muitas vezes, a capacidade e a motivação dos empregados são ignoradas. Ser gentil com os empregados, aos seus olhos, torná-los-á mais fortes e mais capazes de servir os clientes, permitindo-lhes prosperar com os clientes que servem. Quando a organização é atractiva, os melhores talentos vão querer trabalhar para ela. Os empregados existentes saberão que fizeram uma boa escolha e não perderão tempo a procurar outro lugar.

Espero que possa aproveitar esta informação e ajustar e melhorar as suas tácticas e estilo de gestão de talentos para que os seus empregados possam prosperar. Quando eles prosperam, o mesmo acontece consigo. Se eles não prosperarem, você também não o fará. Muitos trabalhadores estão insatisfeitos com os gestores que os orientam. Não tem de ser assim. Seja o gestor de que eles precisam para que todas as partes interessadas possam ter sucesso em conjunto. É possível que conheça algumas empresas que já tenham percebido isso. Todos parecem estar a prosperar, os empregados estão a ser promovidos internamente e são oferecidos regularmente novos produtos com orgulho no trabalho artesanal utilizado para os produzir. Algumas empresas parecem estar a prosperar, mas toda a gente odeia o patrão. O patrão não teria de trabalhar tanto se os empregados pudessem prosperar numa organização com boa gestão.

Os gestores influentes podem obter boa sorte para si próprios e para a organização utilizando tácticas e exibindo comportamentos inspiradores. Este livro pretende ser um guia prático 's para se tornar estrategicamente afortunado através da engenharia da sua serendipidade. Os líderes influentes executam planos estratégicos que satisfazem as necessidades dos clientes melhor do que as alternativas, colocando a organização fornecedora na pole position do seu mercado. É melhor estar à frente dos seus concorrentes do que tentar apanhá-los. A intenção é que este livro forneça uma visão prática do que pode ser feito para ajudar as organizações a manterem-se nessa posição de liderança e a permanecerem nela.

Desejo-vos a melhor das sortes na vossa viagem rumo ao sucesso após o sucesso,

Joel Bigley

Referências

Ackerman, L. S. (2023). Desenvolvimento, Transição ou Transformação: The Question of Change in Organizations. *Organization Development Review, 55*(1).

Ajala, E. M. (2012, junho). A influência do ambiente de trabalho no bem-estar, desempenho e produtividade dos trabalhadores. In *The African Symposium 12*(1). 141-149.

Al-Aomar, R. A. (2011). Aplicação da Tecnologia 5S LEAN: Uma infraestrutura para a melhoria contínua dos processos. *Revista Internacional de Engenharia Industrial e de Produção, 5*(12), 2638-2643.

Al Ariss, A., Cascio, W. F., & Paauwe, J. (2014). Gestão de talentos: Teorias actuais e futuras direcções de investigação. *Journal of World Business, 49*(2), 173-179.

Albu, O. B., & Flyverbom, M. (2019). Transparência organizacional: Conceptualizações, condições e consequências. *Negócios & Sociedade, 58*(2), 268-297.

Albrecht, S. L., Bakker, A. B., Gruman, J. A., Macey, W. H., & Saks, A. M. (2015). Employee engagement , práticas de gestão de recursos humanos e vantagem competitiva : Uma abordagem integrada. Journal of organizational effectiveness: *People and performance, 2*(1), 7-35.

Al-Matari, E. M., Al-Swidi, A. K., & Fadzil, F. H. B. (2014). As medidas das dimensões do desempenho da empresa. *Jornal Asiático de Finanças e Contabilidade, 6*(1), 24.

Ancona, D. (2012). Enquadrar e atuar no desconhecido. S. Snook, N. Nohria, & R. Khurana, *The handbook for teaching leadership , 3*(19), 198-217.

Anderson, A., McAllister, C., & Harris, E. (2024). *Desenvolvimento de produtos e corpo de conhecimento de gestão: A Guidebook for Product Innovation Training and Certification*. John Wiley & Sons.

Aşçı, M. S. (2017). Um diferenciador estratégico na competição global: A gestão de talentos. *Revista Internacional de Comércio e Finanças, 3*(1), 51-58.

Audretsch, D. B., Lehmann, E. E., & Wright, M. (2014). Transferência de tecnologia numa economia global. *The Journal of Technology Transfer, 39,* 301-312.

Averill, J. R., Catlin, G., & Chon, K. K. (2012). *Rules of hope.* Springer Science & Business Media.

Bailey, M., Cao, R., Kuchler, T., Stroebel, J., & Wong, A. (2018). Conexão social: Measurement, determinants, and effects. *Journal of Economic Perspectives, 32*(3), 259-280.

Bakke, D. W. (2010, agosto). *Alegria no trabalho: Uma abordagem revolucionária para a diversão no trabalho.* PVG.

Banmairuroy, W., Kritjaroen, T., & Homsombat, W. (2022). O efeito da liderança orientada para o conhecimento e do desenvolvimento de recursos humanos na vantagem competitiva sustentável por meio dos fatores componentes da inovação organizacional: Evidence from Thailand's new S-curve industries. *Asia Pacific Management Review, 27*(3), 200-209.

Baran, B. E., & Scott, C. W. (2010). Organizar a ambiguidade: A grounded theory of leadership and sensemaking within dangerous contexts. *Military Psychology, 22*(sup1), S42-S69.

Beaumont, M., Thuriaux-Alemán, B., Prasad, P., & Hatton, C. (2017). Usando abordagens ágeis para inovação revolucionária de produtos . *Estratégia e Liderança, 45*(6), 19-25.

Berente, N., Lyytinen, K., Yoo, Y., & King, J. L. (2016). Rotinas como amortecedores durante a transformação organizacional: Integração, controlo e o sistema de informação empresarial da NASA. *Ciência da Organização, 27*(3), 551-572.

Bicen, P., & Johnson, W. H. (2015). Inovação radical com recursos limitados em mercados altamente turbulentos: O papel da capacidade de inovação enxuta. *Creativity and Innovation Management, 24*(2), 278-299.

Biro, D. (2011). *Ouvir a dor: Finding words, compassion , and relief.* WW Norton & Company.

Bradt, G. B., Check, J. A., & Pedraza, J. E. (2011). *O plano de ação de 100 dias do novo gestor: Como assumir o comando, formar a sua equipa e obter resultados imediatos*. John Wiley & Sons.

Branham, L. (2000). *Keeping the people who keep you in business: 24 ways to hang on to your most valuable talent*. AMACOM/American Management Association.

Branham, L. (2012). *As 7 razões ocultas para a saída de funcionários: Como reconhecer os sinais subtis e agir antes que seja tarde demais*. AMACOM/Associação Americana de Gestão.

Bruch, H., & Vogel, B. (2011). *Fully charged: How great managers boost their organization's energy and ignite high performance*. Harvard Business Press.

Bryson, J. M. (2018). *Planeamento estratégico para organizações públicas e sem fins lucrativos: Um guia para fortalecer e sustentar a realização organizacional*. John Wiley & Sons.

Buckingham, M., & Coffman, C. (2014). *Primeiro, quebrar todas as regras: O que os melhores gestores do mundo fazem de diferente*. Simon and Schuster.

Burks, D. J., & Kobus, A. M. (2012). O legado do altruísmo nos cuidados de saúde: a promoção da empatia , da prosocialidade e do humanismo. *Educação Médica, 46*(3), 317-325.

Caldwell, C., Dixon, R. D., Floyd, L. A., Chaudoin, J., Post, J., & Cheokas, G. (2012). Liderança transformadora : Alcançar a excelência sem paralelo. *Journal of Business Ethics, 109*, 175-187.

Cameron, E., & Green, M. (2019). *Fazendo sentido da gestão da mudança: Um guia completo para os modelos, ferramentas e técnicas de mudança organizacional*. Kogan Page Publishers.

Cao, M., & Zhang, Q. (2011). Supply chain collaboration: Impact on collaborative advantage and firm performance. *Journal of Operations Management, 29*(3), 163-180.

Capron, L., & Mitchell, W. (2012). *Construir, pedir emprestado ou comprar: Solving the growth dilemma*. Harvard Business Press.

Carnegie, D. (2024). *Como conquistar amigos e influenciar pessoas*.

Carnochan, S., Samples, M., Myers, M., & Austin, M. J. (2014). Desafios de medição de desempenho em organizações de serviços humanos sem fins lucrativos. *Nonprofit and Voluntary Setor Quarterly, 43*(6), 1014-1032.

Chambers, E. G., Foulon, M., Handfield-Jones, H., Hankin, S. M., & Michaels III, E. G. (1998). The war for talent. *The McKinsey Quarterly,* (3), 44.

Chandler, D. (2022). *Strategic corporate social responsibility: Sustainable value creation*. Sage Publications.

Chandler, J. D., & Lusch, R. F. (2015). Service systems: a broadened framework and research agenda on value propositions, engagement , and service experience. *Journal of Service Research, 18*(1), 6-22.

Chandra, R. (2013). *Gestão financeira*. BookRix.

Charan, R., Drotter, S., & Noel, J. L. (2011). *A liderança pipeline: Como construir a empresa movida a liderança* (Vol. 391). John Wiley & Sons.

Chemers, M. (2014). *Uma teoria integrativa da liderança* . Psychology Press.

Claus, L. (2019). Disrupção de RH - Já é tempo de reinventar a gestão de talentos. *BRQ Business Research Quarterly, 22*(3), 207-215.

Cornwell, T. B. (2013). State of the art and science in sponsorship-linked marketing (Estado da arte e da ciência do marketing ligado ao patrocínio). *Handbook of research on sport and business*, 456-476.

Crnogaj, K., Tominc, P., & Rožman, M. (2022). Um modelo conceitual de desenvolvimento de um ambiente de trabalho ágil. *Sustentabilidade, 14*(22), 14807.

Crook, T. R., Todd, S. Y., Combs, J. G., Woehr, D. J., & Ketchen Jr, D. J. (2011). Does human capital matter? A meta-analysis of the relationship between human capital and firm performance. *Journal of Applied Psychology, 96*(3), 443.

Čuš-Babič, N., Rebolj, D., Nekrep-Perc, M., & Podbreznik, P. (2014). Transparência da cadeia de suprimentos em projetos de construção industrializados. *Computadores na Indústria, 65*(2), 345-353.

D'aveni, R. A. (2010). *Hypercompetition (Hipercompetição)*. Simon and Schuster.

Davenport, T. H., Harris, J. G., & Morison, R. (2010). *Analytics no trabalho: Smarter decisions, better results (Decisões mais inteligentes, melhores resultados).* Harvard Business Press.

Davila, T., Epstein, M., & Shelton, R. (2012). *Fazendo a inovação funcionar: How to manage it, measure it, and profit from it.* FT press.

Day, G. S. (2011). Closing the marketing capabilities gap. *Journal of Marketing, 75*(4), 183-195.

Denison, D., Hooijberg, R., Lane, N., & Lief, C. (2012). *Liderando a cultura mudança em organizações globais: Alinhando cultura e estratégia* . John Wiley & Sons.

Dhiman, S. (2017). *Liderança holística : Um novo paradigma para os gestores actuais*. Springer.

Dietz, J. L., Hoogervorst, J. A., Albani, A., Aveiro, D., Babkin, E., Barjis, J., ... & Winter, R. (2013). A disciplina da engenharia empresarial. *International Journal of Organisational Design and Engineering, 3*(1), 86-114.

Dinnen, M., & Alder, M. (2017). *Talento excecional: como atrair, adquirir e reter os melhores funcionários*. Kogan Page Publishers.

Dixon, M., & Adamson, B. (2011). *A venda desafiadora: Taking control of the customer conversation.* Penguin.

Drucker, P. (2018). *O executivo eficaz*. Routledge.

Du Gay, P., & Salaman, G. (2019). A cult[ura] do cliente. Em *Teoria da gestão pós-moderna,* 195-213. Routledge.

Edelstein, D. M. (2017). *Over the horizon: Time, uncertainty, and the rise of great powers*. Cornell University Press.

Edmondson, A. C. (2012). *Teaming: How organizations learn, innovate, and compete in the knowledge economy [Trabalho em equipa: como as organizações aprendem, inovam e competem na economia do conhecimento]*. John Wiley & Sons.

Enz, M. G., & Lambert, D. M. (2012). Utilização de equipas multifuncionais e interempresariais para co-criar valor : O papel das medidas financeiras. *Industrial Marketing Management, 41*(3), 495-507.

Ernst, H., Hoyer, W. D., & Rübsaamen, C. (2010). Sales, marketing, and research-and-development cooperation across new product development stages: implications for success. *Journal of Marketing, 74*(5), 80-92.

Fader, P. (2020). *Centricidade no cliente: Focus on the right customers for strategic advantage*. Imprensa da Universidade da Pensilvânia.

Felipe, C. M., Roldán, J. L., & Leal-Rodríguez, A. L. (2016). Um modelo explicativo e preditivo para a agilidade organizacional. *Journal of Business Research, 69*(10), 4624-4631.

Ferreira, J., Coelho, A., & Moutinho, L. (2020). Capacidades dinâmicas, criatividade e inovação capability and their impact on competitive advantage and firm performance: O papel moderador da orientação empreendedora. *Technovation, 92*, 102061.

Feser, C. (2016). *Quando a execução não é suficiente: Decodificando a liderança inspiradora* . John Wiley & Sons.

Figley, C. R., & Figley, K. R. (2017). Resiliência à fadiga da compaixão. *O manual de compaixão de Oxford ciência*, 387-398.

Fisher, C. D. (2010). Happiness at work (Felicidade no trabalho). *International Journal of Management Reviews, 12*(4), 384-412.

Fletcher, D., & Sarkar, M. (2012). Uma teoria fundamentada de resiliência psicológica em campeões olímpicos. *Psicologia do Desporto e do Exercício, 13*(5), 669-678.

Foster, R., & Kaplan, S. (2011). *Creative Destruction: Why companies that are built to last underperform the market--And how to success fully transform them*. Crown Currency.

Frey, R. V., Bayón, T., & Totzek, D. (2013). Como a satisfação do cliente afeta a satisfação e a retenção dos funcionários num contexto de serviços profissionais. *Journal of Service Research, 16*(4), 503-517.

Friederichs, K. M., Waldenmeier, K., & Baumann, N. (2023). Os benefícios da motivação de poder pró-social na liderança : A orientação para a ação promove uma situação em que todos ganham . *PloS one, 18*(7), e0287394.

Fullan, M. (2011). *Gestor de mudança: Aprender a fazer o que é mais importante*. John Wiley & Sons.

Gellweiler, C., & Krishnamurthi, L. (2020). Como os inovadores digitais alcançam o valor do cliente . *Jornal de Investigação Teórica e Aplicada ao Comércio Eletrónico, 15*(1), 1-8.

Gidwani, V. (2012). Waste/value . *The Wiley-Blackwell Companion to Economic Geography, 21*, 275-288.

Glaeser, E. (2012). *Triumph of the city: Como a nossa maior invenção nos torna mais ricos, mais inteligentes, mais ecológicos, mais saudáveis e mais felizes*. Penguin.

Goleman, D. (2018). O que faz um gestor? *Em Military Leadership* (pp. 39-52). Routledge.

Govindarajan, V., & Trimble, C. (2010). *O outro lado da inovação : Solving the execution challenge*. Harvard Business Press.

Groves, K. S., & Feyerherm, A. E. (2022). Desenvolvendo uma liderança modelo de potencial para a nova era do trabalho e das organizações. *Leadership & Organization Development Journal, 43*(6), 978-998.

Gutermann, D., Lehmann-Willenbrock, N., Boer, D., Born, M., & Voelpel, S. C. (2017). Como os gerentes afetam o engajamento no trabalho dos seguidores e desempenho: Integrando a troca gerente-membro e a teoria do crossover. *British Journal of Management, 28*(2), 299-314.

Haapakangas, A., Hongisto, V., Varjo, J., & Lahtinen, M. (2018). Benefícios de espaços de trabalho silenciosos em escritórios de plano aberto - Evidência de duas mudanças de escritório. *Jornal de Psicologia Ambiental, 56*, 63-75.

Hanan, M. (2011). *Venda consultiva: a fórmula de Hanan para vendas de alta margem em níveis elevados*. AMACOM Div American Mgmt Assn.

Harrison, J. S., Bosse, D. A., & Phillips, R. A. (2010). Managing for stakeholders , stakeholder utility functions , and competitive advantage. *Strategic Management Journal, 31*(1), 58-74.

Harsch, K., & Festing, M. (2020). Capacidades dinâmicas de gestão de talentos e agilidade organizacional - uma exploração qualitativa. *Gestão de Recursos Humanos, 59*(1), 43-61.

Hau, Y. S., Kim, B., Lee, H., & Kim, Y. G. (2013). The effects of individual motivations and social capital on employees' tacit and explicit knowledge sharing intentions. *International Journal of Information Management, 33*(2), 356-366.

Heifetz, R., & Linsky, M. (2017). *Liderança na linha, com um novo prefácio: Permanecer vivo durante os perigos da mudança*. Harvard Business Press.

Hill, L. A., Brandeau, G., Truelove, E., & Lineback, K. (2014). *Génio coletivo: A arte e a prática de liderar a inovação* . Harvard Business Review Press.

Hinterhuber, A. (2013). A vantagem competitiva pode ser prevista? Towards a predictive definition of competitive advantage in the resource-based view of the firm. *Management Decision, 51*(4), 795-812.

Ho, V. T., Wong, S. S., & Lee, C. H. (2011). A tale of passion: Linking job passion and cognitive engagement to employee work performance. *Journal of Management Studies, 48*(1), 26-47.

Hogan, J., Hogan, R., & Kaiser, R. B. (2011). *Descarrilamento da gestão*.

Holste, J. S., & Fields, D. (2010). Trust and tacit knowledge sharing and use. *Journal of Knowledge Management, 14*(1), 128-140.

Hrebiniak, L. G. (2013). *Fazendo a estratégia funcionar: Leading effective execution and change.* Ft Press.

Huang, X. X., Newnes, L. B., & Parry, G. C. (2012). The adaptation of product cost estimation techniques to estimate the cost of service. *International Journal of Computer Integrated Manufacturing, 25*(4-5), 417-431.

Hughes, P., Hodgkinson, I. R., Elliott, K., & Hughes, M. (2018). Estratégia, operações e rentabilidade: o papel da orquestração de recursos. *Revista Internacional de Gestão de Operações e Produção, 38*(4), 1125-1143.

Jackson, M. C. (2016). *Pensamento sistémico: Holismo criativo para gestores.* John Wiley & Sons, Inc.

Jayal, A. D., Badurdeen, F., Dillon Jr, O. W., & Jawahir, I. S. (2010). Produção sustentável: Desafios de modelação e otimização ao nível do produto, do processo e do sistema. *CIRP Journal of Manufacturing Science and Technology, 2*(3), 144-152.

Johnston, M. W., & Marshall, G. W. (2020). *Gestão da força de vendas: Liderança, inovação , tecnologia* . Routledge.

Joiner, B. (2019). Agilidade de liderança para agilidade organizacional. *Journal of Creating Value, 5*(2), 139-149.

Joyce, W. F., & Slocum, J. W. (2012). Top management talent, strategic capabilities, and firm performance. *Organizational Dynamics, 41*(3), 183-193.

Kamble, S. S., Gunasekaran, A., & Gawankar, S. A. (2018). Estrutura sustentável da Indústria 4.0: Uma revisão sistemática da literatura identificando as tendências atuais e as perspectivas futuras . *Segurança de processos e proteção ambiental, 117*, 408-425.

Kanji, G. K. (2012). *Measuring business excellence.* Routledge.

Kaplan, R. S., & Porter, M. E. (2011). How to solve the cost crisis in health care. *Harvard Business Review, 89*(9), 46-52.

Kier, A. S., & McMullen, J. S. (2018). Imaginatividade empreendedora na ideação de novos empreendimentos. *Academy of Management Journal, 61*(6), 2265-2295.

Kilkki, K., Mäntylä, M., Karhu, K., Hämmäinen, H., & Ailisto, H. (2018). Um quadro de disrupção. *Previsão Tecnológica e Mudança Social, 129*, 275-284.

Kliem, R. L., & Ludin, I. S. (2019). *Reduzindo o risco do projeto*. Routledge.

Kotler, P. (2012). *Kotler on marketing*. Simon and Schuster.

Kotter, J. P. (2017). O que os gestores realmente fazem. Em *Leadership Perspectives* (pp. 7-15). Routledge.

Kouzes, J. M., & Posner, B. Z. (2023). *The Leadership challenge: How to make extraordinary things happen in organizations*. John Wiley & Sons.

Kucherov, D., & Zavyalova, E. (2012). HRD practices and talent management in the companies with the employer brand. *Revista Europeia de Formação e Desenvolvimento, 36*(1), 86-104.

Kumar, V., Jones, E., Venkatesan, R., & Leone, R. P. (2011). A orientação para o mercado é uma fonte de vantagem competitiva sustentável ou simplesmente o custo de competir? *Journal of Marketing, 75*(1), 16-30.

Kumar, V., & Pansari, A. (2016). Competitive advantage through engagement . *Journal of Marketing Research, 53*(4), 497-514.

Lawler III, E. E. (2010). *Talento: Making people your competitive advantage*. John Wiley & Sons.

Lee, A. H., Wang, W. M., & Lin, T. Y. (2010). Um quadro de avaliação da tecnologia transferência de novos equipamentos na indústria de alta tecnologia. *Technological Forecasting and Social Change, 77*(1), 135-150.

Lefcourt, H. M., & Martin, R. A. (2012). *Humor e stress na vida: Antídoto para a adversidade*. Springer Science & Business Media.

Leitão, A., Cunha, P., Valente, F., & Marques, P. (2013). Roteiro para definição de modelos de negócio em empresas transformadoras. *Procedia CIRP, 7*, 383-388.

Levine, C. H. (2018). Declínio organizacional e gestão de cortes. Em *Public Setor Performance* (pp. 230-249). Routledge.

Li, Z., Avgeriou, P., & Liang, P. (2015). Um estudo de mapeamento sistemático sobre dívida técnica e sua gestão. *Journal of Systems and Software, 101*, 193-220.

Lu, J. C., Tsao, Y. C., & Charoensiriwath, C. (2011). Competition under manufacturer service and retail price. *Economic Modelling, 28*(3), 1256-1264.

Lunenburg, F. C. (2011). Teoria da motivação por definição de objectivos. *Revista Internacional de Gestão, Negócios e Administração, 15*(1), 1-6.

Madsen, S. R., John, C. R., & Miller, D. (2006). Influential Factors in Individual Readiness for Change (Factores de Influência na Prontidão Individual para a Mudança). *Journal of Business & Management, 12*(2).

Maldonado, T., Vera, D., & Spangler, W. D. (2022). Descompactando a humildade: Humildade do gerente, personalidade do gerente e por que eles são importantes. *Business Horizons, 65*(2), 125-137.

Marquardt, M. J. (2014). *Liderar com perguntas: Como os gestores encontram as soluções certas sabendo o que perguntar*. John Wiley & Sons.

Marshak, R. J. (2006). *Processos ocultos no trabalho: Managing the five hidden dimensions of organizational change*. Berrett-Koehler Publishers.

Maylett, T., & Wride, M. (2017). *A experiência do funcionário: Como atrair talentos, manter os melhores desempenhos e gerar resultados*. John Wiley & Sons.

McCay-Peet, L., & Toms, E. G. (2010, agosto). O processo de serendipidade no trabalho do conhecimento. In *Proceedings of the Third Symposium on Information Interaction in Context* (pp. 377-382).

McDonald, R., & Gao, C. (2019). Pivotar não é suficiente? Gerenciando a reorientação estratégica em novos empreendimentos. *Organization Science, 30*(6), 1289-1318.

McGrath, R. G. (2013). *O fim da vantagem competitiva : Como manter a sua estratégia a mover-se tão rapidamente como o seu negócio*. Harvard Business Review Press.

McPherson, B. (2016). Gestores ágeis e adaptáveis. *Human Resource Management International Digest, 24*(2), 1-3.

Mičík, M., & Mičudová, K. (2018). Construção da marca do empregador: Utilização das redes sociais e dos sítios Web de carreiras para atrair a geração Y. *Economics & Sociology, 11*(3), 171-189.

Miller, M. R. (2012). *Marketing digital B2B: Utilizar a Web para comercializar diretamente com as empresas*. Que publishing.

Mithas, S., Ramasubbu, N., & Sambamurthy, V. (2011). How information management capability influences firm performance. *MIS Quarterly*, 237-256.

Morgan, J., & Liker, J. K. (2020). *O sistema de desenvolvimento de produtos Toyota: integrando pessoas, processos e tecnologia*. Productivity press.

Muchenje, C., Mtengwa, E., & Kabote, F. (2023). Construir uma marca forte: Estratégias e percepções futuras. Em *Sustainable Marketing, Branding, and Reputation Management: Estratégias para um futuro mais verde* (pp. 238-257). IGI Global.

Myllykoski, S. (2021). *Resiliência e seu fortalecimento nas organizações: O Papel da Gestão de Recursos Humanos*.

Nafei, W. A. (2016). Agilidade organizacional : A chave para o sucesso organizacional. *Revista Internacional de Negócios e Gestão, 11*(5), 296-309.

Nast, J. (2012). *Idea mapping: how to access your hidden brain power, learn faster, remember more, and achieve success in business.* John Wiley & Sons.

Naylor, J. C., Pritchard, R. D., & Ilgen, D. R. (2013). *Uma teoria do comportamento nas organizações*. Academic Press.

Oakland, J. S. (2014). *Qualidade total gestão e excelência operacional*. Routledge.

Odden, L. (2012). *Otimizar: Como atrair e envolver mais clientes através da integração de SEO, redes sociais e marketing de conteúdos*. John Wiley & Sons.

Okongwu, U., Lauras, M., François, J., & Deschamps, J. C. (2016). Impacto da integração da cadeia de abastecimento tática determinantes de planeamento no desempenho. *Journal of Manufacturing Systems, 38*, 181-194.

Oladapo, V. (2014). O impacto da gestão de talentos na retenção. *Jornal de Estudos de Negócios Trimestral, 5*(3), 19.

Opreana, A., & Vinerean, S. (2015). Um novo desenvolvimento no marketing online: Introduzindo o inbound marketing digital. *Revista especializada de marketing, 3*(1).

O'Reilly, C. A., Caldwell, D. F., Chatman, J. A., Lapiz, M., & Self, W. (2010). Como a liderança importa: The effects of managers' alignment on strategy implementation. *The Leadership Quarterly, 21*(1), 104-113.

Oswald, A. J., Proto, E., & Sgroi, D. (2015). Felicidade e produtividade . *Journal of Labor Economics, 33*(4), 789-822.

Palanski, M. E., & Yammarino, F. J. (2011). Impacto da integridade comportamental no desempenho profissional dos seguidores: A three-study examination. *The Leadership Quarterly, 22*(4), 765-786.

Patel, P. C., Terjesen, S., & Li, D. (2012). Enhancing effects of manufacturing flexibility through operational absorptive capacity and operational ambidexterity. *Journal of Operations Management, 30*(3), 201-220.

Pavey, L., Greitemeyer, T., & Sparks, P. (2012). A empatia "Eu ajudo porque quero, não porque você me diz para ajudar" aumenta a ajuda autonomamente motivada. *Boletim de Psicologia Social e da Personalidade, 38*(5), 681-689.

Porath, C. L., & Pearson, C. M. (2010). The cost of bad behavior. *Organizational Dynamics, 39*(1), 64-71.

Porter, M. E., & Heppelmann, J. E. (2015). Como os produtos inteligentes e conectados estão a transformar as empresas. *Harvard Business Review, 93*(10), 96-114.

Post, S. G. (2014). *Altruísmo, felicidade e saúde: It's good to be good. Uma exploração dos benefícios para a saúde dos fatores que nos ajudam a prosperar*, 66-76.

Pressman, S. D., & Black, L. L. (2012). Emoções positivas e imunidade. *O Manual de Oxford de Psiconeuroimunologia*, 92-104.

Priem, R. L., Li, S., & Carr, J. C. (2012). Insights and new diretions from demand-side approaches to technology innovation , entrepreneurship, and strategic management research. *Journal of Management, 38*(1), 346-374.

Pruis, E. (2011). Os cinco princípios-chave para o desenvolvimento de talentos. *Formação Industrial e Comercial, 43*(4), 206-216.

Qin, R., & Nembhard, D. A. (2015). Agilidade da força de trabalho na gestão de operações. *Surveys in Operations Research and Management Science, 20*(2), 55-69.

Rabbi, F., Ahad, N., Kousar, T., & Ali, T. (2015). Gestão de talentos como fonte de vantagem competitiva . *Journal of Asian Business Strategy, 5*(9), 208-214.

Ramaswamy, V., & Gouillart, F. J. (2010). *O poder da co-criação: Build it with them to boost growth, productivity , and profits*. Simon and Schuster.

Rocky Newman, W., Hanna, M., & Jo Maffei, M. (1993). Lidar com as incertezas da produção: flexibilidade, amortecedores e integração. *International Journal of Operations & Production Management, 13*(1), 19-34.

Rožman, M., Tominc, P., & Štrukelj, T. (2023). Competitividade através do desenvolvimento de gestão estratégica de talentos e ecossistemas de gestão ágil. *Jornal Global de Gestão de Sistemas Flexíveis, 24*(3), 373-393.

Rozados, I. V., & Tjahjono, B. (2014, dezembro). Análise de Big Data na gestão da cadeia de abastecimento: Tendências e pesquisas relacionadas. Na *6ª Conferência Internacional sobre Operações e Gestão da Cadeia de Abastecimento* (Vol. 1, p. 13).

Safitri, V. A., Sari, L., & Gamayuni, R. R. (2020). Pesquisa e Desenvolvimento (P&D), investimentos ambientais, ecoeficiência e valor da empresa . *The Indonesian Journal of Accounting Research, 22*(3).

Samans, R., & Nelson, J. (2022). Estratégia corporativa e implementação. Em *Sustainable Enterprise Value Creation: Implementing Stakeholder Capitalism through Full ESG Integration* (pp. 141-186). Cham: Springer International Publishing.

Santa, R., Ferrer, M., Hyland, P. W., & Bretherton, P. (2010). Factores relacionais que explicam as relações na cadeia de abastecimento. Asia Pacific Journal of Marketing and Logistics, 22(3), 419-440.

Sastry, A., & Penn, K. (2014). *Falhar melhor: Conceber erros inteligentes e ter sucesso mais cedo*. Harvard Business Review Press.

Schaefer, S. M., Morozink Boylan, J., Van Reekum, C. M., Lapate, R. C., Norris, C. J., Ryff, C. D., & Davidson, R. J. (2013). O propósito na vida prevê uma melhor recuperação emocional de estímulos negativos. *PloS one, 8*(11), e80329.

Schmitt, P., Skiera, B., & Van den Bulte, C. (2011). Referral programs and customer value . *Journal of Marketing, 75*(1), 46-59.

Schneider, B., Macey, W. H., & Young, S. A. (2013). O clima para o serviço: A review of the construct with implications for achieving CLV goals. *Customer Lifetime Value*, 111-132.

Schuler, R. S., Jackson, S. E., & Tarique, I. R. (2011). Quadro para a gestão global de talentos: Acções de RH para lidar com os desafios do talento global. Em *Global Talent Management* (pp. 33-52). Routledge.

Schweyer, A. (2010). *Sistemas de gestão de talentos: Best practices in technology solutions for recruitment, retention and workforce planning*. John Wiley & Sons.

Seibert, S. E., Kraimer, M. L., & Heslin, P. A. (2016). Desenvolvimento de resiliência e adaptabilidade na carreira. *Organizational Dynamics, 45*(3), 245-257.

Seligman, M. E. (2011). Building resilience. *Harvard Business Review, 89*(4), 100-106.

Senge, P. M. (2017). O novo trabalho do gestor: Construindo a aprendizagem organizações. Em *Leadership Perspectives* (pp. 51-67). Routledge.

Setili, A. (2014). *The agility advantage: How to identify and act on opportunities in a fast-changing world*. John Wiley & Sons.

Shahzadi, I., Javed, A., Pirzada, S. S., Nasreen, S., & Khanam, F. (2014). Impacto da motivação dos funcionários no desempenho dos funcionários. *Jornal Europeu de Negócios e Gestão, 6*(23), 159-166.

Sharkey, L., & Barrett, M. (2017). *The Future-Proof Workplace: Six strategies to accelerate talent development, reshape your culture, and succeed with purpose*. John Wiley & Sons.

Sharma, K. K., Tomar, M., & Tadimarri, A. (2023). Otimizando o funil de vendas eficiência: Aprendizagem profunda técnicas para pontuação de chumbo. *Journal of Knowledge Learning and Science Technology, 2*(2), 261-274.

Sheffi, Y. (2015). *O poder da resiliência: Como as melhores empresas gerem o inesperado*. MIT Press.

Sherifali, D., Berard, L. D., Gucciardi, E., MacDonald, B., MacNeill, G., & Comité de Peritos em Diretrizes de Prática Clínica da Diabetes Canada. (2018). Auto-educação e apoio à gestão. *Canadian Journal of Diabetes, 42*, S36-S41.

Sheth, J., Uslay, C., Sisodia, R., Sheth, J., Uslay, C., & Sisodia, R. (2020). *Como as indústrias evoluem, amadurecem e se revitalizam. A Regra Global de Três: Competindo com Estratégia Consciente*, 73-99.

Simchi-Levi, D. (2010). *Regras de operação: Delivering customer value through flexible operations*. MIT Press.

Singh, P., Gupta, S., & Sahu, K. (2014). Uma visão geral da gestão de talentos: Driver for organizational success. *Asian Journal of Management, 5*(2), 240-245.

Singh, J., Sharma, G., Hill, J., & Schnackenberg, A. (2013, janeiro). Agilidade organizacional : What it is, what it is not, and why it matters. In *Academy of Management* Proceedings 1(1), 1-40. Briarcliff Manor, NY 10510: Academy of Management.

Sirota, D., & Klein, D. (2013). *The enthusiastic employee: Como as empresas lucram dando aos trabalhadores o que eles querem*. FT Press.

Smith, A. C., & Stewart, B. (2011). Organizational rituals: Caraterísticas, funções e mecanismos. *International Journal of Management Reviews, 13*(2), 113-133.

Snyder, S. (2013). *Liderança e a arte da luta: Como os grandes gestores crescem através do desafio e da adversidade*. Berrett-Koehler Publishers.

Spreier, S. W., Fontaine, M. H., & Malloy, R. L. (2006). Leadership run amok. *Harvard Business Review, 84*(6), 72-82.

Stahl, G., Björkman, I., Farndale, E., Morris, S. S., Paauwe, J., Stiles, P., ... & Wright, P. (2012). Six principles of effective global talent management. *Sloan Management Review, 53*(2), 25-42.

Staub, E. (2013). *Comportamento social positivo e moralidade: Influências sociais e pessoais*. Elsevier.

Staines, G. M. (2012). Encontrar as melhores pessoas numa economia difícil: The role of knowledge, skills, abilities, attributes, and the challenges of the talent acquisition process. *Library Leadership & Management, 26*(3/4).

Taunton, R. G. (2002). *Y2K Serendipity: Benefits and Spinoffs*.

Tien, J. M. (2012). A próxima revolução industrial: Integrated services and goods. *Journal of Systems Science and Systems Engineering, 21*, 257-296.

Tilman, L. M., & Jacoby, G. C. (2019). *Agilidade: Como navegar pelo desconhecido e aproveitar as oportunidades num mundo de disrupção*. Tom Rath.

Ton, Z. (2014). *A estratégia dos bons empregos : Como as empresas mais inteligentes investem nos empregados para reduzir os custos e aumentar os lucros.* Houghton Mifflin Harcourt.

Uhl-Bien, M., & Arena, M. (2018). Liderança para a adaptabilidade organizacional: A theoretical synthesis and integrative framework. *The Leadership Quarterly, 29*(1), 89-104.

Uphill, K. (2016). *Criar vantagem competitiva : como estar estrategicamente à frente em mercados em mudança*. Kogan Page Publishers.

Van Rensburg, D. J. (2023). The prepared firm: serendipity, strategy and the unexpected. *Journal of Business Strategy 45*(5), 293-304.

Vecchiato, R., & Roveda, C. (2010). Previsão estratégica em organizações corporativas: Manipulando o efeito e a incerteza de resposta da tecnologia e dos vetores sociais de mudança. *Technological Forecasting and Social Change, 77*(9), 1527-1539.

Vischer, J. C. (2012). *Estratégias de espaço de trabalho: O ambiente como ferramenta de trabalho.* Springer Science & Business Media.

Vuong, Q. H. (Ed.). (2022). *Uma nova teoria da serendipidade: Natureza, emergência e mecanismo*. Walter De Gruyter GmbH.

Walker, B., & Salt, D. (2012). *Prática de resiliência: Construir capacidade para absorver perturbações e manter a função* . Island press.

Warrick, D. D. (2017). O que os gestores precisam de saber sobre a cultura organizacional . *Business Horizons, 60*(3), 395-404.

Weinstein, A. (2012). *Valor superior para o cliente : Estratégias para ganhar e reter clientes*. CRC press.

Weiss, A. (2014). *Salários de eficiência: Models of unemployment, layoffs, and wage dispersion* (Vol. 1192). Princeton University Press.

Wellens, L., & Jegers, M. (2014). Governação eficaz em organizações sem fins lucrativos: A literature based multiple stakeholder approach. *European Management Journal, 32*(2), 223-243.

Whelan, E., Collings, D. G., & Donnellan, B. (2010). Managing talent in knowledge-intensive settings. *Journal of Knowledge Management, 14*(3), 486-504.

Womack, J. P., & Jones, D. T. (2015). *Lean solutions: how companies and customers can create value and wealth together*. Simon and Schuster.

Wördemann, W., Buchholz, A., & Wiley, N. (2010). *A vantagem impossível: Winning the competitive game by changing the rules.* John Wiley & Sons.

Wuthnow, R. (2012). *Actos de compaixão : Cuidar dos outros e ajudarmo-nos a nós próprios*. Princeton University Press.

Zablah, A. R., Franke, G. R., Brown, T. J., & Bartholomew, D. E. (2012). Como e quando é que a orientação para o cliente influencia os resultados do trabalho dos empregados da linha da frente? A meta-analytic evaluation. *Journal of Marketing, 76*(3), 21-40.

Zahavy, T., Haroush, M., Merlis, N., Mankowitz, D. J., & Mannor, S. (2018). Aprender o que não aprender: Eliminação de ações com aprendizado profundo por reforço . *Avanços em sistemas de processamento de informações neurais, 31.*

Zwikael, O., & Smyrk, J. (2012). A general framework for gauging the performance of initiatives to enhance organizational value . *British Journal of Management, 23*, S6-S22.

Printed by Books on Demand GmbH, Norderstedt / Germany